普通高等教育"十三五"规划教材
新工科建设之路·计算机类规划教材

高级语言程序设计

赵少卡　郭永宁　林为伟　编著

电子工业出版社
Publishing House of Electronics Industry
北京·BEIJING

内 容 简 介

本书是引领初学者由浅入深、循序渐进学习高级语言程序设计的教材。全书介绍了 C 语言中的基本数据类型、程序的控制结构、模块化程序设计、数组、指针、自定义数据类型、文件等知识,并提供了一个完整的综合应用实例。

本书紧紧围绕新工科人才培养的目标,重点讲解了 C 程序设计的思想与方法,并结合丰富的案例,逐步培养初学者的算法意识、模块化的程序设计思想、自主学习能力,以及综合运用所学知识分析问题、解决问题的能力。本节配有多媒体课件、例题源代码、部分习题源代码、慕课平台等立体化教学资源。

本书既可作为高等院校和计算机等级考试的教学用书,也可作为对高级语言程序设计感兴趣的读者的自学读物。

未经许可,不得以任何方式复制或抄袭本书之部分或全部内容。
版权所有,侵权必究。

图书在版编目(CIP)数据

高级语言程序设计 / 赵少卡,郭永宁,林为伟编著. —北京:电子工业出版社,2020.1
ISBN 978-7-121-35348-2

I. ①高… II. ①赵… ②郭… ③林… III. ①高级语言-程序设计-高等学校-教材 IV. ①TP312

中国版本图书馆 CIP 数据核字(2018)第 245083 号

责任编辑:戴晨辰　　特约编辑:张燕虹
印　　刷:北京七彩京通数码快印有限公司
装　　订:北京七彩京通数码快印有限公司
出版发行:电子工业出版社
　　　　　北京市海淀区万寿路 173 信箱　邮编:100036
开　　本:787×1092　1/16　印张:21.25　字数:550 千字
版　　次:2020 年 1 月第 1 版
印　　次:2025 年 7 月第 7 次印刷
定　　价:59.80 元

凡所购买电子工业出版社图书有缺损问题,请向购买书店调换。若书店售缺,请与本社发行部联系,联系及邮购电话:(010)88254888,88258888。

质量投诉请发邮件至 zlts@phei.com.cn,盗版侵权举报请发邮件至 dbqq@phei.com.cn。
本书咨询联系方式:dcc@phei.com.cn。

我国著名的计算机科学家陈火旺院士把计算机几十年来的发展成就概括成五个"一"：开辟了一个新时代——信息时代；形成了一个新产业——信息产业；产生了一门新学科——计算机科学与技术；开创了一种新的科研方法——计算方法；孕育了一种新的文化——计算机文化。这一概括精辟地阐明了计算机对社会发展产生的广泛而深远的影响。

目前，以电子计算机为代表的信息技术已全面渗透到人类社会的各个领域，深刻地改变了人们的生产方式、生活方式及思维方式。在"互联网+"风起云涌的今天，伴随着创新创业的号角，以云计算、物联网、大数据为核心的新一轮信息变革正在中华大地上如火如荼地展开。但是，无论技术如何变化，计算机的基本原理、基本思想都没有因此发生改变，程序编写作为检验计算机能力的重要标志更没有因此发生改变，C语言仍然被认为是最基础、最适用的编程入门语言。通过C语言，可以更快速地建立对程序设计的基本认识，更清晰地掌握结构化与模块化的程序设计思想，乃至更平稳地过渡到较为复杂的编程思想与编程语言的学习。"万丈高楼平地起"，通过本书，相信读者可以对C程序设计的基本思想与基本方法有一个全面、清晰的认识，再配合一定量的代码实践，一定能够树立编程的信心，逐渐培养起编程的兴趣，为今后数据结构、面向对象程序设计、软件工程等知识的掌握打下坚实的基础。

当然，编程的学习绝非一日之功，也不是一蹴而就的。在多年教学过程中，有不少人反映C语言入门还是存在一些困难的，相信这是普遍存在的问题，现结合本书，简单提几点建议：

首先，在思想上高度重视并认识到实践的重要性。俗话说"熟读唐诗三百首，不会作诗也会吟"，只有一定的代码积累，才能实现从量变到质变，逐步培养起编程的感觉。编程最忌"纸上谈兵"，即使是最简单的"Hello world"，都值得初学者去手动输入运行一次。因此，建议使用本书时，需保证每周6小时以上的课内/外上机实践，在期末时达到有效代码量1000行以上的基本要求，之后再完成一个代码量不少于1000行的课程综合设计以巩固与提升学习效果。切记编程能力的高低与上机实践的有效时间成正比，学习编程最好的途径就是编程、编程、再编程，并将其贯穿于计算机学习生涯的始终。

其次，注重实践的渐进性并讲究方式方法。编程的相关知识往往盘根错节地交织在一起，初学者一开始往往会不知所措，建议不必过多拘泥于细节，只需把握知识的框架和全貌，相信随着学习的深入，很多问题就会迎刃而解；在任何时候都需要反复实践，绝不可丧失信心。本书贴心地设置了"注意""多学一点""试一试"等栏目，并且每章都提供了大量的案例，这些案例与所在章节的知识点紧密相关，有些案例还设计了改造环节，以帮助读者由浅入深，逐步理解知识。初学时，读者需要熟练掌握这些案例所蕴含的原理，做到能上机独立地重现所有的案例。当然，读者也可以设计改造的案例，这种"模仿"是必要的，也是初学编程者的必由之路。接着，读者就可以开始独立编写自己的程序，通过从小程序到大程序逐步的增量迭代，到了期末就可以完成一个较为综合的应用案例，最终达到能力的全面提升。

再次，养成好习惯，培养自己独立看懂并调试程序的能力。在程序设计学习的初始阶段，编译后出现大量的错误是在所难免的，可以借助教材、教师、同学的帮助纠正错误，但请务必不断总结经验教训，到了一定阶段后，逐步学会独立看懂报错信息，通过各种调试方法进行程序的纠错。本书在第2~8章中设置了"本章常见的编程错误"，用于向读者提醒易错之处，但这一部分是开放性栏目，每个人的易错点各不相同，我们只能总结出最常见的，读者可根据自身的学习情况加以增补。此外，在学习中要务必重视程序书写的规范性，在必要时做好相应的代码注释，加强文档能力的训练，这些习惯的培养对今后开展更为复杂的工程项目是十分有益的。

最后，积极利用各种平台，进行多层面的学习。建议积极参与各类编程竞赛与项目小组活动，以团队合作的形式，不断探究、学以致用，找到编程的乐趣，一旦进入计算机学习的良性循环中，就会越学越有乐趣。如今，随着混合式教学模式的兴起，MOOC 和 SPOC 资源越来越丰富，读者完全可以不拘泥于传统课堂本身，充分利用网络在线资源，实施线上/线下全方位的学习。目前，本课程的慕课版——"探秘神奇的程序世界"已被认定为福建省精品在线开放课程，并配有相应的学习资源与交流平台，读者可登录平台(www.xueyinonline.com)，搜索"探秘神奇的程序世界"进行学习。本书还包含配套PPT、程序源代码等资源，读者可登录华信教育资源网(www.hxedu.com.cn)注册后免费下载。

自"高级语言程序设计"课程在福建师范大学福清分校开设近20年来，聚集了一批多年从事该课程教学和实践的教师，课程建设取得了较为丰硕的成果：福建省精品课程、福建省高校青年教师教学竞赛特等奖、全国高校青年教师教学竞赛三等奖、福建省五一劳动奖章、校教学成果特等奖、教学名师、教坛新秀等一系列成绩的取得，以及诸多教改课题与科研项目的立项，见证了课程团队的成长与进步。本书力求秉承"以应用为前提，学生为主体，程序设计为主线，培养学生的实践动手能力为着力点"的编写理念，达到科学性与实用性的有机统一，真正实现"变应试为应用"。可以说，本书是我校计算机类专业教师集体智慧的结晶，也是教育部产学合作协同育人项目"'探秘神奇的程序世界'混合式教学实践"（201901044012）、福建省级重大教改项目"基于'五位一体'的IT类金课群建设的探索与实践"（FBJG20190125）、省级一般教改项目"新工科背景下程序设计类一流课程建设的探索与实践"（FBJG20200056）和"《高级语言程序设计》应用型立体化教材建设"（JAS151358），以及福建省高等教育管理研究课题"应用型高校学科建设研究与实践"（MGJY004）的结项成果之一。本书编写分工如下：赵少卡副教授负责第1、4、6、7、8章及附录的编写，郭永宁教授和林为伟副教授负责第2、3、5章的编写，李艳老师和林为伟副教授负责第9章的编写；全书由赵少卡负责统稿；叶芍芬负责绘图。李立耀、施晓芳、游莹、苏国栋、吴衍、李秀凤等相关教师，以及超星公司的慕课制作团队，在成书与课程资源建设过程中提出了不少宝贵的意见和建议，给予了大力支持，在此一并致谢。

由于受知识水平所限，本书错误与疏漏在所难免。读者有任何问题与建议均可发送邮件至 zska@whu.edu.cn。感谢各位读者对我校计算机学科建设与本书一如既往的支持与帮助。

编著者

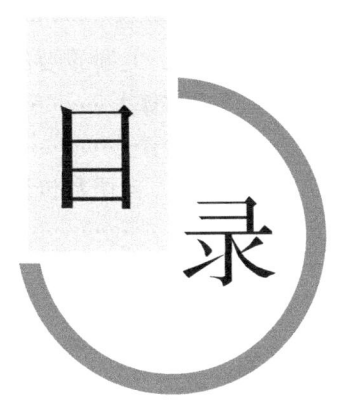

第1章	程序设计 ABC……………………… 1
1.1	历史沿革：程序语言的发展阶段… 1
1.2	回望过去：C语言的发展史 …… 5
1.3	小试身手：几个简单的C程序… 6
1.4	平台出场：C语言的编程环境…… 9
1.5	本章小结 …………………………… 13
1.6	本章习题 …………………………… 13
第2章	基本数据类型 ………………………… 14
2.1	一探究竟：数据的机内表示 …… 14
	2.1.1 数值数据的表示 …………… 14
	2.1.2 西文字符的编码 …………… 17
2.2	异彩纷呈：数据的表现形式 …… 18
	2.2.1 常量和变量 ………………… 19
	2.2.2 整型数据 …………………… 21
	2.2.3 浮点型数据 ………………… 23
	2.2.4 字符型数据 ………………… 25
2.3	运算出场：最基本的运算符和表达式 …………………………… 28
	2.3.1 算术运算符和算术表达式 … 29
	2.3.2 赋值运算符和赋值表达式 … 32
	2.3.3 逗号运算符与逗号表达式 … 36
2.4	有始有终：数据的控制台输入与输出 …………………………… 37
	2.4.1 格式化输出函数 …………… 37
	2.4.2 格式化输入函数 …………… 40
	2.4.3 字符输入与输出函数 ……… 42
2.5	本章小结 …………………………… 45

2.6	本章常见的编程错误 …………… 45
2.7	本章习题 …………………………… 46
第3章	程序的控制结构 …………………… 48
3.1	程序灵魂：算法 ………………… 48
	3.1.1 算法的特性 ………………… 48
	3.1.2 算法的表示 ………………… 49
3.2	流水作业：顺序结构 …………… 53
3.3	择优录取：选择结构 …………… 55
	3.3.1 关系运算符和关系表达式 … 56
	3.3.2 逻辑运算符和逻辑表达式 … 57
	3.3.3 条件语句(if语句) ………… 59
	3.3.4 开关语句(switch 语句) …… 65
	3.3.5 程序设计举例 ……………… 68
3.4	周而复始：循环结构 …………… 73
	3.4.1 while 循环 ………………… 74
	3.4.2 do-while 循环 ……………… 78
	3.4.3 for 循环 …………………… 81
	3.4.4 循环的嵌套 ………………… 85
	3.4.5 循环的跳转 ………………… 87
	3.4.6 知识拓展：穷举与迭代 …… 93
3.5	本章小结 …………………………… 98
3.6	本章常见的编程错误 …………… 98
3.7	本章习题 …………………………… 99
第4章	模块化程序设计 …………………… 102
4.1	功能封装：函数 ………………… 102
	4.1.1 函数的含义 ………………… 102
	4.1.2 函数的定义和调用 ………… 103

4.1.3	函数的功能	107
4.1.4	函数原型	111
4.1.5	栈内存的分配和使用	112
4.1.6	函数的嵌套调用	114
4.1.7	函数的递归调用	118
4.1.8	程序举例	120

4.2 捉摸不定：变量的性质 124
    4.2.1 变量的作用域 125
    4.2.2 变量的生命期 130
    4.2.3 外部函数和内部函数 133

4.3 磨刀不误：编译预处理 134
    4.3.1 宏定义和宏替换 134
    4.3.2 文件包含 137
    4.3.3 条件编译 138

4.4 本章小结 140
4.5 本章常见的编程错误 140
4.6 本章习题 141

第5章 数组 142

5.1 批量处理：一维数组的定义和使用 142
    5.1.1 一维数组的定义方式 142
    5.1.2 一维数组的初始化 144
    5.1.3 一维数组元素的引用 144
    5.1.4 一维数组程序举例 146

5.2 完美矩形：二维数组的定义和使用 147
    5.2.1 二维数组的定义 147
    5.2.2 二维数组的初始化 148
    5.2.3 二维数组元素的引用 149
    5.2.4 二维数组程序举例 150

5.3 戴帽成串：字符数组和字符串 153
    5.3.1 字符数组与字符串的关系 153
    5.3.2 字符数组的定义 154
    5.3.3 字符数组的初始化 154
    5.3.4 字符数组的引用 155
    5.3.5 字符数组的输入/输出 156
    5.3.6 字符串处理函数 158
    5.3.7 字符串的输入/输出 162
    5.3.8 程序举例 163

5.4 思维训练：几种重要的算法 165
    5.4.1 排序算法 165
    5.4.2 查找算法 171

5.5 知识拓展：向函数传递数组 173
5.6 本章小结 175
5.7 本章常见的编程错误 175
5.8 本章习题 176

第6章 指针 178

6.1 寻觅芳踪：初识指针 178
    6.1.1 内存地址和指针 178
    6.1.2 指针变量的定义、初始化与引用 179
    6.1.3 指针变量的移动和比较 183

6.2 强强联合：指针和函数 185
    6.2.1 指针变量作为函数参数 185
    6.2.2 返回指针值的函数 189
    6.2.3 函数指针 190

6.3 灵活高效：指针和数组 192
    6.3.1 指针和一维数组 192
    6.3.2 函数参数的多样性 195
    6.3.3 指针和字符串 197
    6.3.4 指针和二维数组 200
    6.3.5 指针数组 207
    6.3.6 二级指针 213
    6.3.7 内存的动态分配和动态数组的建立 215

6.4 本章小结 221
6.5 本章常见的编程错误 222
6.6 本章习题 222

第7章 自定义数据类型 224

7.1 求同存异：结构体类型 224
    7.1.1 结构体类型的引入 224
    7.1.2 结构体变量的定义、初始化和引用 225
    7.1.3 结构体数组 230
    7.1.4 结构体与指针 232
    7.1.5 结构体与函数 234

- 7.2 伙伴牵手：链表 ············ 238
  - 7.2.1 链表的概念 ············ 238
  - 7.2.2 链表的基本操作 ············ 239
- 7.3 你中有我：共用体类型 ············ 246
  - 7.3.1 共用体类型的定义 ············ 247
  - 7.3.2 共用体变量的定义 ············ 248
  - 7.3.3 共用体变量的初始化和引用 ··· 249
- 7.4 心中有数：枚举类型 ············ 251
- 7.5 别名当道：typedef 类型 ············ 253
- 7.6 本章小结 ············ 254
- 7.7 本章常见的编程错误 ············ 255
- 7.8 本章习题 ············ 255

- 第8章 文件 ············ 257
  - 8.1 揭示本质：文件的概念与分类 ··· 257
  - 8.2 暂时歇脚：缓冲文件系统 ············ 259
  - 8.3 有开有关：文件的打开与关闭 ··· 260
    - 8.3.1 文件的打开(fopen()函数) ··· 260
    - 8.3.2 文件的关闭(fclose()函数) ··· 262
  - 8.4 有条不紊：文件的顺序读写 ··· 263
    - 8.4.1 fgetc()函数和 fputc()函数 ··· 263
    - 8.4.2 fgets()函数和 fputs()函数 ··· 266
    - 8.4.3 fread()函数和 fwrite()函数 ··· 267
  - 8.5 随时来访：文件的随机读写 ··· 270
  - 8.6 实时诊断：文件的状态 ············ 279
  - 8.7 本章小结 ············ 280
  - 8.8 本章常见的编程错误 ············ 281
  - 8.9 本章习题 ············ 281

- 第9章 综合应用实例——课程表管理系统 ············ 282
  - 9.1 项目背景 ············ 282
  - 9.2 设计目的 ············ 282
  - 9.3 系统分析与功能描述 ············ 282
  - 9.4 总体设计 ············ 283
    - 9.4.1 功能模块设计 ············ 283
    - 9.4.2 数据结构设计 ············ 286
    - 9.4.3 函数功能描述 ············ 287
  - 9.5 程序实现 ············ 288
    - 9.5.1 源码分析 ············ 288
    - 9.5.2 运行结果 ············ 303
  - 9.6 本章小结 ············ 307
  - 9.7 本章习题 ············ 307

- 附录 A ASCII 码表及其中各控制字符的含义 ············ 308
- 附录 B C 语言关键字 ············ 309
- 附录 C C 语言运算符的优先级与结合性 ············ 311
- 附录 D 常用的标准库函数 ············ 313
- 附录 E Visual C++ 6.0 上机指南 ············ 317
- 附录 F Visual C++ 6.0 常见编译错误 ··· 325

- 参考文献 ············ 332

第 1 章　程序设计 ABC

本章导引

欢迎走进《高级语言程序设计》的世界。伴随着中国"互联网+"国家战略的实施，信息化技术已成为各行各业必备的技能之一。信息化技术的核心是软件，而程序作为软件的重要组成部分，其正确性与高效性直接影响到软件产品的质量。计算机的一切操作都离不开程序，可以说，离开程序，计算机将一事无成。因此，掌握正确的程序设计方法，具备熟练的编程技能，培养良好的编程习惯，既是进一步了解计算机世界的钥匙，更是一名合格的IT从业人员的基本素质。本书将带领读者领略一种优秀的高级语言——C语言的无穷魅力，让我们开始愉快的旅程吧。

1.1　历史沿革：程序语言的发展阶段

要学习程序设计，自然离不开计算机，那么在计算机诞生之前，人类是如何进行计算的呢？

中国人早在古代就发明了一种简便的计算工具——算盘（如图 1-1 所示），但算盘需要依靠拨动算珠来完成计算，并未实现记忆程序与自动计算的功能。后来，在中国汉朝出现的提花机（如图1-2所示）有了改进，它采用丝线结成的"花本"（花版）控制经线起落，进而完成美丽图案的编织，这是最早的程序控制思想。之后，提花机沿丝绸之路传至欧洲，历经了多次改进。1805 年，法国人约瑟夫·玛丽·雅卡尔（Joseph Marie Jacquard）发明了使用穿孔卡片（如图 1-3 所示）控制连杆（横针），用有孔/无孔进一步控制经线起落的提花机——雅卡尔提花机（如图1-4所示）。

图 1-1　算盘

图 1-2　提花机

1822 年，英国数学家查尔斯·巴贝奇（Charles Babbage）将穿孔卡片引入计算机，通过有孔和无孔的组合表示数据和程序，最终完成了第一台差分机（如图 1-5 所示）。

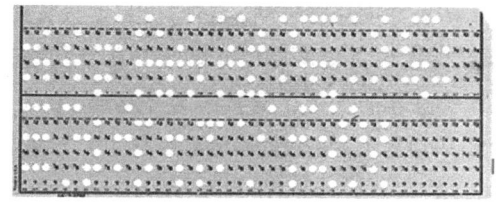

图 1-3　穿孔卡片　　　　　　　图 1-4　雅卡尔提花机

1833 年，查尔斯·巴贝奇又开始投身于一种"会分析的机器"——分析机的研制之中。他把机器设计成三个部分：一是用来存储数据信息的"仓库"；二是进行数据运算处理的"工场"；三是使用穿孔卡片来输入程序，并用穿孔卡片输出数据。这台机器虽然没有研制成功，但其工作原理——程序存储控制却为当今电子计算机的诞生奠定了基础。

那么，什么是电子计算机呢？它是由电子器件组合构造而成，以数字方式对数据进行计算处理的机器，是一种能够按照人们预先设计的程序自动进行高速计算和信息处理的工具。可想而知，它是人脑的一种延伸。现代电子计算机中常用的台式计算机如图 1-6 所示。

图 1-5　差分机　　　　　　　图 1-6　现代电子计算机中常用的台式计算机

一台电子计算机由运算器、控制器、输入/输出设备、存储器等部分构成，如图 1-7 所示，这也是著名数学家冯·诺依曼（John von Neumann）提出的计算机硬件的经典结构。当源程序和输入数据通过输入设备输入计算机后，运算器会将存储器中的数据取出进行计算，当计算完毕后，数据将存入存储器并进而通过输出设备输出。控制器负责对运算器、存储器、输入/输出设备发出指令，进行总体协调和控制。其中，运算器和控制器统称为中央处理器（Central

Processing Unit，CPU）。它就像人的大脑，可以高速运转、自动计算；输入/输出设备好比人的眼睛和耳朵，可以接收外部信息；存储器好比记忆装置，可以完成数据与指令的存储。

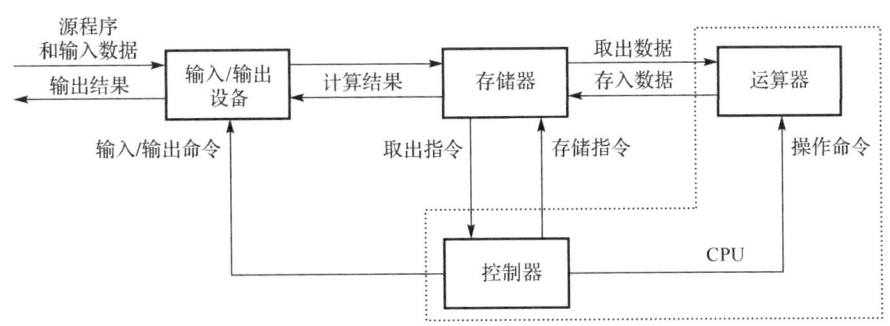

图 1-7　电子计算机的构成

有了计算机硬件之后，还需要一个能够控制计算机完成输入、处理、存储、输出等基本操作的工具，这个工具就是软件，软件是人们驾驭计算机的重要手段。它是为了实现特定目标或解决具体问题而用计算机语言编写的有序指令集，软件促进了计算机从裸机到计算机系统的进化。如果把硬件比作计算机的躯壳和肉体，那么软件就是计算机的灵魂和思想。

> **注意**
> 软件并不直接等同于程序。软件除程序外，还包含数据和文档，它的范围更加宽泛。

一般把计算机硬件和软件的组合统称为计算机系统。它是一种能按照事先存储的程序自动、高效地对数据进行输入、处理、存储和输出的系统。

当了解了计算机系统后，很自然地会想到另一个问题：人类如何和这样一个系统交流呢？众所周知，人与人之间传递信息的工具是语言，但人类都是使用汉语、英语等这样的自然语言，那么人与计算机之间传递信息可以使用这些自然语言吗？很显然，不行，因为计算机只能识别和处理二进制机器指令。

如图 1-8 所示的简单运算"1+1"就是用二进制表示的。

聪明的人类发明了汇编语言，它用助记符代表机器指令的操作码，通过汇编器，将助记符翻译成机器可识别、可执行的二进制指令。这一巧妙的"汇编"过程让计算机与人的交流变得简单了，从而使程序员远离了难记、难读、难懂的二进制。运算"1+1"使用汇编语言书写就变得简单多了，如图 1-9 所示。

```
10111000
00000001
00000000
00000101
00000001
00000000
```

图 1-8　用二进制表示的简单运算"1+1"

但汇编语言依然是低级语言，其移植性也不佳。为了更有利于与计算机系统的交流，人类又发明了各种各样的高级语言，如常用的 C、C++、C#、Java、Python 语言等。但是，计算机依然"固执"地只能接受二进制指令代码，这些由人类发明的高级语言是如何实现更有效的交流呢？

```
汇编语言              二进制语言
                    10111000
MOV AX, 1           00000001
                    00000000
                    ──────────
                    00000101
                    00000001
ADD AX, 1           00000000
```

图 1-9 汇编语言表示的运算"1+1"

这就必须经过一个将高级语言"翻译"成机器语言的过程。一般有两种翻译方法：一种是"编译型"的翻译方式，它是通过编译器将源程序转化为可执行程序，这就好比写好了一篇中文文章，叫来一位翻译一次性地翻成了英文，采用这种翻译方式的是编译型语言，如 C、C++、C#等；另一种是"解释型"的翻译方式，它充分发挥了解释器的作用，边解释边执行，这就好比同声传译，说一段翻译一段，采用这种翻译方式的是解释型语言，如 Python、Java、JavaScript、VBScript 等。

以下是分别用高级语言 Basic 和 C 写好的 1+1 运算。

```
PRINT 1+1  //Basic 语言表示
```

```c
#include <stdio.h>
int main()
{
  printf("%d\n", 1+1);
  return 0;
}  //C 语言表示
```

但是，编程语言的种类很多，为什么要选择 C 语言作为入门学习语言呢？

首先，C 语言是人类能够掌握、易于理解的高级语言，它诞生于 20 世纪 70 年代初，成熟于 80 年代，囊括了一系列的重量级软件。而且，几乎没有不能用 C 语言实现的软件，没有不支持 C 语言的系统，无论在应用程序领域中，还是在操作系统、硬件等底层领域中，C 语言都有着广泛的应用。另外，很多流行语言、新生语言都借鉴了它的思想与语法。

著名的开发语言排行榜 TIOBE 公布了 2019 年 9 月编程语言指数排行榜，如表 1-1 所示。排名前三的是 Java、C、Python。Python 上升到了第 3 位，值得一提的是，Python 就是用 C 语言写出来的框架结构。

表 1-1　2019 年 9 月编程语言指数排行榜

2019 年 9 月排位	2018 年 9 月排位	Programming Language（编程语言）	Ratings（市场占有率）	Change（市场占有率变化）
1	1	Java	16.661%	−0.78%
2	2	C	15.205%	−0.24%
3	3	Python	9.874%	2.22%
4	4	C++	5.635%	−1.76%
5	6	C#	3.399%	0.10%
6	5	Visual Basic .NET	3.291%	−2.02%
7	8	JavaScript	2.128%	0.00%
8	9	SQL	1.944%	−0.12%
9	7	PHP	1.863%	−0.91%

此外，C 语言还获得 2017 年"年度编程语言"的称号，该奖项授予一年内评分最高的编程语言。这是 C 语言继 2008 年后第 2 次荣登"年度编程语言"榜首。

1.2　回望过去：C 语言的发展史

C 语言是一种高级程序设计语言，具有简洁、紧凑、高效等特点。它既可以用于编写应用软件，也可以用于编写系统软件。自 1973 年问世以来，C 语言迅速发展并成为最受欢迎的编程语言之一。

早期的系统软件设计均采用汇编语言，例如 UNIX 操作系统。尽管汇编语言在可移植性、可维护性等方面远远不及高级语言，但是一般的高级语言有时难以实现汇编语言的某些功能。那么，能否设计出一种集汇编语言和高级语言优点于一身的语言呢？于是，C 语言就应运而生了。

C 语言的发展颇为有趣，它的原型是 ALGOL 60 语言（也称 A 语言）。

1963 年，剑桥大学将 ALGOL 60 语言发展成为 CPL（Combined Programming Language）语言。

1967 年，剑桥大学的马丁·理查兹（Matin Richards）对 CPL 语言进行了简化，于是产生了 BCPL 语言。

1970 年，美国贝尔实验室的肯·汤普森（Ken Thompson）将 BCPL 进行了修改，并为它起了一个有趣的名字"B 语言"，其含义是将 CPL 语言"煮干"，提炼出它的精华，并且，他用 B 语言写了第一个 UNIX 操作系统。

1973 年，美国贝尔实验室的丹尼斯·里奇（Dennis M.Ritchie）在 B 语言的基础上设计出了一种新的语言，他取了 BCPL 的第 2 个字母作为这种语言的名字，即 C 语言。

1978 年，布赖恩·凯尼汉（Brian W.Kernighan）和丹尼斯·里奇出版了名著 *The C Programming Language*，从而使 C 语言成为目前世界上流行最广泛的高级程序设计语言。

1983 年，肯·汤普森和丹尼斯·里奇这两位 C 语言设计者获得了计算机领域的最高奖——图灵奖；之后，他们又于 1999 年接受了时任总统克林顿授予的美国"国家技术勋章"。

随着微型计算机的日益普及，出现了许多 C 语言版本。由于没有统一的标准，使得这些 C 语言之间出现了一些不一致的地方。为了改变这种情况，美国国家标准学会（ANSI）为 C 语言制定了一套 ANSI 标准，即 C 语言标准。

1989 年，美国国家标准学会（ANSI）通过的 C 语言标准 ANSI X3.159-1989 被简称为 C89。1990 年，国际标准化组织（ISO）也采纳了同样的标准，ISO 官方命名为 ISO 9899-1990，简称为 C90。这两个标准只有细微的差别，因此，通常来讲，C89 和 C90 指的是同一个版本。

1999 年，ANSI 通过了 C99 标准。C99 标准对 C89 做了很多修改，例如变量声明可以不放在函数开头、支持变长数组等，很多编译器都提供了对 C99 的完整支持。2011 年，虽然发布了 C11 标准，但目前不少编译器未能提供对 C11 标准的全面支持，因此本书依然按照 C99 标准进行讲解。

自 20 世纪 70 年代起，C 语言通过 UNIX 操作系统迅速发展起来，逐渐占据了大、中、小、微型机，成为风靡世界的计算机语言。大多数软件开发商都优先选择 C 语言来开发系统软件、应用程序、编译器和其他产品。

直到 20 世纪 90 年代，一种代表面向对象先进思想的语言即 C 语言的超集 C++问世。由于 C++解决了 C 语言不能解决的诸多难题，所以许多开发商开始使用 C++来开发一些复杂的、规模较大的项目，因此，C 语言进入一个较为低潮的时期。

这个低潮并未持续太长时间，随着嵌入式产品的增多，C 语言简洁高效的特点又被重视起来，被广泛地应用于手机、游戏机、机顶盒、平板电脑、高清电视、VCD/DVD/MP3 播放器、电子字典、可视电话等现代化设备的微处理器编程。随着云计算、物联网、移动互联、大数据、人工智能的不断发展，数字化、网络化、智能化已成为时代的主流，嵌入式系统技术的发展空间也会逐渐加大，C 语言的地位自然会越来越高。此外，C 语言作为一种极佳的入门语言，其模块化的程序设计思想，使学习者通过它更容易掌握其他的编程语言。因此，学好 C 语言是很有必要的。

1.3 小试身手：几个简单的 C 程序

为了说明 C 语言源程序结构的特点，先看以下几个程序。这几个程序由简到难，表现了 C 语言源程序在组成结构上的特点，可以从中了解到组成一个 C 语言源程序的基本部分和书写格式。

【案例 1.1】 输出一行字符："Hello world！"。

```
01  #include <stdio.h>
02  int main()
03  {
04    printf("Hello world! \n");
05    return 0;
06  }
```

对上面这样一段程序只要略懂英文，就不难猜出其功能是输出"Hello world！"。其中，01 行是进行预处理，将一个 stdio.h 的头文件包含进该程序。对于该预处理的细节将在后面的内容中逐步介绍。02、03、04、05、06 行构成以下的框架：

```
int main()
{
  …
  return 0;
}
```

所有的 C 程序都包含了这样一个结构，称为定义了一个 main()函数，或者主函数(Main Function)。C 语言是函数式语言，写 C 程序其实就是在写各种各样的函数，如主函数、库函数、自定义函数等，而主函数是最重要的函数，每一个完整的 C 语言源程序都有且只有一个主函数。任何函数都带有一对圆括号，用于存放函数的参数，主函数也不例外，在本例中，main()函数是无参数的。

此外，该 main()函数返回一个 0 值(05 行)，这是 C99 标准要求的，它是为了检查该函数是否已经正确地执行到了最后。若一切正常，则调用 main()函数的操作系统就会得到这个 0 值，这对于判断程序是否已经正常执行是很有好处的。

除了圆括号，函数带有一对花括号(03 行、06 行)，代表函数的开始与函数的结尾，而中间的部分称为函数体(04 行、05 行)。在这个 main()函数中，利用 printf()函数将"Hello world!"输出并显示在屏幕上(04 行)。由于 printf() 函数是一个由系统定义的标准库函数,它被预先定义在 stdio.h 头文件中,可在程序中直接调用,要使用这个函数只需在程序的首行加上#include<stdio.h>的预处理命令。printf()函数中的 "\n" 代表输出后进行换行操作,也就是输出后,光标会移动到下一行的开头位置。此外,本语句的后面有一个分号,分号是 C 语言中语句的结束标志,每一句程序书写完毕后都要带上半角的分号。在 C 语言中,一条语句或一个说明一般占一行,以便于理解与阅读。

> **多学一点**
>
> 用 "{ }" 括起来的部分,通常表示程序的某一层次结构,称为语句块,可单独占一行(03、06 行)。低一层次的语句或说明(04、05 行)应比高一层次的语句或说明缩进若干空格后书写,以使程序更加清晰,可读性更强。

如果将【案例 1.1】运行在 Visual C++平台(在 1.4 节中介绍)上,就会得到如图 1-10 所示的运行结果。

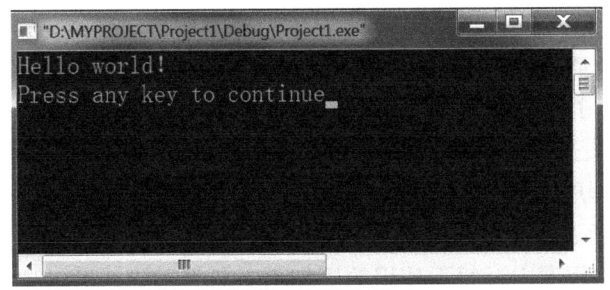

图 1-10 【案例 1.1】运行结果

【案例 1.2】 求两个数 a 和 b 的和。

```
/*
    This program is designed by Zhao Shaoka.
    Date: 2018-08-10
*/
01  #include <stdio.h>
02  int main()              //求两数之和
03  {
04      int a,b,sum;        //声明,定义变量为整型
05      a=100; b=200;
06      sum=a+b;
07      printf("sum is %d\n",sum);
08      return 0;
09  }
```

该程序是给出两个数,让计算机完成最擅长的计算功能。要存放数,自然就需要盒子,这些盒子就是变量,由于存在不同类型的数,如整数、小数等,那么就需要用不同类型的变量来存储,这些变量在使用前必须先进行声明,以便让计算机事先"认识"它们。04 行就是对将要用到的变

量 a、b 和 sum 进行声明,并定义它们为整数型(int)变量。接着,用变量 a 来存储整数 100,再用变量 b 来存放整数 200(05 行),然后把它们相加的和存入另一个变量 sum 中(06 行),最后 printf()函数打印出结果(07 行)。printf()函数中的"sum is"部分是原样输出,"%d"是格式控制符,此处使用后面具体的十进制整型值 sum 填入,最终程序运行的结果如图 1-11 所示。

图 1-11 【案例 1.2】运行结果

在变量命名时,应尽可能地做到"见名知义",以增强可读性。例如,求和操作的变量可取名为 sum,存储学生成绩的变量可命名为 score,等等。

> **多学一点**
>
> 一般,程序可以采用注释的方式向用户提示或解释程序的意义,或进行程序员间的相互交流。在运行 C 程序的平台中,通常支持以下两种注释形式:
>
> (1)块注释:用 /*表示注释的头,*/表示注释的尾,这样注释可以写成一整块,有很多行(如本例中 01 行前的部分)。
>
> (2)行注释:它是写成双左斜杆的单行注释形式(如本例中 02、04 行末)。
>
> 注释可出现在程序中的任何位置,它对程序的编译和运行不起作用,所以可以用汉字或英文字符表示。一个复杂的程序一定要辅以相应的注释,这是一个很好的编程习惯。此外,在调试程序中对暂不使用的语句不必急着删除,可以先用注释符括起来,使翻译跳过不进行处理,待调试结束后再去掉注释符。

> **注意**
>
> (1)块注释"/*...*/"中可以嵌套行注释"//",如:
>
> ```
> /*printf("Hello world! \n");    //输出 Hello world!
> return 0;*/
> ```
>
> (2)块注释"/*...*/"中不能再次嵌套块注释"/*...*/",如:
>
> ```
> /*
>   /*printf("Hello world! \n");
>     return 0;*/
> */
> ```
>
> 这是由于第一个"/*"会和第一个"*/"进行配对,将会导致第二个"*/"找不到匹配。

在【案例 1.2】中,整数 a 和 b 的值是直接写在程序中的,那么能不能自由地从键盘输入呢?幸运的是,C 语言提供了 scanf()函数用于接收键盘输入的数值,将其存入程序中。不妨继续观察【案例 1.3】。

【案例 1.3】 从键盘输入两个整数，并求它们的和。

```
01  #include <stdio.h>
02  int main()                                    /*主函数*/
03  {
04    int a,b,sum;                                /*声明部分，定义变量*/
05    printf("Please input two numbers:\n");      /*输出提示信息*/
06    scanf("%d,%d",&a,&b);                       /*输入变量a和b的值*/
07    sum=a+b;                                    /*把a与b相加*/
08    printf("sum=%d\n",sum);                     /*输出sum的值*/
09    return 0;
10  }
```

在 05 行，先给出一个人性化的提示(中文为"请输入两个数")，然后利用输入函数 scanf()将键盘输入的两个数分别存进变量 a 和 b(06 行)，函数 scanf()同样是一个由系统定义的标准库函数，可直接调用，它也被预先定义在 stdio.h 头文件中。在函数 scanf()中，"%d,%d"同样是格式控制符，它指定了用户要按十进制的格式输入两个整数，且输入两个数时，中间使用逗号分隔。后面的"&"在 C 程序中是取地址的符号，"&a"与"&b"表示分别取出变量 a 和 b 的地址，当函数 scanf()执行时，从键盘输入的两个整数将会被送入 a 和 b 这两处地址中，也就是赋值给变量 a 和 b。接着，进行相加操作(07 行)并输出最终的结果(08 行)。运行结果如图 1-12 所示。

> **注意**
> 输入函数 scanf()中的取地址符号"&"不可省略。

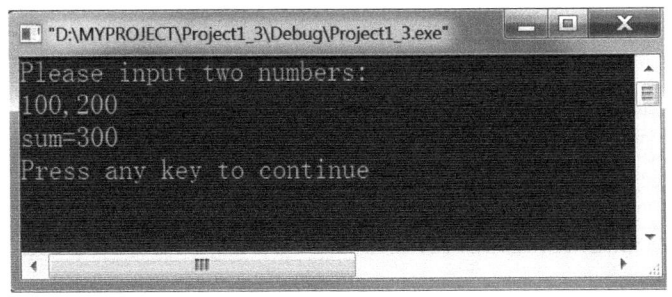

图 1-12 【案例 1.3】运行结果

很显然，这样的程序就更灵活了，可以接收从键盘输入的任意数值进行相加操作。当然，随着学习的深入，相信读者一定可以编写出更复杂、更灵活高效的 C 程序。

1.4 平台出场：C 语言的编程环境

程序书写结束后，要执行相应的功能，就必须运行该程序，这就需要一个运行的环境。可开发和运行 C 程序的工具很多，如 Visual Studio、Code::Block、Eclipse、Vim 等。本书使用

Visual C++平台作为开发环境，它是微软公司推出的使用极为广泛、基于 Windows 平台的可视化集成开发环境，其功能强大，可运用于 C、C++等多种语言的编译、运行和调试。

安装 Visual C++ 6.0 后，选择主菜单"文件"下的"新建"子菜单，在弹出的对话框中单击上方的选项卡"工程"，选择"Win32 Console Application"，在"工程名称"框中填写工程名，例如 Project1_1，在"位置"框中填写该工程的路径（如选择 D 盘中已存在的子文件夹 MYPROJECT），单击"确定"按钮，其余默认，这样就完成了一个工程项目 Project1_1 的创建，如图 1-13 所示。

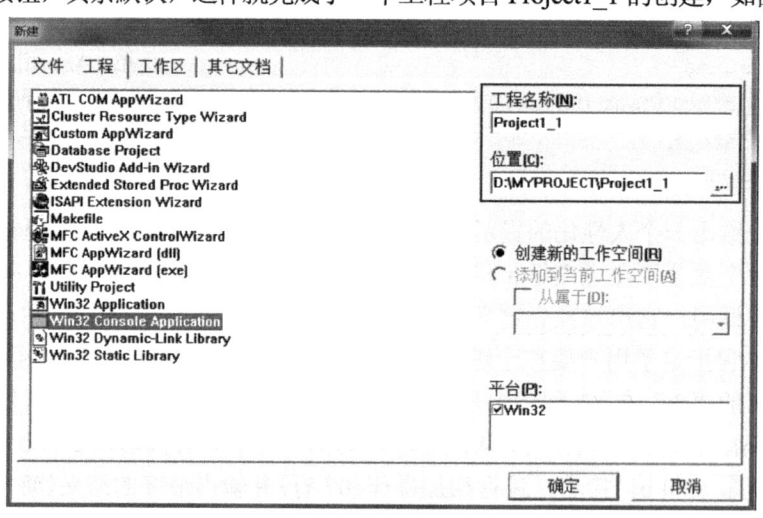

图 1-13 新建工程

接着，选择主菜单"工程"的"添加到工程"下的"新建"子菜单，为工程添加新的 C 源文件。在弹出的"新建"对话框中，选择"文件"选项卡中的"C++ Source File"，在"文件名"框中输入该 C 源文件的名称，例如命名为"Ex1_1.c"，接着，指定好目录路径，单击"确定"按钮，如图 1-14 所示。

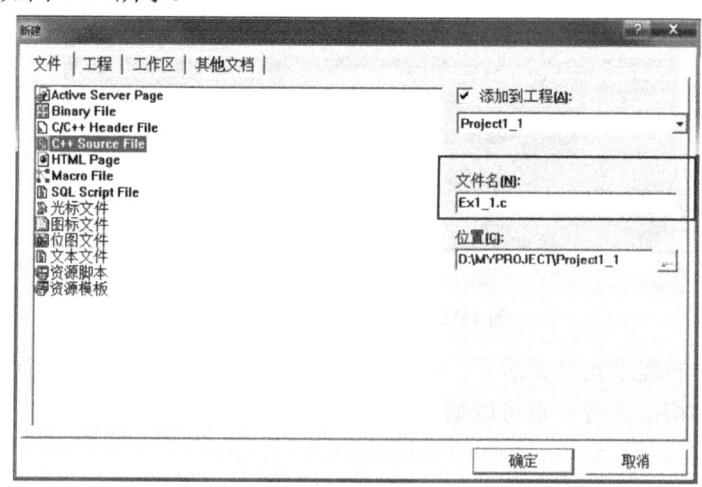

图 1-14 新建 C 源文件

> **注意**
>
> 所有的 C 程序的扩展名均为.c，不然会被默认为是 C++程序，C++程序的扩展名是.cpp。

在工作区输入【案例 1.1】的"Hello world!"源程序。之后，单击工具按钮或主菜单"组建"下的"编译"子菜单，就完成了对 Ex1_1.c 源文件的编译工作。若一切正常，在输出窗口处会显示无错误、无警告，如图 1-15 所示。

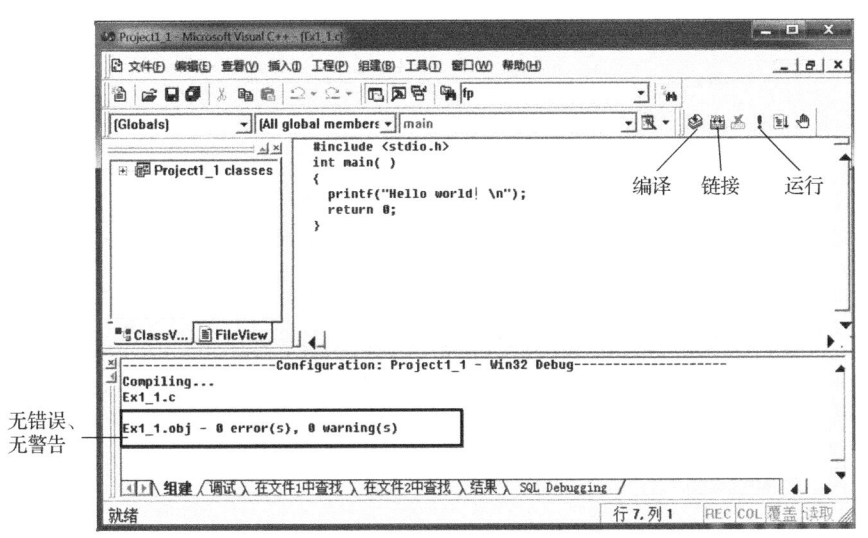

图 1-15　编译 C 程序

如果程序有问题，比如漏掉了 04 行 printf 语句的分号，那么在输出窗口中会报错，还会很人性化地提示错误的原因(如图 1-16 所示)，即此处丢失了分号，当双击它后，会定位到错误的附近，编程者人工判断并修改后，重新编译，程序就恢复正常了。

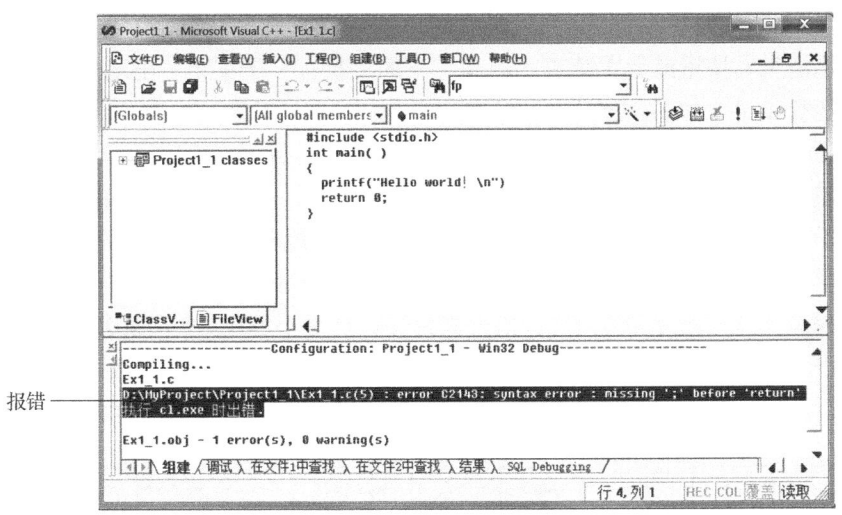

图 1-16　报错提示

编译正常后，在工程项目所在的 Debug 文件夹中将出现.obj 文件，这是一个目标文件(或称为"目标程序")，如图 1-17 所示。

之后，单击工具按钮或者主菜单"组建"下的"组建"子菜单，将该源程序与已有的库函数进行"链接"操作，对于该程序，就是与包含进来的 stdio.h 头文件进行链接，链接后，在该工程项目所在的 Debug 文件夹中将生成.exe(可执行)文件，如图 1-18 所示。

高级语言程序设计

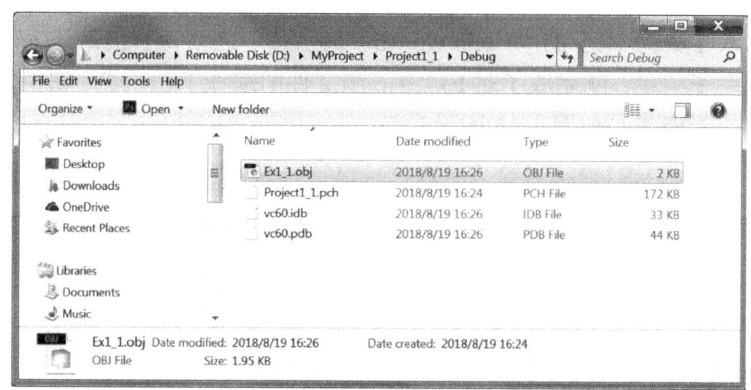

图 1-17 生成目标文件

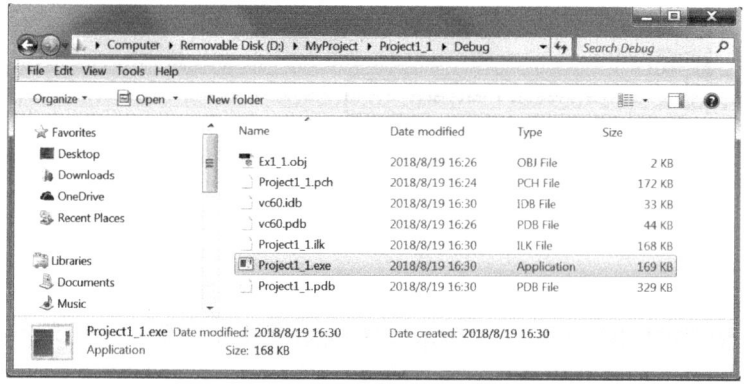

图 1-18 生成可执行文件

最后，单击工具按钮或者主菜单"组建"下的"执行"子菜单，出现一个新的用户窗口，显示出最终运行结果，如图 1-10 所示。

由于该程序比较简单，直接单击工具按钮"运行"，刚才的编译、链接和运行将一次性完成，也比较方便。Visual C++平台更为详细的使用方法，可参看附录 E。

刚才的操作过程归纳起来就是如图 1-19 所示的执行流程。首先，新建并编辑录入.c 源程序，接着编译为.obj 目标程序，然后与其他目标程序及库函数链接，生成可执行程序.exe，最后执行出结果。如果出现了语法错误（如丢失分号、括号不匹配等），就会在编译时报告，需要返回源程序进行修改；如果出现的是逻辑错误（如死循环、算法错误等），虽然可以顺利通过编译和链接，但运行不出正确的结果，此时也需要返回源程序进行修改。

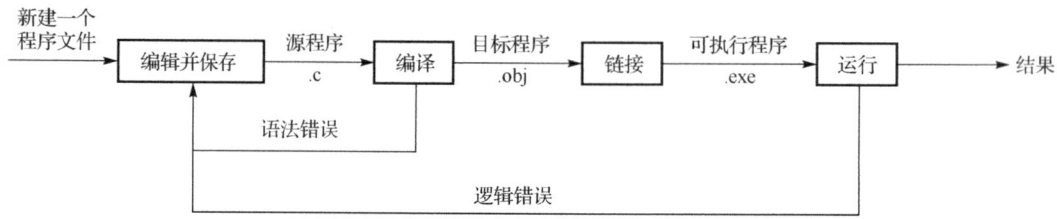

图 1-19 C 程序的执行流程

在该过程中，源程序.c 是高级语言源代码，不可以直接在机器内运行；编译后生成的目标程序属于机器语言，也不可直接执行，只有转化为.exe 程序后才可直接执行，如图 1-20 所示。

	源程序	目标程序	可执行程序
内容	程序设计语言	机器语言	机器语言
可执行	不可以	不可以	可以
文件名后缀	.c	.obj	.exe

图 1-20　三种不同类型程序的区分

1.5　本章小结

本章首先讲解了计算机系统的基本组成、程序语言的发展历程、C 语言的基本特点等相关知识，要注意体会"编译"和"解释"这两种不同的翻译方式。此外，带领读者学习了几个简单的 C 程序，并重点介绍了 Visual C++开发环境的搭建，以及如何运行一个 C 程序。

请务必注意，学习编程没有捷径，只有擅长利用各种工具与环境，多读、多写、多思考、多实践，才能顺利跨入 C 语言的大门，去领略和感悟编程之美，最终到达胜利的彼岸。

1.6　本章习题

1. 查找资料，了解表 1-1 所列的各种编程语言的特点和应用领域。
2. 程序和软件有什么不同？并请列举出你接触到的几种常用软件。
3. C 程序开发的基本步骤是什么？请在 Visual C++平台上编写一段 C 代码，体会程序运行的全过程。
4. 请用注释说明如下程序中每一行的功能。

```c
#include <stdio.h>
int main(){
    int num,price,total;
    printf("Please input num and price:");
    scanf("%d,%d",&num,&price);
    total=num*price;
    printf("\nThe amount of consumption will be %d*%d=%d.",num,price,total);
    return 0;
}
```

第 2 章　基本数据类型

 本章导引

　　数据是程序处理的对象，也是程序的必要组成部分。C 语言提供了丰富的数据类型，以便对现实世界中不同特性的数据加以描述。不同类型的数据在计算机中占有的内存大小、取值的范围、能够进行的操作也不同；运算是对数据的加工处理，C 语言也提供了丰富的运算符，以满足不同类型数据的处理要求；通过运算符将运算对象（如常量、变量、函数等）按一定的规则连接起来的有意义的式子称为表达式，在表达式后加上分号后即成为表达式语句，并且大多数 C 语句都是表达式语句，因此丰富的运算符和表达式使程序设计变得方便灵活。

　　利用 C 语言所提供的输入与输出函数，可以实现程序运行中的人机交互，按要求输出处理结果。本章将介绍 C 语言的基本数据类型、运算符、表达式，以及常用的输入/输出函数。

2.1　一探究竟：数据的机内表示

　　数据不等于数值和数字，它是一个广义的概念。数据是表示客观事物的、可被记录的、能够被识别的各种符号。此处所说的数据实际包含两种数据，即数值数据和非数值数据。数值数据用以表示量的大小、正负，如整数、小数等；非数值数据用以表示一些符号、标记，如英文字母、各种专用字符等，汉字、图形、声音数据也属于非数值数据。

　　迄今为止，无论是数值数据还是非数值数据，在计算机内部都是以二进制方式组织和存放的。这就是说，任何数据要交给计算机处理，都必须用二进制数字 0 和 1 表示，这一过程就是数据的编码。显然，一个二进制位只有 2 种状态（0 和 1），可以分别表示两个数据，两个二进制位就有 4 种状态（00，01，10，11），可分别表示 4 个数据。要表示的数据越多，所需要的二进制位就越多。

2.1.1　数值数据的表示

1．机器数

　　在计算机中，因为只有 0 和 1 两种形式，所以数的正、负号也必须以 0 和 1 表示。通常将二进制数的首位（最左边的一位）作为符号位，若二进制数是正的则其首位是 0，若二进制数是负的则其首位是 1。像这种符号也数码化的二进制数称为"机器数"，原来带有"+""−"号的数称为"真值"。例如：

　　十进制　　　　　　　+67　　　　　−67
　　二进制（真值）　　　+1000011　　 −1000011
　　计算机内（机器数）　01000011　　 11000011

机器数在机内也有三种不同的表示方法,即原码、反码和补码。

1) 原码

用首位表示数的符号(0 表示正,1 表示负),其他位则为数的真值的绝对值,这样表示的数就是数的原码。

例如:　　$X=(+105)$　　$[X]_{原}=(01101001)_2$

　　　　　$Y=(-105)$　　$[Y]_{原}=(11101001)_2$

0 的原码有两种,即 $[+0]_{原}=(00000000)_2$

　　　　　　　　　　$[-0]_{原}=(10000000)_2$

原码简单易懂,与真值转换起来很方便。但是,如果两个异号的数相加或两个同号的数相减就要做减法,这时必须判别这两个数中的哪一个绝对值大,用绝对值大的数减去绝对值小的数,运算结果的符号就是绝对值大的那个数的符号。这些操作比较麻烦,运算的逻辑电路实现起来也比较复杂。于是,为了将加法和减法运算统一成只做加法运算,就引进了反码和补码。

2) 反码

反码使用得较少,它只是补码的一种过渡。正数的反码与其原码相同,负数的反码是这样求得的:符号位不变,其余各位按位取反(即 0 变为 1,1 变为 0)。例如:

$[+65]_{原}=(01000001)_2$　　　　$[+65]_{反}=(01000001)_2$

$[-65]_{原}=(11000001)_2$　　　　$[-65]_{反}=(10111110)_2$

容易验证:一个数反码的反码就是这个数本身。

3) 补码

正数的补码与其原码相同,负数的补码是它的反码加 1,即求反加 1。例如:

$[+63]_{原}=(00111111)_2$　　$[+63]_{反}=(00111111)_2$　　$[+63]_{补}=(00111111)_2$

$[-63]_{原}=(10111111)_2$　　$[-63]_{反}=(11000000)_2$　　$[-63]_{补}=(11000001)_2$

同样容易验证:一个数补码的补码就是其原码。

引入了补码以后,两个数的加减法运算就可以统一用加法运算来实现。此时,两数的符号位也当成数值直接参加运算,并且有这样一个结论:两数和的补码等于两数补码的和。所以,在计算机系统中一般都采用补码来表示带符号的数。

例如:求 $(32-10)_{10}$ 的值,事实上:

$(+32)_{10} = (+0100000)_2$　　$(+32)_{原}=(00100000)_2$　　$(+32)_{补}=(00100000)_2$

$(-10)_{10} = (-0001010)_2$　　$(-10)_{原}=(10001010)_2$　　$(-10)_{补}=(11110110)_2$

竖式相加:

```
          0 0 1 0 0 0 0 0    ------[32]补
      +)  1 1 1 1 0 1 1 0    ------[-10]补
          _____
        1 0 0 0 1 0 1 1 0
        ↑
```

由于只是一个字节,且一个字节只有 8 位,再进位则自然丢失。

$(00010110)_2 = (+22)_{10} = (22)_{补} = (22)_{原}$

所以,$(32-10)_{10} = 22$。

再举一个例子，求(34−68)₁₀的值，事实上：

(+34)₁₀=(+0100010)₂　　(+34)原=(00100010)₂　　(+34)补=(00100010)₂
(−68)₁₀=(−1000100)₂　　(−68)原=(11000100)₂　　(−68)补=(10111100)₂

竖式相加：
```
    00100010    ------[34]补
 +) 10111100    ------[-68]补
    ─────────
    11011110
```

运算结果也是一个补码，符号位是1，此结果肯定是一个负数。按照补码的补码为原码法则，除符号位外，其余7位求反再加1，就得到10100010，这就是−34的原码，所以(34−68)₁₀=−34。

2．数的定点和浮点表示

计算机处理的数有整数也有实数。实数有整数部分，也带有小数部分。机器数的小数点位置是隐含规定的，若约定小数点位置是固定的，则称为定点表示法；若约定小数点位置是可以变动的，则称为浮点表示法。

1) 定点数

定点数是小数点位置固定的机器数。通常用一个存储单元的首位表示符号，小数点位置约定在符号位的后面或者约定在有效数位之后。当小数点位置约定在符号位之后时，此时的机器数只能表示小数，称为定点小数；当小数点位置约定在所有有效数位之后时，此时的机器数只能表示整数，称为定点整数。定点数的两种情况如图2-1所示。

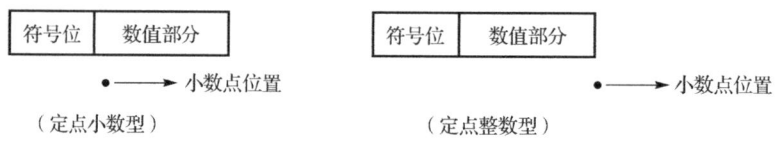

图2-1　定点数的两种情况

例如：字长为16位(2个字节)，符号位占1位，数值部分占15位，小数点约定在尾部，于是机器数 0111 1111 1111 1111 表示二进制数+111 1111 1111 1111，也就是十进制数+32767，这就是定点整数。

如果小数点约定在符号位后面，那么机器数 1 000 0000 0000 0001 则表示二进制数 −.000 0000 0000 0001，也就是十进制数 -2^{-15}。

2) 浮点数

浮点数是小数点位置不固定的机器数。从以上定点数的表示中可以看出，即便用多个字节来表示一个机器数，其范围大小也往往不能满足一些问题的需要，于是就增加了浮点运算的功能。

一个十进制数 M 可以规范化成 $M=10^e \cdot m$，例如 $123.456 = 0.123456 \times 10^3$，那么任意一个数 N 都可以规范化为：

$$N = b^e \cdot m$$

其中，b 为基数(权)，e 为阶码，m 为尾数，这就是科学记数法。图2-2表示一个浮点数。

在浮点数中，机器数可分为两部分：阶码部分和尾数部分。从尾数部分中隐含的小数点位置可知，尾数总是纯小数，它只是给出了有效数字，尾数部分的符号位确定了浮点数的正负。阶码给出的总是整数，它确定小数点移动的位数，其符号位为正则向右移动，为负则向左移动。阶码部分的数值部分越大，则整个浮点数所表示的值域肯定越大。

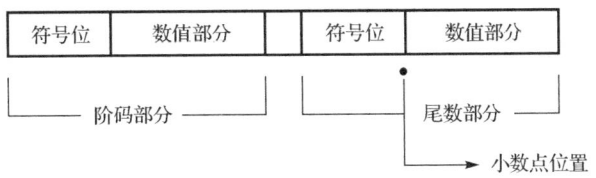

图 2-2 浮点数

由于阶码的存在，同样多的字节所表示机器数的范围浮点数就比定点数大得多，另外，浮点数的运算比定点数复杂得多，实现浮点运算的逻辑电路也复杂一些。

2.1.2 西文字符的编码

前面所述是数值数据的编码，而计算机处理的另一大类数据是字符，各种字母和符号也必须用二进制数编码后才能交给计算机来处理。目前，国际上通用的西文字符编码是 ASCII 码(American Standard Code for Information Interchange，美国国家标准信息交换代码)。ASCII 码有两个版本，即标准 ASCII 码和扩展的 ASCII 码。

标准 ASCII 码是 7 位码，即用 7 位二进制数来编码，用一个字节存储或表示，其最高位总是 0，7 位二进制数总共可编出 2^7=128 个码，表示 128 个字符(见表 2-1)。前面 32 个码及最后 1 个码分别代表不可显示或打印的控制字符，它们为计算机系统专用。数字字符 0~9 的 ASCII 码是连续的，其 ASCII 码分别是 48~57；英文字母大写 A~Z 和小写 a~z 的 ASCII 码分别也是连续的，分别是 65~90 和 97~122。依据这个规律，当知道一个字母或数字字符的 ASCII 后，很容易推算出其他字母和数字字符的 ASCII 码。

表 2-1 标准 ASCII 码字符集

十进制	字符	十进制	字符	十进制	字符	十进制	字符
0	NUL	13	CR	26	SUB	39	'
1	SOH	14	SO	27	ESC	40	(
2	STX	15	SI	28	FS	41	)
3	ETX	16	DLE	29	GS	42	*
4	EOT	17	DC1	30	RS	43	+
5	ENQ	18	DC2	31	VS	44	,
6	ACK	19	DC3	32	SP	45	-
7	BEL	20	DC4	33	!	46	.
8	BS	21	NAK	34	"	47	/
9	HT	22	SYN	35	#	48	0
10	LF	23	ETB	36	$	49	1
11	VT	24	CAN	37	%	50	2
12	FF	25	EM	38	&	51	3

续表

十进制	字符	十进制	字符	十进制	字符	十进制	字符
52	4	71	G	90	Z	109	m
53	5	72	H	91	[	110	n
54	6	73	I	92	\	111	o
55	7	74	J	93	]	112	p
56	8	75	K	94	^	113	q
57	9	76	L	95	_	114	r
58	:	77	M	96	`	115	s
59	;	78	N	97	a	116	t
60	<	79	O	98	b	117	u
61	=	80	P	99	c	118	v
62	>	81	Q	100	d	119	w
63	?	82	R	101	e	120	x
64	@	83	S	102	f	121	y
65	A	84	T	103	g	122	z
66	B	85	U	104	h	123	{
67	C	86	V	105	i	124	|
68	D	87	W	106	j	125	}
69	E	88	X	107	k	126	~
70	F	89	Y	108	l	127	Del

扩展的 ASCII 码是 8 位码，即用 8 位二进制数来编码，用一个字节存储表示。8 位二进制数总共可编出 $2^8 = 256$ 个码，它的前 128 个码与标准的 ASCII 码相同，后 128 个码表示一些花纹图案符号。

对于西文字符还存在另外一种编码方案，这就是 EBCDIC 码(Extended Binary Coded Decimal Interchange Code)，它主要用于 IBM 系列大型主机，而 ASCII 码普遍用于微型机和小型机。

2.2 异彩纷呈：数据的表现形式

C 语言中提供的数据类型如图 2-3 所示。C 语言程序中所使用的每个数据都属于其中某一种类型，在编程时要正确地定义和使用数据。

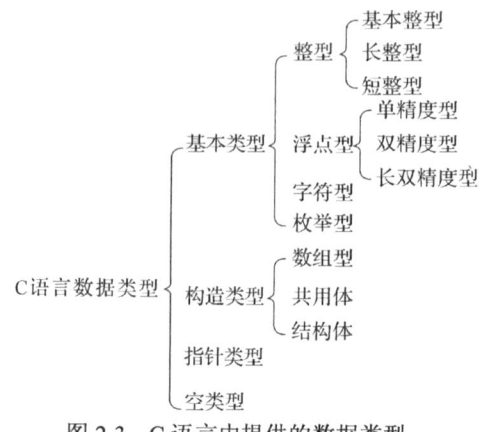

图 2-3　C 语言中提供的数据类型

2.2.1 常量和变量

程序处理的对象是数据,而每项数据不是常量就是变量,二者的区别在于:变量的值在程序的执行过程中可以改变,而常量的值在程序的执行过程中是不可以改变的。

1. 常量

在 C 语言中,常量不需要进行类型说明就可以直接使用,其类型由常量本身隐含决定。常量有两种形式:一种是以字面值的形式直接出现在程序中,如 2、3.14、'a'、"Hello!"等,称为字面常量或直接常量;另一种是以符号的形式来表示,如下面【案例 2.1】中的 PAI,称为符号常量。

【案例 2.1】 符号常量的使用。从键盘输入圆的半径,计算对应的圆周长、圆面积和球体积并输出。

源程序如下:

```c
#include <stdio.h>
#define  PAI  3.1415926      /*定义符号常量*/
int main()
{
    float r,c,s,v;           /*定义变量r,c,s,v来存放半径,周长、面积和体积*/
    printf("Please input the radius:");
    scanf("%f",&r);
    c=2*PAI*r;               /*程序编译前用 3.1415926 替换 PAI*/
    s= PAI *r*r;             /*程序编译前用 3.1415926 替换 PAI*/
    v=4.0/3.0* PAI *r*r*r;   /*程序编译前用 3.1415926 替换 PAI*/
    printf("c=%f\ns=%f\nv=%f\n",c,s,v);
    return 0;
}
```

运行结果如图 2-4 所示。

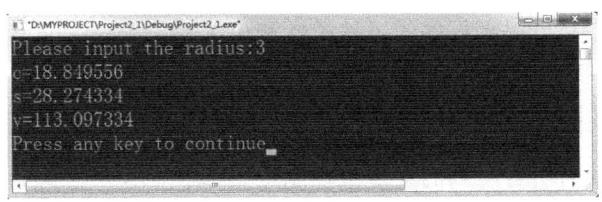

图 2-4 【案例 2.1】运行结果

说明:

(1)程序中的#define 是编译预处理命令,即程序在进行正常编译前就要处理的命令。程序中定义 PAI 代表圆周率常量 3.1415926,此后程序在进行正常编译前把程序中所有的 PAI 都用 3.1415926 来替换。所以在程序中不能再对 PAI 的值做修改,同时 C 语言中变量名习惯用小写字母表示,而符号常量名常用大写字母以示区别。

(2)使用符号常量的好处主要有两个:一是含义清楚,见名知义,如在上面的程序中,从 PAI 便可知道它代表圆周率;二是修改方便,一改全改,如要调整圆周率的精度要求,改动#define PAI 3.1416,在程序中所有出现 PAI 的地方就会一律自动改为 3.1416。

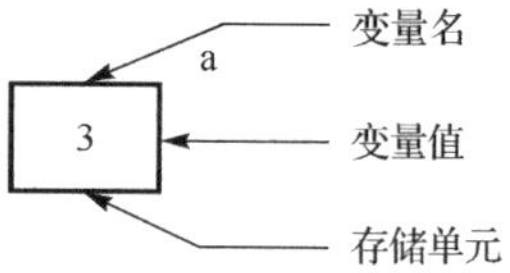

2. 变量

变量通常用来保存程序运行过程中的输入数据，以及计算获得的中间结果或最终结果。变量包括变量名、存储单元和变量值三个要素，如图 2-5 所示。一个变量用一个名字表示，在内存中占据一定的存储单元，用于存放变量的值。

图 2-5 变量的三个要素

1) 变量名

变量名通常用标识符来表示。C 语言中的标识符是可以用来标识变量名、符号常量名、函数名、数组名、类型名、文件名的有效字符序列。C 语言规定标识符只能由字母、数字和下画线三种字符组成，且第一个字符必须为字母或下画线。下面列出的是合法的标识符，也是合法的变量名：

```
s12,data_1,dist,year,_id,time1,Student
```

下面是不合法的标识符和变量名：

```
a#b,4ac,student.name,c+d
```

> **注意**
>
> 大写字母和小写字母被认为是两个不同的字符，因此 Student 和 student 是两个不同的变量名，通常变量名用小写字母表示；不允许使用 C 关键字为标识符命名，如 if、for 等（C 关键字见本书附录 B）；不提倡使用系统预定义符号为标识符命名，如库函数名：printf、fabs 等。

> **多学一点**
>
> 在 C 语言中，不限制标识符的长度，建议变量名的长度不要超过 8 个字符，并注意做到"见名知义"，以提高程序的可移植性和可读性。

2) 变量的定义

在 C 语言中，要求对所有用到的变量做强制定义（或声明），也就是"先定义，后使用"。变量定义的格式如下：

> 数据类型 变量名 1, 变量名 2, …, 变量名 n;

例如：

```
int j,age;              /*定义了整型变量 j, age*/
char ch,letter;         /*定义了字符型变量 ch, letter*/
float f1,score;         /*定义了浮点型（单精度）变量 f1, score*/
double d1,area;         /*定义了浮点型（双精度）变量 d1, area*/
```

变量定义后，在程序编译链接时由系统根据变量数据类型给每个变量在内存中分配一定大小的存储单元，并且把变量名与变量所占据的若干个存储单元的首地址相对应。在程序中从变量中取值，实际上是通过变量名找到相应的内存地址，从其存储单元中读取数据。

对于 int j，age；在 Visual C++ 6.0 编译系统中会为 j 和 age 两个变量各分配 4 字节的存储空间，并按整数方式存储数据。

3）变量的赋值

在 C 语言中，如果只定义了变量而没有对它进行赋值，那么该变量的值是一个不确定的随机数（静态变量和全局变量除外，将在第 4 章介绍）。因此对变量要先定义，赋值后再引用其中的值。例如：

```
int age;
char letter;
float score;
age=18;
letter='A';
score=95.5;
```

C 语言允许在定义变量的同时对变量赋初值，称为变量的初始化。例如：

```
int age=18;              /*定义 age 为整型变量，初值为 18*/
char letter='A';         /*定义 letter 为字符型变量，初值为'A'*/
float f1,score=95.5;     /*定义 f1,score 为浮点型(单精度)变量，同时 score 赋初值为 95.5*/
```

> **注意**
>
> 如果想对多个变量初始化为相同的值，不能写成如下形式：
>
> ```
> int a=b=c=2;
> ```
>
> 而应写成：
>
> ```
> int a=2,b=2,c=2;
> ```

2.2.2 整型数据

1. 整型常量的表示方法

整型常量即整常数。在 C 语言中，使用的整常数有八进制数、十六进制数和十进制数三种。在程序中是根据前缀来区分各种进制数的。

(1) 十进制整数。十进制整常数没有前缀。例如 123，–456，0。

(2) 八进制整数。以 0 开头的数是八进制数。例如 0123 表示八进制数 123，即 $(123)_8$，其值为 $1\times 8^2+2\times 8^1+3\times 8^0$，等于十进制数 83。–011 表示八进制数–11，即十进制数–9。

(3) 十六进制整数。以 0x 开头的数是十六进制。例如 0x12F，代表十六进制数 12F，即 $(12F)_{16}=1\times 16^2+2\times 16^1+15\times 16^0=256+32+15=303$。–0x12 等于十进制数–18。

2. 整型变量的分类

通过 2.1.1 节中的学习知道：整型数据在内存中以二进制形式存放，并以补码来表示。C 语言中根据数值的范围将变量定义为基本整型、短整型或长整型，并且每种类型又可分为"有符号数"和"无符号数"。因此，C 语言中共有以下 6 种整型变量：

有符号基本整型　　[signed] int
无符号基本整型　　unsigned int
有符号短整型　　　[signed]short[int]
无符号短整型　　　unsigned short[int]
有符号长整型　　　[signed]long[int]
无符号长整型　　　unsigned long[int]

表 2-2 列出了 Visual C++ 6.0 中以上各类整型数据的存储空间及取值范围。

表 2-2 整型数据的存储空间及取值范围

类型说明符	数的取值范围		字节数
[signed] int	−2147483648～2147483647	即$−2^{31}～(2^{31}−1)$	4
unsigned int	0～4294967295	即$0～(2^{32}−1)$	4
[signed]short[int]	−32768～32767	即$−2^{15}～(2^{15}−1)$	2
unsigned short[int]	0～65535	即$0～(2^{16}−1)$	2
[signed]long[int]	−2147483648～2147483647	即$−2^{31}～(2^{31}−1)$	4
unsigned long[int]	0～4294967295	即$0～(2^{32}−1)$	4

从表 2-2 中可以发现各种无符号类型量所占的内存空间字节数与相应的有符号类型量相同。但由于无符号类型量省去了符号位，故不能表示负数；另外，符号位用于存放数本身，一个无符号整型变量中可以存放的正数的范围比一般整型变量中正数的范围扩大 1 倍。例如：

有符号短整型(short int)变量：最大表示 32767。

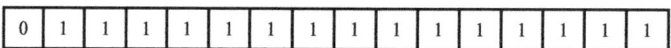

无符号短整型(short int)变量：最大表示 65535。

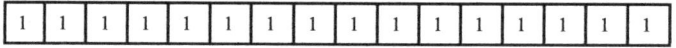

3. 整型数据的溢出

一个 short int 型的变量的最大允许值为 32767，如果再加 1，会出现什么情况？

【案例 2.2】 整型数据的溢出示例。

源程序如下：

```
#include <stdio.h>
int main()
{
    short int a,b;
    a=32767;
    b=a+1;
    printf("a=%d,b=%d\n",a,b);
    return 0;
}
```

运行结果如图 2-6 所示。

图 2-6 【案例 2.2】运行结果

观察图 2-7 中变量 a 与 b 的变化：变量 a 的最高位为 0，后 15 位全为 1。加 1 后变成第 1 位为 1，后面 15 位全为 0。而它是-32768 的补码形式，所以输出变量 b 的值为-32768。

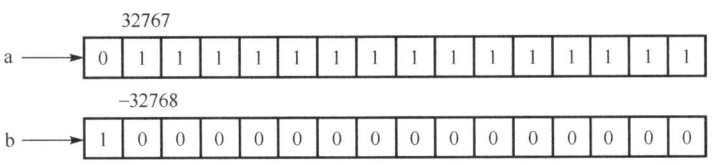

图 2-7 整型数据的溢出

> **注意**
> 一个短整型(short int)变量只能容纳-32768～32767 范围内的数，无法表示大于 32767 的数。遇此情况就发生"溢出"，程序运行结果发生错误，但运行时并不报错。为避免数据溢出，超出-32768～32767 范围的数据要定义为 int 或 long。

4．长整型常量、无符号整型常量的表示形式

C 语言中，在一个整型常量的后面加 l 或 L 来表示一个长整型常量(长整数)，加 u 或 U 表示一个无符号的整数，加 ul 或 UL 表示一个无符号的长整数。比如：

118691L	十进制长整数
066L	八进制长整数，等于十进制数 54
0x41L	十六进制长整数，等于十进制数 65
2001U	十进制无符号整数 2001
1234567UL	十进制无符号长整数 1234567

2.2.3 浮点型数据

浮点型数据又称为实数，即带有小数点的数据。它在计算机内部采用浮点形式来存储，是近似表示的。

1．浮点型常量的表示方法

浮点型常量有十进制小数和指数两种表示形式。

(1)十进制小数形式：由数字 0～9 和小数点组成(必须有小数点)。

例如：0.0、123.52、5.、5.789、.13、-268.1230 等均为合法的实数。

(2)指数形式：由十进制数，加阶码标志"e"或"E"及阶码(只能为整数，可以带符号)组成。其一般形式为：

```
    a E n(a 为十进制数，n 为十进制整数)
```

其值为 $a \times 10^n$。

例如：1.25E−5、+1E10、−1.25E5、1E−6、3E2 都是合法的浮点型表示。以下不是合法的浮点型表示：345(无小数点)、E7(阶码标志 E 之前无数字)、−5(无阶码标志)、53.−E3(负号位置不对)、2.7E(无阶码)。

2. 浮点型变量的分类

浮点型变量分为单精度(float 型)、双精度(double 型)和长双精度(long double 型)三类。Visual C++ 6.0 中以上各类数据的存储空间、有效数字位数和取值范围如表 2-3 所示。

表 2-3　浮点型数据的存储空间、有效数字位数和数值范围

类型说明符	字节数	有效数字位数	数值范围
float	4	6～7	$-3.4 \times 10^{-38} \sim 3.4 \times 10^{38}$
double	8	15～16	$-1.7 \times 10^{-308} \sim 1.7 \times 10^{308}$
long double	8	18～19	$-1.2 \times 10^{-4932} \sim 1.2 \times 10^{4932}$

由于浮点型数据是由有限的存储单元组成的，因此能提供的有效数字总是有限的，那也就意味着在有效数字位数后面输出的数字不保证是精确有效的。

【案例 2.3】 浮点型数据的有效数字示例。

源程序如下：

```c
#include <stdio.h>
int main()
{
    float a=123456.789e6,b,c;
    double d;
    b=a+10;
    printf("(1)a=%f\n    b=%f\n",a,b);
    c=33333.33333;
    d=33333.33333333333333;
    printf("(2)c=%f\n    d=%f\n",c,d);
    return 0;
}
```

运行结果如图 2-8 所示。

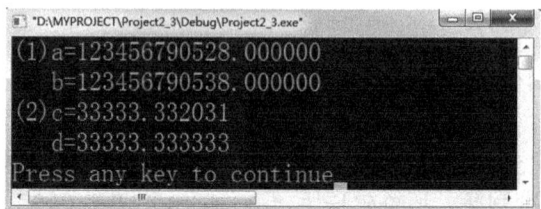

图 2-8　【案例 2.3】运行结果

多学一点

从运行情况(1)中 a 值输出结果可以发现只有前 7 位数字是精确的,从第 8 位起就不精确了,这与前面提到的浮点型数据只能保证 7 位有效数字是相一致的。同时也看到由于 a 的值比 10 大很多,b=a+10 后得到的结果与 a 是相同的(前 7 位有效数字一模一样),因此以后应当避免将一个很大的数和一个很小的数直接相加或相减,否则就会"丢失"小的数。

在运行情况(2)中由于 c 是单精度浮点型,有效位数只有 7 位,所以它的前 7 位是精确输出的。而 d 是双精度浮点型,有效位数可达 15 位,所以它输出的 11 位都是精确的(由于 printf 函数中的格式符"%f"控制输出一个浮点数时默认取 6 位小数,加上整数部分 5 位共 11 位)。

2.2.4 字符型数据

1. 字符型常量

字符型常量是用单引号括起来的一个字符。例如:'a'、'K'、'='、'+'、'?'都是合法字符常量。

注意

'a'与'A'是不同的字符常量;'a'与 a 也是不同的,a 是一个标识符,可代表一个变量;'5'和 5 是不同的,'5'是字符常量,而 5 是整型常量。

2. 转义字符

转义字符是以反斜杠"\"开头的具有特殊含义的字符型常量。转义字符具有特定的含义,不同于字符原有的意义,故称"转义"字符。例如,在前面各例题 printf 函数的格式串中用到的'\n'就是一个转义字符,其意义是"回车换行",而不是字符'n'。这是一种控制字符,在屏幕上不能显示,在程序中也无法用一个一般形式的字符表示,所以只能用一个特殊的形式来表示,它就是转义字符。C 语言中常用的转义字符及其含义如表 2-4 所示。

表 2-4 常用的转义字符及其含义

转义字符	转义字符的意义	ASCII 代码
\n	回车换行	10
\t	横向跳到下一制表位置	9
\b	退格	8
\r	回车	13
\f	走纸换页	12
\\	反斜杠符号"\"	92
\'	单引号符号	39
\"	双引号符号	34
\a	鸣铃	7
\ddd	1~3 位八进制数所代表的字符	
\xhh	1~2 位十六进制数所代表的字符	

注意表 2-4 中最后两行"\ddd"和"\xhh"这两种表示法,其中 ddd 和 hh 分别为 3 位八进制和 2 位十六进制,它们所对应的转义字符可用来表示 C 语言字符集(ASCII 码表)中的任何一个字符。例如"\101"代表 ASCII 码为 65(十进制)的字符"A";"\012"与"\x0A"都代表 ASCII 码为 10(十进制)的字符"\n",即换行符;"\000"或"\0"都代表 ASCII 码为 0(十进制)的控制字,即空字符等。

> **注意**
> 当转义字符序列出现在字符串中时,是按单个字符计数的。例如,字符串"hello!\012"的长度是 7,因为字符"\012"仅代表 1 个字符。

【案例 2.4】 转义字符的使用示例。

源程序如下:

```
#include <stdio.h>
int main()
{
    int a,b,c;
    a=5; b=6; c=7;
    printf("12345678901234567890\n");
    printf("%d\n \t%d %d\n %d %d\b%d\n",a,b,c,a,b,c);
    return 0;
}
```

运行结果如图 2-9 所示。

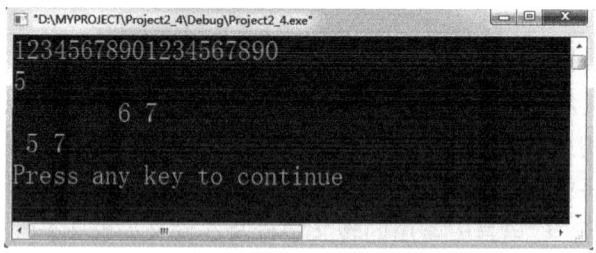

图 2-9 【案例 2.4】运行结果

说明:

程序在第一列输出 a 值 5 之后就是"\n",故回车换行;接着是"\t",于是跳到下一个制表位(制表位间隔为 8),即在第 9 列输出 b 值 6;空一格再输出 c 值 7;接着又是"\n",因此再回车换行;再空一格之后又输出 a 值 5;再空一格又输出 b 值 6;但下一个转义字符"\b"又退回一格到前面 6 的位置,输出 c 值 7,将 6 覆盖。

3. 字符型变量

字符型变量用来存储字符常量,即一个字符型变量可存放一个字符,所以一个字符型变量占用 1 字节内存空间。字符型变量可以分为两种类型:有符号[signed] char 和无符号 unsigned char。

表 2-5 列出了 Visual C++ 6.0 中字符型数据的存储空间及取值范围。

表 2-5 字符型数据的存储空间及取值范围

类型说明符	取值范围	字节数
[signed] char	−128～127　即 $-2^7 \sim (2^7-1)$	1
unsigned char	0～255　即 $0 \sim (2^8-1)$	1

字符常量是以 ASCII 码的形式存放在字符变量的内存单元之中的。例如字符'a'的十进制 ASCII 码是 97，把它赋予字符变量 ch，则变量 ch 对应的一个内存单元中存放 97 的二进制代码，如图 2-10 所示。

ch='a'
(ASCII码值为97)

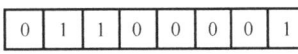

图 2-10 字符型数据在内存中的存储方式

根据字符型数据在内存中的存储方式可知：在 ASCII 码取值范围内字符型(char)数据和整型(int)数据可以通用，即相互转换不会丢失信息，二者可以进行混合运算。允许对整型变量赋以字符值，也允许对字符变量赋以整型值。在输出时，允许把字符量按整型量输出，也允许把整型量按字符量输出。

> **注意**
> 整型量为 2 字节量，字符量为单字节量，当整型量按字符型量处理时，只有低 8 位字节参与处理。

【案例 2.5】 字符型数据的使用示例。

源程序如下：

```
#include <stdio.h>
int main()
{
    char ch1='a',ch2='A';
    int m=ch1+1,n=ch2+1;
    printf("%c---%d,%c---%d\n",ch1,ch1,ch2,ch2);
    printf("%d---%c,%d---%c\n",m,m,n,n);
    printf("The value of \'a\'-\'A\' is %d.\n",ch1-ch2);
    printf("It\'s \"OK\".\n");
    return 0;
}
```

运行结果如图 2-11 所示。

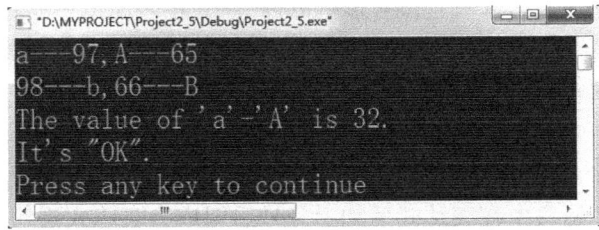

图 2-11 【案例 2.5】运行结果

> **多学一点**
>
> C 语言中把字符(char)数据类型看成一种特殊的整型数据类型，这种处理使程序设计时增大了自由度。例如对字符进行各种转换、比较和运算时显得比较方便。

4. 字符串常量

字符串常量是由双引号括起来的 0 个或多个字符的序列。例如，"CHINA"、" C program"、" "、"$12.5"、"345\n678"等都是合法的字符串常量。

在内存中，一个字符串常量按照串中字符从左到右的顺序依次占用一段连续的存储单元，每个字符占一个字节，存放其对应的 ASCII 码，在最后一个字符的后面，编译系统会自动为每个字符串常量加上一个空字符'\0'作为字符串结束标志。所以每个字符串常量在内存中占用的存储单元数目应为该字符串长度(字符个数)加 1。例如字符串"C program"在内存中占用 10 字节，存储方式如图 2-12 所示。

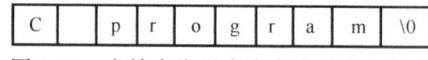

图 2-12　字符串常量在内存中的存储方式

字符串常量和字符常量是不同的量。它们之间主要有以下区别：

(1)字符常量由单引号括起来，字符串常量则由双引号括起来。

(2)字符常量只能是单个字符，字符串常量则可以含零个或多个字符。

(3)可以把一个字符常量赋予一个字符变量，但不能把一个字符串常量赋予一个字符变量。在 C 语言中没有相应的字符串变量，但是可以用一个字符数组(在第 5 章中介绍)来存放一个字符串常量。

(4)字符常量占 1 字节的内存空间。字符串常量占的内存字节数等于字符串中字符数加 1，增加的 1 字节用来存放字符'\0'(ASCII 码为 0)，这是字符串结束的标志。例如，字符常量'a'和字符串常量"a"虽然都只有一个字符，但在内存中的情况是不同的。'a'在内存中占 1 字节，而"a"在内存中占 2 字节。

2.3　运算出场：最基本的运算符和表达式

运算是对数据进行加工的过程，用来表示各种不同运算的符号称为运算符。参加运算的数据称为运算对象或操作数。C 语言的运算符范围很宽，把除控制语句和输入/输出外的几乎所有的基本操作都作为运算符处理，例如将赋值符"="作为赋值运算符，方括号作为下标运算符等。C 语言的运算符见本书附录 C。在学习运算符的过程中，除要掌握其功能和使用形式外还要掌握其优先级及结合性。

通过运算符将运算对象(如常量、变量、函数等)按一定的规则连接起来的有意义的式子称为表达式。任何一个表达式最终都只有一个确定的值和类型。单个的常量、变量或函数调用也是一个表达式。C 语言中在表达式后加上分号后即成为表达式语句，并且大多数 C 语句都是表达式语句。正是丰富的运算符和表达式使 C 语言的功能十分强大。

2.3.1 算术运算符和算术表达式

1. 基本算术运算符

C 语言提供的 5 种基本算术运算符在所有运算符中的优先级等如表 2-6 所示。

表 2-6 基本运算符

优先级	运算符	名称或含义	使用形式	结合方向	说明
3	/	除	表达式/表达式	从左到右	双目运算符
	*	乘	表达式*表达式		双目运算符
	%	求余(取模)	整型表达式%整型表达式		双目运算符
4	+	加	表达式+表达式	从左到右	双目运算符
	-	减	表达式-表达式		双目运算符

说明：

(1)优先级：指同一个表达式中，不同运算符进行计算时的先后次序。例如，数学中的"先乘除，后加减"就是乘除的优先级高于加减。

(2)只有一个操作数的运算符称为单目运算符，需要两个操作数的运算符称为双目运算符，需要三个操作数的运算符称为三目运算符(条件运算符是 C 语言中唯一的三目运算符，见第 3 章)。5 种基本算术运算符都是双目运算符，例如：3*5。

(3)在 C 语言中，两个整数相除的结果为整数，如 5/3 的结果值为 1，舍去小数部分。但是，如果除数或被除数中有一个为负值，则舍入的方向是不固定的，多数系统(如 Visual C++ 6.0)采取"向零取整"方法，即 5/3=1，-5/3=-1，取整后向零靠拢(实际上就是舍去小数部分，注意不是四舍五入)。

(4)如果参加+、-、*、/运算的两个数中有一个数为浮点数，则结果是 double 型，因为所有浮点数都按 double 型进行运算。

(5)求余运算符%要求两个操作数均为整型，结果等于两数相除后所得的余数。一般情况下(如 Visual C++ 6.0)，余数的符号与被除数符号相同。例如：-13%7 的结果为-6，13%-7 的结果为 6。

2. 算术表达式

用算术运算符和括号将运算对象(也称操作数)连接起来的、符合 C 语法规则的式子称为 C 算术表达式。运算对象包括常量、变量、函数等。例如，下面是一个合法的 C 算术表达式：

$$(2-a*b +'a')/c$$

说明：

(1)C 语言规定了运算符的优先级和结合性。在表达式求值时，先按运算符的优先级别高低次序执行，例如先乘除后加减。如表达式 2-a*b，a 的左侧为减号，右侧为乘号，而乘号优先于减号，因此，相当于 2-(a*b)。若在一个运算对象两侧的运算符的优先级别相同，如 2-t +'a'，t 的左侧为减号，右侧为加号，而加、减号运算符的优先级别相同，则按规定的"结合方向"(自左至右的结合方向)处理，即相当于(2-t) +'a'。

(2) C语言的算术表达式的书写形式与数学表达式的书写形式有一定的区别。在C语言的算术表达式中不能省略乘号"*"、不能出现分子、分母的形式、只可以使用圆括号(而不能使用{}、[])来改变运算的优先顺序。例如，数学表达式 $\dfrac{2\sin x\cos y}{\sqrt{a^2+b^2+c^2}+2bc}$ 对应的C语言表达式应该写成 2*sin(x)*cos(y)/(sqrt(a*a+b*b+c*c)+2*b*c)。

3．自增、自减运算符

对变量自身进行加1或减1是一种很常见的操作，如循环控制变量自增(自减)及指针变量指向下一个地址等，在C语言中提供了自增与自减运算符来实现这个功能。

自增与自减运算符在所有运算符中的优先级等如表2-7所示。

表2-7 自增与自减运算符

优先级	运算符	名称或含义	使用形式	结合方向	说明
2	++	自增运算符	++变量名/变量名++	从右到左	单目运算符
	--	自减运算符	--变量名/变量名--		单目运算符

自增、自减运算符是单目运算符，即对一个运算对象施加运算，运算结果仍赋予该对象。参加运算的对象必须是变量。其作用是使变量自身的值增1或减1。自增(或自减)运算符可以写在变量的前面，如++i(或--i)，称为前置运算；反之称为后置运算。前置及后置运算后都会使变量自身的值增1(或减1)，但它们是有所区别的。例如：变量i=3，执行下面的赋值语句：

① j=++i　　(i的值先变成4，再赋给j，j的值为4)

② j=i++　　(先将i的值3赋给j，j的值为3，然后i变为4)

以上两个赋值语句执行后，i的值都自增1变成4，但变量j的值却不一样。因此，前置运算是变量先自增(或自减)，再引用；而后置运算则是变量先引用，再自增(或自减)。

> **注意**
>
> (1) 自增(++)或自减(--)运算符，只能用于变量，而不能用于常量或表达式，如 5++或(a+b)++都是不合法的。因为 5 是常量，常量的值不能改变。(a+b)++也不可能实现，假如 a+b 的值为 5，那么自增后得到的 6 放在什么地方呢？无变量可供存放。
>
> (2) 前面已提到，算术运算符的结合方向为"从左到右"，这是大家所熟知的。而自增(++)或自减(--)运算符的结合方向是"从右到左"。如果有-i++，i的左面是负号运算符，右面是自加运算符，运算符的优先级别相同(都是第 2 级)，按照"从右到左"，-i++相当于-(i++)。如果i的原值等于3，若按左结合性，相当于(-i)++，而(-i)++是不合法的，因为对表达式(-i)不能进行自加或自减运算。

4．表达式中的自动类型转换(隐式转换)

在C语言中不同类型的数据可以进行混合运算，即整型、浮点型和字符型数据可以出现在同一个表达式中进行混合运算。例如表达式：

$$(2-3.1*6 +'a')/8-'B'$$

是合法的。

不同类型的数据进行混合运算时，往往需要进行数据类型的转换。在 C 语言中，这种转换通常是自动进行的，当然也可以是强制进行的。

在同一个表达式(特别是算术表达式)出现混合运算时，C 语言编译系统会自动将不同类型的数据转换成同一类型，然后再进行运算。转换规则如图 2-13 所示。

简单易记的转换规则口诀是：水平方向，自动发生；垂直方向，向高看齐。

说明：

(1)图中横向向左的箭头表示必定的转换。

如字符数据必定先转换为整数；short 型转换为 int 型；float 型数据在运算时一律先转换成 double 型(双精度型)，以提高运算精度(即使是两个 float 型数据相加，也先都转换成 double 型，然后再相加)。

(2)纵向箭头表示当运算对象为不同类型时转换的方向。

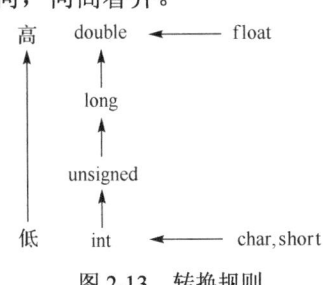

图 2-13　转换规则

箭头方向表示数据类型级别的高低。当两个不同类型的数据进行运算时，按照"就高不就低"的原则，即运算中，类型级别较低的数据类型将直接转换成类型级别较高的数据类型，且运算结果的数据类型也为类型级别较高的数据类型。例如，一个 int 型与一个 double 型数据进行运算，是直接将 int 型的数据转换成 double 型，然后在两个同类型(double 型)数据间进行运算，结果为 double 型。

假设已指定 i 为 int 变量，f 为 float 变量，d 为 double 型变量，e 为 long 型，有下面式子：

$$10+'a'+i*f-d/e$$

运算次序为：

① 进行 10+'a'的运算，先将'a'转换成整数 97，运算结果为 107。

② 进行 i*f 的运算。先将 i 与 f 都转成 double 型，运算结果为 double 型。

③ 整数 107 与 i*f 的积相加。先将整数 107 转换成双精度数(小数点后加若干个 0，即 107.000…00)，结果为 double 型。

④ 将变量 e 转换成 double 型，d/e 结果为 double 型。

⑤ 将 10+'a'+i*f 的结果与 d/e 的商相减，结果为 double 型浮点数。

上述的类型转换是由系统自动进行的。

5．强制类型转换

强制类型转换是通过类型转换运算来实现的。

其一般形式为：

(类型说明符)(表达式)

其功能是把表达式的运算结果强制转换成类型说明符所表示的类型。

例如：

```
(int)a            /*把 a 转换为整型*/
(float)(x+y)      /*把 x+y 的结果转换为实型*/
```

> **注意**
>
> 在使用强制转换时应注意：类型说明符和表达式都必须加括号(单个变量可以不加括号)，如把(float)(x+y)写成(float)x+y则成了把x转换成float型之后再与y相加了。

【案例2.6】 强制类型转换示例。

源程序如下：

```c
#include <stdio.h>
int main()
{
    float score=95.5;
    printf("(int)score=%d\n",(int)score);
    printf("score=%f\n",score);
    return 0;
}
```

运行结果如图2-14所示。

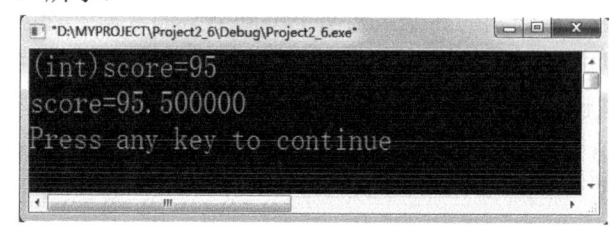

图2-14 【案例2.6】运行结果

> **多学一点**
>
> 无论是强制转换还是自动转换，都只是为了本次运算的需要而对变量的数据长度进行的临时性转换，而不改变数据说明时对该变量定义的类型。如在本例中，score虽强制转为int型，但只在运算中起作用，是临时的，而score本身的类型并不改变。因此，(int)score的值为95(删去了小数)，而score的值仍为95.5。

2.3.2 赋值运算符和赋值表达式

C语言提供的赋值运算符在所有运算符中的优先级等如表2-8所示。

表2-8 赋值运算符

优先级	运算符	名称或含义	使用形式	结合方向	说明
14	=	赋值运算符	变量=表达式	从右到左	双目运算符
	/=	除后赋值	变量/=表达式		双目运算符
	*=	乘后赋值	变量*=表达式		双目运算符
	%=	取模后赋值	变量%=表达式		双目运算符
	+=	加后赋值	变量+=表达式		双目运算符
	-=	减后赋值	变量-=表达式		双目运算符

1. 基本赋值运算符

基本赋值运算符为"="，其所对应的赋值表达式为：

<变量> = <表达式>

赋值表达式的功能是先计算"="右边表达式的值再赋予左边的变量。例如：

```
y=2.5           /*将 2.5 的值赋予左边的变量 y，即存入 y 的存储空间*/
x=a*b/c         /*计算表达式 a*b/c 的值赋予左边的变量 x*/
```

> **注意**
>
> (1)赋值运算符左边必须是变量，如 x+y=2.5 是错误的，因为 x+y 是一个表达式，没有对应的存储空间，无法用来存放浮点型常量 2.5。
>
> (2)赋值符号"="不同于数学中的等号，在 C 语言中用"=="表示相等。例如 C 语言中常见的操作：x=x+1 是合法的(在数学中不合法)，它表示取出变量 x 的值并加 1，再存放到变量 x 中。

> **多学一点**
>
> (1)赋值运算符右边可以是常量、变量、函数调用或由它们组成的表达式。例如：y=sin(x)、w=sqrt(a)+2 等都是合法的赋值表达式。
>
> (2)赋值运算符的结合方向是"从右到左"的，因此可以用赋值表达式 a=b=c=5 来同时对三个变量 a、b、c 赋值 5，相当于 a=(b=(c=5))。

2. 赋值运算时的自动类型转换

如果赋值运算符两边的数据类型不相同，系统将自动进行类型转换，即把赋值号右边的类型转换成左边的类型。

(1)将浮点型数据(包括单、双精度)赋给整型变量时，舍弃实数的小数部分。如 i 为整型变量，执行"i=3.56"的结果是使 i 的值为 3。

(2)将整型数据赋给单、双精度浮点型变量时，数值不变，但以浮点数形式存储到变量中，如将 23 赋给 float 变量 f，即 f=23，先将 23 转换成 23.00000，再存储在 f 中。如将 23 赋给 double 型变量 d，即 d=23，则将 23 补足有效位数字为 23.00000000000000，然后以双精度浮点数形式存储到 d 中。

(3)将整型数据、字符型数据赋值给不同类型的整型变量、字符变量的规则如下：

① 无符号 unsigned 类型与有符号类型之间的赋值转换规则。

若"变量"与"数据"占内存空间的字节数相同，则进行原样赋值；若"数据"的字节数不足，则高位补 0；若"数据"的字节数太长，则截取低位。

【案例 2.7】 无符号 unsigned 类型与有符号类型数据之间的赋值转换示例。

源程序如下：

```
#include <stdio.h>
int main()
```

```
    {
        int i= -5, j=0x9961, k;
        unsigned char ch;
        unsigned int u;
        u=i;
        ch=j;
        k=ch;
        printf("u=%x,ch=%c,k=%d\n",u,ch,k);
        return 0;
    }
```

运行结果如图 2-15 所示。

图 2-15 【案例 2.7】运行结果

说明：

本例中的无符号 unsigned 类型与有符号类型数据之间的赋值转换规则如图 2-16 所示。

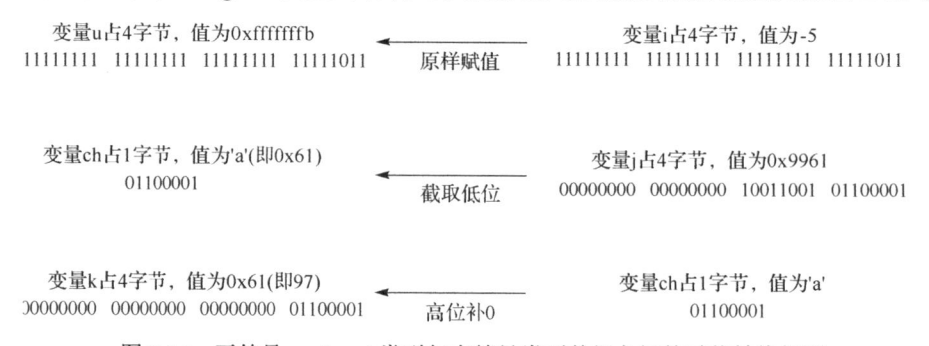

变量u占4字节，值为0xffffffb　　　　　　　　　　　　　变量i占4字节，值为-5
11111111 11111111 11111111 11111011　　原样赋值　　11111111 11111111 11111111 11111011

变量ch占1字节，值为'a'(即0x61)　　　　　　　　　　　　变量j占4字节，值为0x9961
01100001　　　　　　　　　　　　　截取低位　　00000000 00000000 10011001 01100001

变量k占4字节，值为0x61(即97)　　　　　　　　　　　　变量ch占1字节，值为'a'
00000000 00000000 00000000 01100001　　高位补0　　　　01100001

图 2-16 无符号 unsigned 类型与有符号类型数据之间的赋值转换规则

② 有符号类型与有符号类型数据之间的赋值转换规则。

若"数据"占内存空间的字节数不足"变量"所占内存字节数，则进行符号扩展（负数高位全补 1，正数高位全补 0）；若"数据"所占内存的字节数太长，则截取低位。

【案例 2.8】 有符号类型与有符号类型数据之间的赋值转换示例。

源程序如下：

```
#include <stdio.h>
int main()
{
    int i= -5,  k;
    char ch;
    long int s;
    s=i;
    ch='a'-32;
```

```
        k=ch;
        printf("s=%ld,ch=%c,k=%d\n",s,ch,k);
        return 0;
}
```

运行结果如图 2-17 所示。

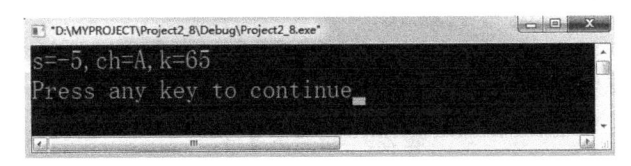

图 2-17 【案例 2.8】运行结果

说明：
本例中的有符号类型与有符号类型数据之间的赋值转换规则如图 2-18 所示。

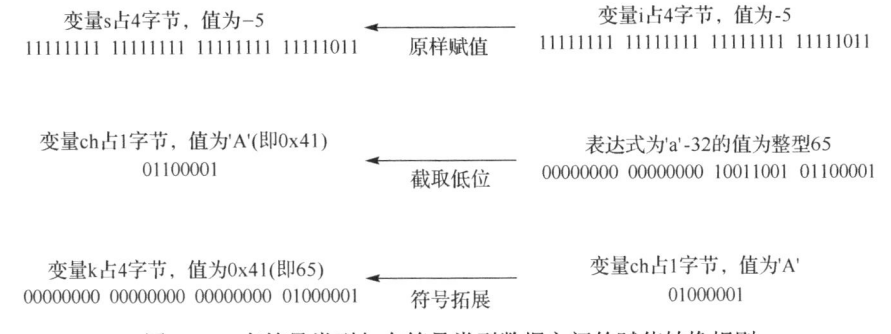

图 2-18 有符号类型与有符号类型数据之间的赋值转换规则

多学一点

在赋值运算时，赋值号两侧数据的类型最好相同，至少右侧数据的类型比左侧数据的类型级别低，或者右侧数据的值在左侧变量的取值范围内以保证运算的正确性。如果确实需要在不同类型数据之间运算，则应避免使用这种隐式的自动类型转换，建议使用前面介绍的强制类型转换运算符，以显式地表明编程意图。

3．复合的赋值运算符

在基本赋值运算符"="前面加上一个其他双目运算符后就构成复合的赋值运算符。其一般形式为：

<变量>　<双目运算符>＝<表达式>

等价于：

<变量> ＝ <变量>　<双目运算符>　<表达式>

例如：

a+=1　　　　　等价于 a=a+1

```
x*=y+5        等价于 x=x*(y+5)
y%=3          等价于 y=y%3
```

C 语言采用这种复合运算符,一是为了简化程序,使程序精炼;二是为了提高编译效率(写法与"逆波兰"式一致,有利于编译,能产生质量较高的目标代码)。

2.3.3 逗号运算符与逗号表达式

C 语言提供的逗号运算符在所有运算符中的优先级等如表 2-9 所示。

表 2-9 逗号运算符

优先级	运算符	名称或含义	使用形式	结合方向	说明
15	,	逗号运算符	表达式,表达式,…	从左到右	顺序求值运算

逗号运算符是 C 语言提供的一种特殊运算符,又称为"顺序求值运算符",是所有运算符中级别最低的。用它将多个表达式连接起来组成一个新的表达式,称为逗号表达式。逗号表达式的一般形式为:

表达式 1,表达式 2,表达式 3,…,表达式 n

逗号表达式的求解过程是:按照从左到右的顺序逐个求解表达式 1,表达式 2,…,表达式 n,而整个逗号表达式的值是最后一个表达式(表达式 n)的值。

【案例 2.9】 逗号运算符示例。

源程序如下:

```c
#include <stdio.h>
int main()
{
    int a=2,b=4,c=6,x,y,z;
    y=(x=a+b),(b+c);
    z=((x=a+b),(b+c));
    printf("x=%d,y=%d, z=%d\n", x,y,z);
    return 0;
}
```

运行结果如图 2-19 所示。

```
x=6 ,y=6, z=10
Press any key to continue
```

图 2-19 【案例 2.9】运行结果

说明:

上述例子中的 x 及 y 的值都等于第一个表达式 a+b 的值为 6,而 z 的值是由(x=a+b)及(b+c)两个表达式所组成的逗号表达式的值,也就是表达式(b+c)的值为 10。

> **多学一点**
>
> 其实，逗号表达式无非是把若干个表达式"串联"起来。在许多情况下，使用逗号表达式的目的只是想分别得到各个表达式的值，而并非一定需要得到和使用整个逗号表达式的值。逗号表达式常用于循环语句(for 语句)中，详见第 3 章。

> **注意**
>
> 并非任何地方出现的逗号都是逗号运算符，例如函数参数也是用逗号来间隔的。
> 例如：
>
> ```
> printf("%d,%d,%d",a,b,c);
> ```
>
> 和
>
> ```
> printf("%d,%d,%d",(a,b,c),b,c);
> ```
>
> 是有区别的。第一个 printf() 函数中的"a,b,c"不是一个逗号表达式，它是 printf() 函数的 3 个参数，参数间用逗号间隔。而第二个 printf() 函数中的"(a,b,c)"是一个逗号表达式，它的值等于 c 的值。

2.4 有始有终：数据的控制台输入与输出

输入和输出是程序设计实现交互必不可少的一个环节，也是实现算法最基本和最重要的环节之一。

C 语言中没有提供专门的输入和输出语句，数据的输入和输出是利用 C 语言所提供的一系列标准输入与输出函数(如 scanf()、getchar()、printf()、putchar()等)实现的，这些标准函数的原型定义都放在标准函数库的头文件 stdio.h 中。因此在调用它们时，需要在文件的开始位置添加如下宏定义：

```
#include "stdio.h" 或 #include <stdio.h>
```

2.4.1 格式化输出函数

printf() 函数称为格式化输出函数，其作用是按指定的格式要求向显示屏输出若干个任意类型的数据。

1. printf()函数的一般形式

```
printf("格式控制字符串"[,输出列表]);
```

说明：

(1) 格式控制字符串是用双引号括起来的字符串，也称"转换控制字符串"。它可由以下三类内容组成。

① 普通字符：直接在屏幕上原样输出。
② 转义字符：按其意义输出(具体见表 2-4)，如常用的"\n"表示换行的意思。
③ 格式转换说明：格式转换说明由%开头，后面跟上表 2-10 中所列的各种格式字符，用以说明输出列表中对应数据的输出格式。

表 2-10　printf()函数的格式转换说明

格式转换字符	说明
%d	以十进制形式输出带符号整数(正数不输出符号)
%u	以十进制形式输出无符号整数
%o	以八进制形式输出无符号整数(不输出前缀 0)
%x, %X	以十六进制形式(小写，大写)输出无符号整数(不输出前缀 0x)
%f	以十进制小数形式输出单、双精度实数，整数部分全部输出，隐含输出 6 位小数
%e, %E	以指数形式(小写 e，大写 E 表示指数部分)输出单、双精度实数
%g, %G	以%f 或%e 中较短的输出宽度输出单、双精度实数，不输出无意义的 0。用 G 时，若以指数形式输出，则指数以大写表示
%c	输出单个字符
%s	输出字符串
%%	输出百分号%

(2) 输出列表是一个可选项。
① 如在输出列表中有需要输出的数据(可以是变量或表达式)，则数据之间需用","分隔开，且数据的个数和类型必须与"格式控制字符串"中格式转换说明的个数和要求一致。例如：

```
int a=3,b=4;
printf("a=%d,b=%d, a+b=%d\n",a,b,a+b);
```

其中，%d 为格式说明符，共有 3 个，与后面的参数表中参数的个数相等。双引号中其他部分除转义字符"\n"外皆为普通字符，原样输出。因此调用上面的 printf()函数，会在屏幕上输出：

```
a=3,b=4, a+b=7
```

且光标移到下一行行首("\n"的作用)。
② 如果无输出列表，此时常用来输出某些信息，"格式控制字符串"中也不再需要格式转换说明符。例如：

```
printf("Please input a:");
```

调用上面的 printf()函数，会在屏幕上输出 Please input a: 以提示接下来应该输入变量 a 的值。

2. printf()函数的格式修饰符

在 printf()函数的格式说明中，还可以在%和格式符中间插入如表 2-11 所示的格式修饰符，用于对输出格式进行微调，如指定输出数据的域宽、显示精度(小数点后显示的小数位数)、左对齐等。

表 2-11 printf 函数的格式修饰符

格式修饰符	说明
-	结果左对齐，右边填空格
字母 l	用于输出长整型数据(可用%ld,%lo,%lx,%lu)或 double 型数据(可用%lf,%le)
字母 h	用于输出短整型数据(可用%hd,%ho,%hx,%hu)
正整数 m(域宽)	用于指定输出数据所占的最小宽度(列数)。当输出数据宽度小于 m 时，在域内向右对齐，左边多余位补空格；当输出数据宽度大于等于 m 时，按实际宽度全部输出
显示精度.n(n 为非负整数)	精度修饰符位于最小域宽修饰符之后，由一个圆点及其后的整数构成。 对于浮点数，用于指定输出的浮点数的小数位数。 对于字符串，用于指定从字符串左侧开始截取的子串字符个数

【案例 2.10】 printf 函数示例。

源程序如下：

```c
#include<stdio.h>
int main()
{
    int a=15,b=-2;
    unsigned d=65535;
    float x=123.1234567;
    double y=12345678.1234567;
    char ch='p';
    printf("12345678901234567890123456789012345677890\n");
    printf("a=%d,%3d,%u,%o,%x\n",a,a,a,a,a);
    printf("b=%d,%-3d,%u,%o,%x\n",b,b,b,b,b);
    printf("d=%d,%6d,%u,%o,%x\n",d,d,d,d,d);
    printf("12345678901234567890123456789012345677890\n");
    printf("x=%f,%lf,%-13.4lf,%e\n",x,x,x,x);
    printf("y=%lf,%f,%8.4lf\n",y,y,y);
    printf("12345678901234567890123456789012345677890\n");
    printf("ch=%c,%8c\n",ch,ch);
    printf("%-8.6s,%s\n","C language","C language");
    return 0;
}
```

运行结果如图 2-20 所示。

图 2-20 【案例 2.10】运行结果

2.4.2 格式化输入函数

格式化输入函数 scanf() 的作用是按指定的格式从键盘输入数据。

1．scanf()函数的一般形式

```
scanf("格式控制字符串",地址列表);
```

说明：

(1)格式控制字符串是用双引号括起来的字符串，由以下两类内容组成：

① 普通字符，即要求用户在键盘上输入的字符。与 printf()函数不同，转义字符一般不出现在 scanf()函数的格式串中，如果出现也作为普通字符处理。假定有如下的程序段：

```
int a;
scanf("a=%d\n",&a);
```

则应在键盘上输入：

```
a=56\n
```

② 格式转换说明符通常由%开头，后面跟上如表 2-12 所示的各种格式字符，用于指定输入项对应的输入数据格式。

表 2-12　scanf()函数的格式转换说明

格式转换字符	说明
%d	输入十进制整数
%o	输入八进制整数
%x	输入十六进制整数
%u	输入无符号十进制整数
%f 或%e	输入实型数(用小数形式或指数形式)
%c	输入单个字符
%s	输入字符串，将字符串送到一个字符数组中，在输入时以非空白字符开始，遇到空白字符(包括空格、回车、制表符)时，系统认为读入结束

(2)地址列表：既可以是变量的地址，也可以是数组名或指针变量名，不同地址项之间以逗号分隔。scanf()函数要求必须指定用来接收数据所对应的地址，否则数据不能正确地读入指定的内存单元。变量的地址是在变量名前加入一个取地址符"&"。

2．scanf()函数的格式修饰符

与 printf()函数类似，在 scanf()函数的%和格式符之间也可插入格式修饰符，如表 2-13 所示。

表 2-13　scanf()函数的格式修饰符

格式修饰符	说明
字母 l	用于输入长整型数据(可用%ld,%lo,%lx,%lu)或 double 型数据(可用%lf,%le)
字母 h	用于输入短整型数据(可用%hd,%ho,%hx)
正整数 m(域宽)	用于指定输入数据宽度(列数)，系统自动按此宽度截取数据
忽略输入修饰符*	表示对应的输入项在读入后不赋给相应的变量

在用 scanf() 函数输入数值型数据时，遇到下列情况时可认为一个数据项输入结束。
(1) 遇空格，或按回车键或跳格(制表符)(Tab)键。
(2) 按指定的宽度结束，如"%3d"，只取 3 列。
(3) 遇非法字符输入。

【案例 2.11】 scanf() 函数示例。

源程序如下：

```
#include <stdio.h>
int main()
{
    int a,b,d;
    long int c;
    float y;
    double x;
    char ch1,ch2;
    printf("input a and b:");
    scanf("%d%d",&a,&b);                        /*参阅说明①*/
    printf("a=%d,b=%d\n",a,b);
    getchar();                                   /*参阅说明②*/
    printf("input c,x:\n");
    scanf("c=%ld,x=%lf",&c,&x);                  /*参阅说明③*/
    printf("c=%ld,x=%8.2lf\n",c,x);
    printf("input d,ch1,ch2,y:");
    scanf(" %d%c%c%f", &d,&ch1,&ch2,&y);         /*参阅说明④*/
    printf("d=%d,ch1=%c,ch2=%c,y=%7.2f\n", d,ch1,ch2,y);
    return 0;
}
```

运行结果如图 2-21 所示。

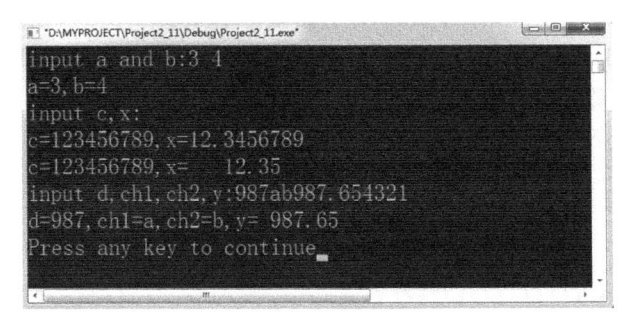

图 2-21 【案例 2.11】运行结果

说明：

① 语句"scanf("%d%d",&a,&b);"的作用是将从键盘接收到的整数 3 和 4 送到变量 a 和 b 所在的内存单元中，"&a,&b"是地址列表，其中"&"是"地址运算符"，"&a"表示变量 a 在内存中的地址；"%d%d"是格式控制，表示按十进制整数形式输入数据。在输入时，两个数据之间用一个或多个空格间隔，也可以用回车键、跳格(制表符)键(Tab)，因此除例子中的输入方式(用空格间隔)外，以下两种方式也是合法的。

方式1：3↙
　　　　4↙

方式2：3(按 Tab 键)4↙

② 在①中输入数据后要按回车键，那么数据和回车符一起进入输入缓冲区，数据被相应变量接收，可是回车符还在输入缓冲区中，会影响到下一个 scanf() 函数的数据输入。因此用函数 getchar() 将上一个 scanf() 函数执行后遗留在输入缓冲区中的回车符读入(接收)，或者如④中的"scanf(" %d%c%c%f", &d,&ch1,&ch2,&y);" 第一个格式符"%d"前面加一个空格来忽略遗留在输入缓冲区中的回车符。

③ 因为变量 c 为 long int、变量 x 为 double，所以在 "scanf("c=%ld,x=%lf",&c,&x);" 中用%ld 和%lf 来控制数据读入；并且在格式串 "<u>c=%ld,x=%lf</u>" 中，下画线部分为普通字符，要求用户在键盘上原样输入，因此本例中输入数据的格式为 "c=123456789,x=12.3456789↙"；在输出变量 x 时用 "x=%8.2lf" 来控制精度为保留 2 位小数，但不能用 "scanf("c=%ld,x=%8.2lf",&c,&x);" 在输入数据时就控制变量 x 的精度。

④ 利用 scanf("%d%c%c%f", &d,&ch1,&ch2,&y);来同时对整型变量 d，两个字符型变量 ch1、ch2，浮点型变量 y 输入数据。注意在用%c 格式读入字符时，空格字符和转义字符(包括回车符)都会被作为有效字符读入，因此输入数据 "input d,ch1,ch2,y:987ab987.654321" 中整型变量 d 接收 987(遇字符 a 结束)，紧接着 ch1 和 ch2 分别接收字符 "a" 和 "b"(在输入的数据中，a 与 b 中间不能有其他字符)。

多学一点

如果在格式符%后面有一个"*"修饰符，则表示跳过它指定的列数。例如：

```
int a,b;
scanf("%2d%*3d%4d",&a,&b);
```

如果输入 123456789 后按回车键，则系统先将 12(对应%2d)赋给变量 a，%*3d 表示读入 3 位整数 345，但不赋给任何变量，再将 6789(对应%4d)赋给变量 b。也就是说，第 2 个数据 "345" 被跳过。在利用现成的一批数据时，有时不需要其中的某些数据，可用此方法"跳过"它们。

2.4.3 字符输入与输出函数

1. putchar()函数(字符输出函数)

putchar()函数的功能是在显示器上输出一个字符。

其一般调用形式为：

```
putchar(c)
```

其中，c 为一个字符型数据(普通字符或转义字符)或整型数据(0~255)。

【案例 2.12】 putchar()函数示例。

源程序如下：

```c
#include <stdio.h>
int main()
{
    int a;
    char c1,c2;
    a=71;
    c1='o';c2='y';
    putchar('\102');
    putchar(c1);
    putchar(c2);
    putchar('\n');
    putchar(a);
    putchar('i');
    putchar('r');
    putchar(108);
    printf("\n")
    return 0;
}
```

运行结果如图 2-22 所示。

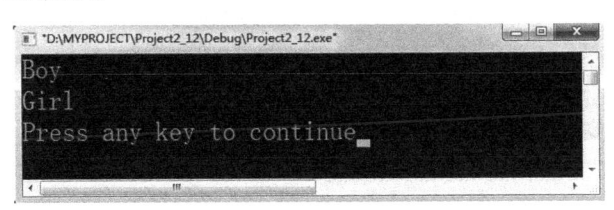

图 2-22 【案例 2.12】运行结果

说明：

putchar('\n');与 printf("\n")等价，都表示换行的意思。

多学一点

如果函数中的参数 c 是控制字符则执行控制功能，不在屏幕上显示。

2．getchar()函数（字符输入函数）

getchar()函数的功能是从键盘上输入一个字符。getchar()函数没有参数，其一般形式为：

```
getchar()
```

该函数的值就是从键盘输入的字符。

【案例 2.13】 从键盘输入两个小写字母，输出第一个字母对应的大写字母和第二个字母的 ASCII 码值。

分析：从前面的内容可知，小写字母与相对应大写字母的 ASCII 码值相差 32，并且在

ASCII 码取值范围内字符型(char)数据和整型(int)数据可以通用。因此,只要把小写字母减去 32 即得到相对应的大写字母。

源程序如下:

```c
#include<stdio.h>
int main()
{
    char ch1,ch2;
    printf("Input ch1,ch2:");
    ch1=getchar();
    ch2=getchar();
    printf("lowercase:%c to uppercase:",ch1);
    ch1=ch1-32;
    putchar(ch1);
    putchar('\n');
    printf("letter:%c ASCII=%d\n",ch2,ch2);
    return 0;
}
```

运行结果(1)如图 2-23 所示。

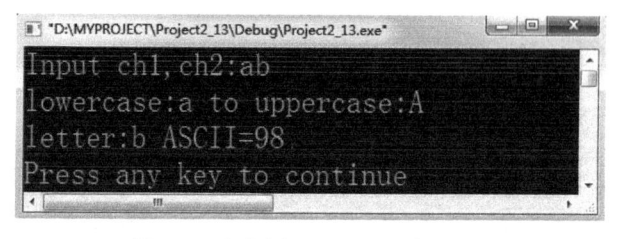

```
Input ch1,ch2:ab
lowercase:a to uppercase:A
letter:b ASCII=98
Press any key to continue
```

图 2-23 【案例 2.13】运行结果(1)

说明:

当程序调用 getchar()函数时,程序就等着用户按回车键。用户输入的字符被存放在键盘缓冲区中,直到用户按回车键为止(回车符也放在缓冲区中)。当用户按回车键之后,getchar()函数才开始从缓冲区中每次读入一个字符。getchar()函数的返回值是用户输入的字符的 ASCII 码,如出错则返回-1,且将用户输入的字符回显到屏幕上。如用户在按回车键之前输入了不止一个字符,则其他字符会保留在键盘缓存区中,等待后续 getchar()函数调用读取。本例中的 a 与 b 应一起输入然后按回车键,而不能输入 a 后按回车键,然后再输入 b。请分析如图 2-24 所示的输入形式及运行结果(2)。

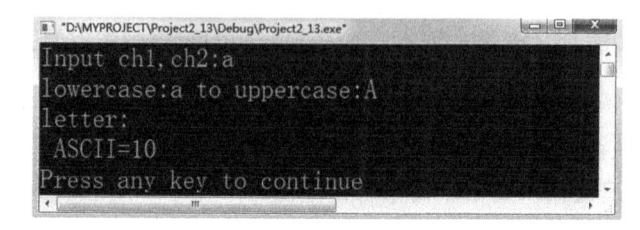

```
Input ch1,ch2:a
lowercase:a to uppercase:A
letter:
 ASCII=10
Press any key to continue
```

图 2-24 【案例 2.13】运行结果(2)

2.5 本章小结

本章介绍了基本数据类型、运算符、表达式及常用的输入/输出函数。这些内容是用 C 语言编写程序的重要基础，应扎实掌握。

标识符是程序员用来对变量、函数和数组等命名的符号，要掌握其命名规则，不允许使用 C 关键字为标识符命名。对于变量须掌握其三要素的含义，并且"先定义，后使用"，特别要理解整型、浮点型和字符型数据在内存中的存放格式。

C 语言提供了丰富的运算符(可见附录 C)，在学习运算符的过程中，除要掌握其功能和使用形式外，还要掌握其优先级及结合性(除单目运算符、条件运算符及赋值运算符的结合性是从右到左外，其他都是从左到右)。

每个表达式都有一个值和类型。表达式求值按运算符的优先级和结合性所规定的顺序进行，可以通过加入圆括号"()"来提升圆括号内整个运算的优先级；在表达式的计算过程中，会涉及类型之间的转换问题，有自动类型转换和强制类型转换两种规则。

常用的输入/输出函数是本章的一个重点内容，在后续的编程中经常用到。在 printf() 函数和 scanf() 函数中都提供了丰富的格式控制，要学会正确使用。

2.6 本章常见的编程错误

1. 变量未定义就直接使用。
2. 忽视了变量的大小写，使得定义的变量与使用的变量不一致。例如：

```
int newValue;
newvalue=1;
```

3. 将变量定义在执行语句之后。例如：

```
printf("Please input x");
int x;
```

4. 在定义变量时，对多个变量连续赋初值，如 int x=y=z=5;。
5. 在变量定义时，用于变量初始化的常量类型与变量类型不一致，如 int x=2.3;。
6. 在表达式中使用了非法的标识符，如 2*π*r。
7. 将乘法运算符*省略，或者写成×。
8. 表达式未以线性方式写出，如写成 $\frac{1}{3}+\frac{x+y}{x-y}$。
9. 使用中括号或大括号书写表达式，如 1.0/2.0-[x-(y+z)]。
10. 对浮点数执行求余运算，如 2.5%0.5。
11. 误将浮点数除法作为整数除法，如 1/2。
12. 强制类型转换中忘记加上小括号，如 int(m+2)/3。
13. 误以为强制类型转换可以改变原变量的类型和值。

14. 在复合赋值运算符中间加上空格，如+ =。
15. 对一个常量或表达式执行自增或自减操作，如(a+b)++。
16. 忘记对 scanf()、printf()函数的格式控制字符串加上双引号，如 printf(x=%d\n,x);。
17. 将分隔格式控制字符串和表达式的逗号写到格式控制字符串内，例如：

```
printf("x=%d\n, "x);
```

18. 忘记在 scanf()函数中的变量前加上取地址符&，或在 scanf()函数的格式字符串中加上了"\n"等转义字符，或设置了精度要求，如 scanf ("%8.3f\n",x);。
19. 用户输入数据的格式与 scanf()函数中格式说明字符串要求的不一致。
20. 在 scanf()、printf()函数中遗漏了格式说明符或表达式，如 printf("x= \n",x);，再如 printf("x= %d\n");。

2.7 本章习题

1. 可在 C 程序中作为用户标识符的是哪一组标识符？
A．month, _2018　　B．Date, y-m-d　　C．Hi, Dr.Tom　　D．main, Big1
2. 设 a=3,b=4,c=5,x=4.7,y=3.6，求下面各表达式的值。
(1) x+a%2*(int)(x+y)%3/5
(2) (int)x%(int)y+(float)(a+b)/2
(3) a || b+c && b-c
(4) !(x=a)&&(y=b)&&0
(5) !(a+b)+c-1 && b+c/2
(6) c=(++a)+(b--)
(7) a*=b+2
(8) a+=a-=a*=a
3. 分析下列程序的结果。

```
(1) #include "stdio.h"
    int main()
    {
        unsigned int a=65535;
        printf("a=%d, %o, %x, %u\n", a, a, a, a);
        return 0;
    }

(2) #include "stdio.h"
    int main()
    {
        int x, y, z, a, b;
        x=y=z=5;
        y+=++x;
        z+=x++;
        a=-x--;
```

```
        b=-++x;
        printf("\nx=%d, y=%d, z=%d, a=%d, b=%d", x, y, z, a, b);
        return 0;
    }
```

4. 若 a=3,b=4,c=5,x=1.3,y=2.4,z=-3.6,u=52769,n=123456,c1='a',c2='b'，请编写程序输出以下结果(□代表空格)。

```
a=□3,b=□4,c=□5
x=1.300000,y=2.400000,z=-3.600000
x+y=3.70,y+z=-1.2,z+x=-2.3
u=□52769□□n=□□□123456
c1='a'□or□97(ASCII)
c2='b'□or□98(ASCII)
```

5. 下面程序运行时在键盘上如何输入？如果 a=3,b=4, x=8.5,y=71.82, c1='A',c2='a'，请写出对应每个 scanf() 函数的输入情况(□代表空格)。

```
#include "stdio.h"
int main()
{
    int a,b;
    float x,y;
    char c1,c2;
    scanf("a=%d□b=%d",&a,&b);
    scanf("□%f,%f",&x,&y);
    scanf("□%c%c",&c1,&c2);
    return 0;
}
```

6. 输入三角形的三条边长，试编程计算该三角形面积。假设输入的三条线段能构成三角形的三条边。

提示：可以考虑利用海伦公式，已知三角形的三条边长为 a、b、c，s 为周长的一半，则该三角形的面积公式为：

$$area = \sqrt{s(s-a)(s-b)(s-c)}$$

第 3 章　程序的控制结构

本章导引

利用计算机程序来解决实际问题大致需要经历分析问题、选择解决方案、编写程序、调试程序及测试程序等几个重要的阶段。其中，解决方案是指为解决问题所采用的基本方法和操作步骤，人们常把它称为计算机算法，在程序设计的整个过程中，算法设计的正确与否直接决定着程序的正确性，算法质量的优劣直接影响着程序的最终质量，因此，要想完成一个优秀的程序设计，设计一个优秀的算法是不容置疑的基本前提。本章将介绍算法设计的概念及其表示方法。

在选择好解决方案(即设计好算法)后，就进入编写程序阶段，此时需要利用 C 语言提供的各种语句来实现算法中描述的每项操作步骤。其中，使用到控制语句的结构化，即将顺序结构、选择结构和循环结构作为程序流程的基本控制结构，且每种结构均只有一个入口、一个出口。本章也将介绍 C 语言对上述三种控制结构的支持手段，并通过列举一些实例加深读者对它们的理解。

3.1　程序灵魂：算法

可以把"算法"理解为完成一件事情或解决一个问题而采取的方法和步骤。由此可知，算法这一概念早已融入我们的学习与生活中：如何求解一个方程、如何安排去某地旅游的路线或行程等都包含着某种算法。我们现在只讨论计算机算法，即计算机可以实现的算法。

按数据的处理方式，计算机算法可分为以下两种。
(1)数值运算：目的是求数值解，如求方程的根、求函数的定积分等。
(2)非数值运算：目前使用范围广泛，如办公自动化处理、图书情报检索等。
一般来说，不同的问题有不同的解决方法和步骤，而对同一问题也可能有不同的解决方法和步骤，也就是有不同的算法。算法有优劣，一般而言，应当选择简单的、运算步骤少的、运算快、内存开销小的算法。

3.1.1　算法的特性

1. 有穷性

算法包含的操作步骤是有限的，每一步都应在合理的时间内完成。

2. 确定性

算法中的每一步骤都应是唯一的和确定无误的，不允许有歧义性。例如，"输出成绩优秀的同学名单"就是有歧义的，"成绩优秀"的含义不明确。

3. 有效性

算法中每一步骤都应是能有效地执行，且能得到确定的结果。例如，求一个负数的对数就是一个无效的步骤。

4. 没有输入或有多个输入

有些算法不需要从外界输入数据，如计算 6!；而有的算法需从外界输入数据，如计算 $n!$，则需从键盘上输入 n 的具体值后才能进行计算。

5. 有一个或多个输出

算法必须得到结果，没有结果的算法是毫无意义的。一个算法有一个或多个输出，以反映对输入数据加工后的结果。

3.1.2 算法的表示

为了描述一个算法，可以采用多种不同的方法，常用的有自然语言、传统流程图、N-S 结构化流程图、伪代码和计算机语言等。

1. 用自然语言表示算法

所谓自然语言，即人们日常使用的语言，可以是汉语、英语、其他语言及其混合体。用自然语言表示通俗易懂，但文字冗长，容易出现歧义。用自然语言表示算法的含义不太严格，往往需要根据上下文才能判断其含义。因此，除那些很简单的问题外，一般不用自然语言描述算法。

【案例 3.1】 计算 1+2+3+…+100 的和。

方法 1：可以采用最原始方法：1+2，+3，+4，一直加到 100，加 99 次。将这一思路用自然语言描述为如下算法。

算法：

　　s1: 计算 1 + 2;
　　s2: 计算 s1 + 3;
　　s3: 计算 s2 + 4;
　　…
　　计算 100 以内自然数的和，需要 99 个步骤。
　　即 s99: s98 + 100。

这样的算法虽然正确，但太烦琐。特别是当累加的数很多时，就会非常麻烦。因此，必须找到一种更为简单的通用算法。

观察上述的算法发现，从第二个步骤起，每一次求和时所用被加数都是上一次求和的结果。回忆前面学习过的变量中的值可以不断发生变化的特点，可以考虑使用一个变量(sum)既用来存放每一次的求和结果，又用来表示每一次求和时的被加数。这样，方法1中的99个步骤可以表示为：

s1: sum=sum+2；　　（在这之前先把 sum 初始化为1）

s2: sum=sum+3；

s3: sum=sum+4；

…

s99: sum=sum+100；

再次观察上述的算法发现，上述的99个式子除加数不一样外，其他都一样。并且，加数变化很有规律，从2开始，每次增加1，直到100。可以考虑再使用一个变量i来表示加数，那么上述的99个式子可以用同一种形式：sum=sum+i 来表示。也就是说，我们可以让i从2开始，不断地做 sum=sum+i 这一个相同的循环操作，直到i超过100为止。于是，可以得到改进的算法如下。

方法2：用变量 sum 和 i 分别表示两个加数，和也用变量 sum 表示。用自然语言描述如下。

s1:　　sum = 1；

s2:　　i = 2；

s3:　　若 i<=100，重复步骤 s4～s5，否则转去执行 s6；

s4:　　sum = sum + i；

s5:　　i = i + 1；

s6:　　输出 sum 的值。

上述算法是一个循环算法：s3 到 s5 组成一个循环，在实现算法时要反复多次执行 s3, s4, s5 等步骤，直到某一时刻，执行 s5 步骤时经过判断，加数i已超过规定的数值而不返回 s3 步骤为止。此时，算法结束，变量 sum 的值就是所求结果。显然，此算法比前一种算法简练。实际上，此算法还具有通用性、灵活性，因为它只需要稍做修改即可适用于若干个有规律的数的求和。例如求 1+3+5+7+…+99 等。

因为计算机是高速运算的自动机器，实现循环是计算机特别擅长的工作之一，因此上述算法不仅正确，而且是计算机能实现的较好算法。

多学一点

方法2中的步骤 s1 和 s2 也可以修改为 s1:sum=0; s2: i=1;结果相同。本算法中，sum 用来存放每次累加后的和，经常称为累加器，并且一般初始化为0。

---

2. 用传统流程图表示算法

传统流程图采用一组规定的图形符号、流程线和文字说明来表示各种操作算法。美国国家标准协会(American National Standard Institute，ANSI)规定了一些常用的流程图符号，已为世界各国程序工作者普遍采用，如表3-1所示。

表 3-1 传统流程图常用的图形符号

符号	名称	用途
⬭	起止框	用于描述控制流程的开始和结束：开始框内标注"开始"字样，结束框内标注"结束"字样
▱	输入/输出框	用于表示数据的输入和输出：框内标明输入/输出的变量
▭	处理框	用于描述数据加工和处理：常采用文字加符号来表示计算公式和赋值操作
◇	判断框	用于描述条件判断和转移关系：框内描述条件关系，两个流出边分别标注 Yes/No、Y/N、True/False 或"真/假"，表示条件成立或不成立时的转移关系
⌒▭⌒	调用框	用于描述过程调用或模块调用：框内标注函数或模块名
↘	流程线	用于连接两个图形框：箭头描述处理过程的转移方向
○	连接框	用于描述多个流程图的连接：应附加文字标识连接关系

【**案例 3.2**】 用传统流程图描述【案例 3.1】的算法，如图 3-1 所示。

用传统流程图表示算法直观形象，易于理解，能够比较清晰地表达各种处理之间的逻辑关系，是表示算法的较好的工具。但由于对流程线的使用没有严格限制，易造成流程的随意转移，不能保证是结构化的，从而难以阅读和修改。

3．用 N-S 流程图表示算法

1973 年，针对传统流程图存在的问题，美国学者 I.Nassi 和 B.Shneiderman 提出了一种新的结构化流程图形式。在这种流程图中，完全去掉了带箭头的流程线。全部算法写在一个矩形框内，在该框内还可以包含其他的从属于它的框，或者说，由一些基本的框组成一个大的框。该矩形框以三种基本结构(顺序、选择、循环)描述符号为基础复合而成，这种流程图又称 N-S 流程图。

【**案例 3.3**】用 N-S 流程图描述【案例 3.1】的算法，如图 3-2 所示。

用 N-S 流程图表示算法既比自然语言描述直观、形象、易于理解，又比传统流程图紧凑易画。尤其是它废除了流程线，整个算法结构是由各个基本结构按顺序组成的，N-S 流程图中的上下顺序就是执行时的顺序。用 N-S 流程图表示的算法都是结构化的算法，因为它不可能出现流程无规律的跳转，而只能自上而下地顺序执行。

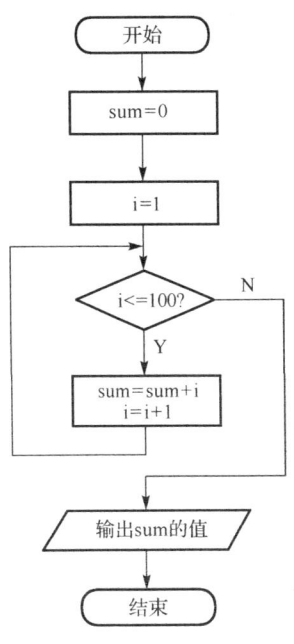

图 3-1 传统流程图

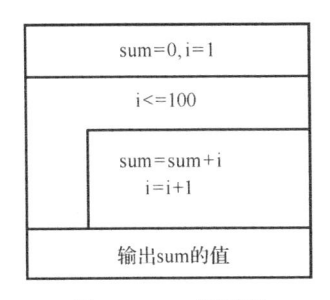

图 3-2 N-S 流程图

4. 用伪代码表示算法

伪代码是指介于自然语言和计算机语言之间的一种代码,是帮助程序员制定算法的智能化语言。它不能在计算机上运行,但是使用起来比较灵活,无固定格式和规范,只要写出来自己或别人能看懂即可。由于它与计算机语言比较接近,因此易于转换为计算机程序,特别适用于设计过程中需要反复修改时的流程描述。

【案例 3.4】 用伪代码描述【案例 3.1】的算法。

```
begin
    sum←0;
    i←1;
    while i≤100
        sum←sum+i;
        i←i+1
    print  sum
end
```

5. 用计算机语言表示算法

计算机是无法识别流程图和伪代码的。只有用计算机语言编写的程序,经编译成目标程序后,才能被计算机执行。因此,在用流程图或伪代码描述出一个算法后,还要将它转换成计算机语言程序。用计算机语言表示算法必须严格遵循所用语言的语法规则,这是和伪代码不同的。

【案例 3.5】 用 C 语言描述【案例 3.1】的算法。

```c
#include <stdio.h>
int main()
{
    int i, sum;
    sum=0;
    i=1;
    while (i<=100)
    {
        sum=sum+i;
        i++;
    }
    printf("sum=%d", sum);
    return 0;
}
```

> **多学一点**
>
> 写出了 C 程序,仍然只是描述了算法,并未实现算法,只有运行程序才是实现算法。应该说,用计算机语言表示的算法才是计算机能够执行的算法。

3.2 流水作业：顺序结构

前面已经介绍了算法的概念，那么如何在计算机语言中实现设计好的算法呢？主要是通过各种语言所提供的语句来实现。和其他高级语言一样，C 语言的语句用来向计算机系统发出操作指令。一个语句经编译后产生若干条机器指令。一个为实现特定目的的程序应当包含若干条语句。C 语言中的语句可以分为以下五类。

1. 函数调用语句

该语句由函数名、实际参数加上分号";"组成。其一般形式为：

函数名(实际参数表);

执行函数语句就是调用函数体并把实际参数赋予函数定义中的形式参数，然后执行被调函数体中的语句，求取函数值(在 4.1.2 节中详细介绍)。

例如：

printf("Hello!"); /*调用库函数，输出字符串*/

2. 表达式语句

表达式语句由表达式加上分号";"组成。其一般形式为：

表达式;

执行表达式语句就是计算表达式的值。
例如：
x=y+z;   赋值语句。
y+z;   加法运算语句，但计算结果不能保留，无实际意义。
i++;   自增 1 语句，i 值增 1。

其中，赋值语句是程序中使用最多的语句之一。表达式能构成语句是 C 语言的一个特色。其实"函数调用语句"也属于表达式语句，因为函数调用也是表达式的一种，只是为了便于理解和使用，我们把"函数调用语句"和"表达式语句"分开来说明。

3. 控制语句

控制语句用于控制程序的流程，以实现程序的各种结构方式。C 语言有 9 种控制语句，可以分成以下三类。

(1) 条件判断语句：if 语句、switch 语句。
(2) 循环执行语句：while 语句、do while 语句、for 语句。
(3) 转向语句：break 语句、continue 语句、goto 语句、return 语句。

4. 复合语句

把多个逻辑相关的语句用花括号{ }括起来组成一条复合语句。复合语句在逻辑上形成一个整体，在程序中应把它看成单条语句，而不是多条语句。

例如：

```
{
    x=y+z;
    a=b+c;
    printf("%d%d",x,a);
}
```

是一条复合语句。

复合语句内的各条语句都必须以分号";"结尾，在花括号"}"外不能再加分号。

5．空语句

只有由分号";"组成的语句称为空语句。空语句是什么也不执行的语句。在程序中，空语句经常被用来作为空循环体。

例如：

```
while(getchar()!='\n')
    ;
```

本语句的功能是，只要从键盘输入的字符不是回车符，则重新输入。

这里的循环体为空语句。有时，空语句也可用来作为流程的转向点或自顶向下程序设计时用在那些未完成的模块中，留待以后对模块逐步求精实现时再进行扩充。

有了上述的这五类语句，就可以组成程序的三种基本控制结构——顺序结构、分支结构、循环结构，从而保证计算机能按照确定的步骤来解决问题，即实现既定的算法。1966 年，C.Bohmt 和 G.Jacopini 首先证明了只用这三种基本结构就可以实现任何"单入口、单出口"的复杂问题，而且编写出来的程序既清晰可读又便于理解，所以提倡使用这三种结构编写程序，并称这样的程序设计为结构化程序设计。下面介绍在结构化程序中最简单、最基本的结构——顺序结构。

顺序结构的特点是，完全按照语句出现的先后次序执行程序。其传统流程图和 N-S 流程图如图 3-3 所示。

任何计算问题的答案都是按指定顺序执行一系列动作的结果，在许多场合顺序与动作同样重要，错误的执行顺序将得不到问题的正确答案。

从程序的整体来看，程序的语句是按顺序执行的，构成了顺序结构，尽管在局部(某些程序段)并不按顺序执行语句，这个过程称为"控制的转移"，它涉及了另外两类程序的控制结构，即选择(分支)结构和循环结构。由此可见，顺序结构也是一种最基本的结构。

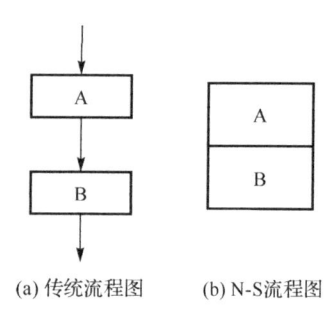

(a) 传统流程图　(b) N-S流程图

图 3-3　顺序结构

【案例 3.6】　输入三角形的三条边长，求三角形面积。为简单起见，设输入的三条线段能构成三角形的三条边。

分析：已知三角形的三条边长为 a、b、c，则该三角形的面积公式如下。

$$area = \sqrt{s(s-a)(s-b)(s-c)}$$

其中，$s = (a+b+c)/2$。

源程序如下：

```c
#include <stdio.h>
#include <math.h>                /*包含使用数学库函数所对应的头文件*/
int main()
{
    float a, b, c, s, area;
    printf("Please input a, b, c:");
    scanf("%f, %f, %f", &a, &b, &c);
    s=1.0/2*(a+b+c);
    area=sqrt(s*(s-a)*(s-b)*(s-c));
    printf("a=%7.2f, b=%7.2f, c=%7.2f, s=%7.2f\n", a, b, c, s);
    printf("area=%7.2f\n", area);
    return 0;
}
```

运行结果如图 3-4 所示。

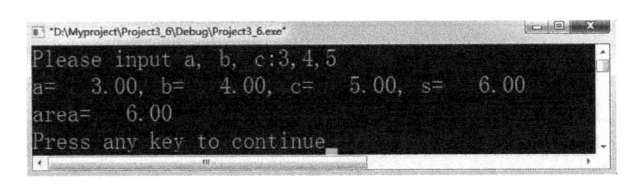

图 3-4 【案例 3.6】运行结果

注意

语句 s=1.0/2*(a+b+c);中的 1.0 可以改成 1 吗？为什么？

多学一点

如何保证所输入的数据能满足本例中的假设呢？一个有效的方法是对所输入的数据进行合法性的检验，而合法性的检验就是判断某些条件是否成立，此时需要用到选择结构中的条件语句。

3.3 择优录取：选择结构

如前所述，在许多实际问题的程序设计中，根据输入数据和中间结果的不同情况需要选择不同的语句组执行。在这种情况下，必须根据某个变量或表达式的值做出判断，以决定执行哪些语句和跳过哪些语句不执行，这就是选择结构(分支结构)。计算机的一个很重要的特征是具有逻辑判断能力，能够灵活处理问题。选择结构中主要用到以下两个语句。

(1) 条件语句：根据给定的条件(逻辑值)进行判断，决定执行某个分支和程序段。
(2) 开关分支语句：根据给定表达式的值进行判断，然后决定执行多路分支中的一支。

执行条件语句时要进行判断，经常需要使用关系运算符、逻辑运算符及相应的表达式。对于简单的判断条件可用关系表达式来表示，对于较为复杂的条件可用逻辑表达式来表示。

对于一个条件判断的结果只可能有两种："真"（对应条件成立）或者"假"（对应条件不成立）。而标准 C(C89) 没有布尔数据类型，那么用非 0 值表示"真"，用 0 值来表示"假"。

3.3.1 关系运算符和关系表达式

C 语言提供的 6 种关系运算符在所有运算符中的优先级等如表 3-2 所示。

表 3-2 关系运算符

优先级	运算符	名称或含义	使用形式	结合方向	说明
6	>	大于	表达式>表达式	从左到右	双目运算符
	>=	大于等于	表达式>=表达式		双目运算符
	<	小于	表达式<表达式		双目运算符
	<=	小于等于	表达式<=表达式		双目运算符
7	==	等于	表达式==表达式	从左到右	双目运算符
	!=	不等于	表达式!=表达式		双目运算符

注意

(1) 关系运算符等于是"=="，而不是"="（赋值运算符）。

(2) >=、<=、!= 不能写成数学运算符 ≥、≤、≠。

用关系运算符将两个操作数连接起来组成的表达式，称为关系表达式。关系表达式的一般形式为：

> 表达式 关系运算符 表达式

每一个表达式都有一个运算结果，也称为表达式的值。关系表达式的值有两个："真"（对应关系表达式成立）和"假"（对应关系表达式不成立），用"1"和"0"表示。

【案例 3.7】 关系运算符和表达式示例。

源程序如下：

```c
#include <stdio.h>
int main()
{
    char c='k';
    int i=0,j=1,k=2,m=3;
    float x=0.2,y=0.3;
    printf("(1)%d\n",'a'+5<c);
    printf("(2)%d\n",m=k<j);
    printf("(3)%d\n",k==j==i+5);
    printf("(4)%d\n",x*y==0.06);
    printf("(5)%d\n",-1<=i<=1);
```

```
        return 0;
}
```

运行结果如图 3-5 所示。

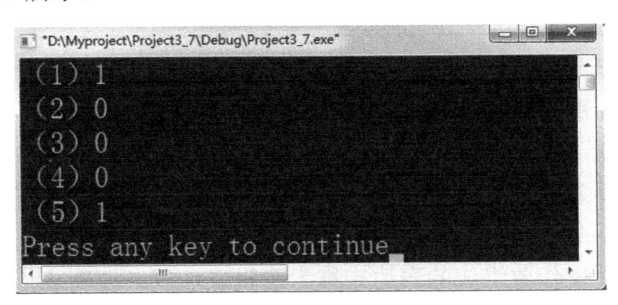

图 3-5 【案例 3.7】运行结果

说明：

与运行情况(1)相对应表达式中的字符变量是以它对应的 ASCII 码参与运算的；与运行情况(2)相对应表达式 m=k<j 中先进行优先级较高的"<"，其结果为 0 赋值给 m 并输出；与运行情况(3)相对应表达式 k==j==i+5 中 j 左右两边的运算符相同(都是"==")，根据运算符的左结合性，先计算 k==j，该式不成立，其值为 0，再计算 0==i+5，也不成立，故表达式的值为 0。

> **注意**
>
> 与运行情况(4)相对应表达式 x*y==0.06，由于浮点数通常不能够在计算机中精确表示；并且在运算过程中，浮点表达式的相对误差是累积的，从而导致以上表达式左右两边不相等。因此应当对两个浮点数 f1、f2(float 或者 double 类型)比较时慎用"=="和"!="，最好是比较它们差的绝对值是否小于一个非常小的数，如量级在 10^{-7} 以内的数(FLT_EPSILON)，即 fabs(f1-f2) < FLT_EPSILON。
>
> 与运行情况(5)相对应关系表达式-1<=i<=1，此时并不是数学表达式来表示 i 落在区间[-1,1]内，如果要表示 i 落在区间[-1,1]内则需要用到下一节介绍的逻辑与运算符&&，写成：-1<=i && i<=1。

> **多学一点**
>
> 关系运算符只能用来比较原子数据值——不能再分解成更小的数据，如整型、浮点型和字符型数据就可以看成原子数据，因为它们不能分解为更小的数据。而字符串就不是原子数据，不能使用关系运算符来进行比较大小，需要使用字符串比较函数 strcmp()来完成。

3.3.2 逻辑运算符和逻辑表达式

C 语言提供的 3 种逻辑运算符在所有运算符中的优先级等如表 3-3 所示。

表 3-3　逻辑运算符

优先级	运算符	名称或含义	使用形式	结合方向	说明
2	!	逻辑非运算符	!表达式	从右到左	单目运算符
11	&&	逻辑与	表达式&&表达式	从左到右	双目运算符
12	||	逻辑或	表达式||表达式	从左到右	双目运算符

逻辑运算符的运算规则如下：

逻辑非——真变假，假变真。

逻辑与——两者都为真，结果才为真。

逻辑或——只要一个为真，结果就为真。

用逻辑运算符连接操作数组成的表达式称为逻辑表达式。逻辑表达式的值与关系表达式的值一样有两个："真"和"假"，用"1"和"0"表示。但是，在需要判断一个表达式的值是否为真时并不局限于"1"，只要非 0 值就为真；而"0"仍为假。于是对两个表达式 a 和 b，其逻辑运算的"真值表"如表 3-4 所示。

表 3-4　逻辑运算的"真值表"

a	b	!a	a && b	a || b
非 0(真)	非 0(真)	0	1	1
非 0(真)	0 (假)	0	0	1
0 (假)	非 0(真)	1	0	1
0 (假)	0 (假)	1	0	0

【案例 3.8】 逻辑运算符和表达式示例。

源程序如下：

```c
#include <stdio.h>
int main()
{
    char ch='A';
    int i=0,j=1,k=2,year=2016;
    float x=0.2;
    printf("(1)%d,%d\n",i&&j++||!k,j);
    printf("(2)%d,%d\n",(x||i++)&&j==2,i);
    printf("(3)%d,%d\n", 'a'<=ch<='z', ch>='a' && ch<='z');
    printf("(4)%d,%d\n",(year%4==0)&&(year%100!=0)
                      ,(year%4==0)&&(year%100));
    return 0;
}
```

运行结果如图 3-6 所示。

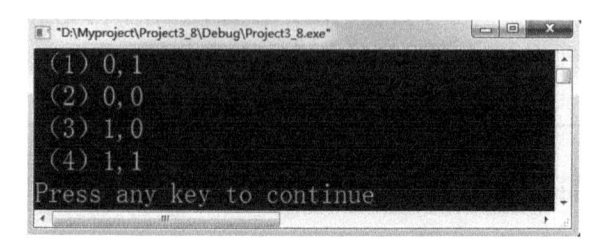

```
(1) 0,1
(2) 0,0
(3) 1,0
(4) 1,1
Press any key to continue
```

图 3-6　【案例 3.8】运行结果

说明：

与运行情况(1)相对应表达式 i&&j++||!k 中的"||"运算符优先级最低，因此这是一个逻辑表达式，由于 i=0 和 j++进行逻辑与运算的结果为假，再与!k(k=2 为真，!k 为假)进行逻辑或运算的最终结果为假。请注意(1)中后面所输出的变量 j 的值仍为 1，也就意味着前面表达式在运算时 j++并没有执行，这是 C 语言中运算符&&和||都具有的"短路"特性，即如果上述两个运算符的表达式的值可由先计算的左操作数的值单独推导出来，那么将不再计算右操作数的值，如 i&&j++中由于 i=0 即可决定整个运算结果为假，就不需要再做 j++运算。类似情况出现在运行情况(2)的(x||i++)运算中；运行情况(3)中的表达式'a'<=ch<='z'是一个关系表达式，而 ch>='a' && ch<='z'则是一个逻辑表达式，用来判断字符 ch 是否为一个小写字母。

> **多学一点**
>
> 在运行情况(4)中对应的两个表达式是等价的，都是用来判断某一个年份是否满足闰年的条件之一，即能否被 4 整除但不会被 100 整除。请注意到当 year=2016 时，算术表达式 year%100 的结果为 16，非 0 为真值；而此时关系表达式 year%100!=0 的结果也是为真值。以上两个表达式之所以等价，主要是因为 C 语言中采用非 0 与 0 作为真假值的判断方法。这种方法也给程序中条件的判断带来灵活性，任何形式的表达式都可以充当判断的条件。

3.3.3 条件语句(if 语句)

if 语句有以下 3 种表现形式。

1. if 语句的简单形式(单分支情况)

其执行过程如图 3-7(a)、图 3-7(b)所示，一般形式如下：

```
if(表达式) 语句;
```

例如：

```
if(x==y) printf("a equal to b");
```

> **注意**
>
> 表达式(x==y)能否改为(x=y)？为什么？

说明：

(1) if 后的表达式一定要用圆括号括起来。

(2) if 后的表达式可以是任意类型的表达式，除常见的关系表达式或逻辑表达式外，也允许是其他类型的数据(包括整型、浮点型、字符型等)。

以上两点说明也适合后面的两种 if 语句形式。

2. if 语句的标准形式(双分支情况)

其执行过程如图 3-8(a)、图 3-8(b)所示，一般形式如下：

```
if(表达式) 语句1 ;
else     语句2 ;
```

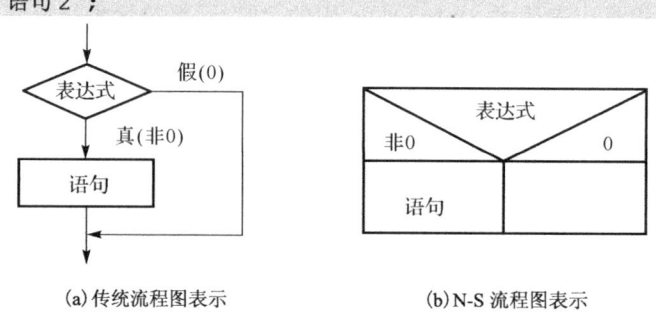

(a)传统流程图表示　　　　(b)N-S流程图表示

图 3-7　单分支 if 语句

例如：if(x>y) max=x;
　　　else   max=y;

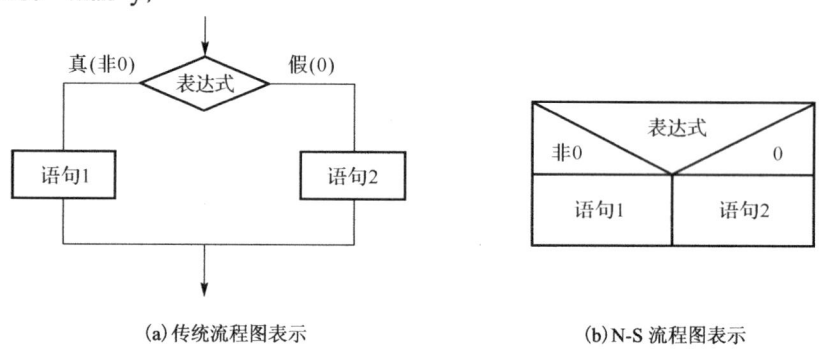

(a)传统流程图表示　　　　(b)N-S流程图表示

图 3-8　双分支 if 语句

注意

(1) if 和 else 都属于同一个 if 语句。else 子句不能作为语句单独使用，它必须是 if 语句的一部分，与 if 配对使用。

(2) 在 if 和 else 后面若跟单条语句，则应加分号";"，若是复合语句，"{}"后面不必另加";"。

多学一点

在 if 和 else 后面可以只含一个内嵌的操作语句(如上例)，也可以有多个操作语句，此时用花括号"{}"将几个语句括起来成为一个复合语句。例如：

```
if (a>b) { t=a; a=b; b=t;}
```

【**案例 3.9**】　输入三角形的三条边长，求三角形面积。

分析：与【案例 3.6】相比，此例去掉假设前提："设输入的三条线段能构成三角形的三条边"。因此，本题在输入三条线段后要加入条件判断，验证其能否构成三角形的三条边，若可以则计算并输出面积，否则输出提示信息。

源程序如下:

```c
#include <stdio.h>
#include <math.h>
int main()
{
    float a, b, c, s, area;
    printf("Please input a, b, c:");
    scanf("%f, %f, %f", &a, &b, &c);
    if (a+b>c && a+c>b && b+c>a)         /*判断三条线段能否构成三角形的三条边*/
    {
        s=1.0/2*(a+b+c);
        area=sqrt(s*(s-a)*(s-b)*(s-c));
        printf("area=%7.2f\n", area);
    }
    else
        printf("it is not a trilateral\n");
    return 0;
}
```

运行结果如图 3-9、图 3-10 所示。

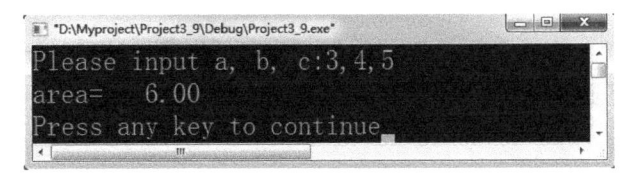

图 3-9 【案例 3.9】运行结果(1)

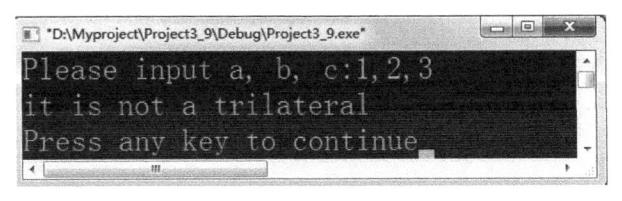

图 3-10 【案例 3.9】运行结果(2)

> **注意**
>
> if 后的 "{ }" 能否去掉? 去掉表示什么意思?

3. 条件运算符与条件表达式

条件运算符是 C 语言中唯一的一个三目运算符,它在所有运算符中的优先级等如表 3-5 所示。

表 3-5 条件运算符

优先级	运算符	名称或含义	使用形式	结合方向	说明
13	?:	条件运算符	表达式 1? 表达式 2: 表达式 3	从右到左	三目运算符

由条件运算符组成条件表达式的一般形式为:

表达式1？表达式2：表达式3

其求值规则为：如果表达式 1 的值为真，则以表达式 2 的值作为整个条件表达式的值，否则以表达式 3 的值作为整个条件表达式的值。例如：

max=(a>b)?a:b;

执行该语句的语义是：如 a>b 为真，则把 a 赋予 max，否则把 b 赋予 max。它可以用来替换以下双分支的条件语句，更为简单、直观。

```
if (a>b)  max=a;
else max=b;
```

多学一点

条件运算符的结合方向是自右至左。例如：

a>b?a:c>d?c:d 相当于 a>b?a:(c>d?c:d)

这也就是条件表达式嵌套的情形，即其中的表达式 3 又是一个条件表达式。

4. if 语句的嵌套形式（多分支情况）

在 if 语句中又包含一个或多个 if 语句称为 if 语句的嵌套。这种情况主要用来解决多分支情况，if 语句的嵌套有多种表现形式：

1）比较常用的形式

比较常用的形式如下：

```
if(表达式1)   语句1
else if(表达式2)  语句2
else if(表达式3)  语句3
…
else if (表达式m)  语句m
else   语句n
```

其语义是：依次判断表达式的值，当出现某个值为真时，则执行其对应的语句，然后跳到整个 if 语句之外继续执行程序。如果所有的表达式均为假，则执行语句 n，然后继续执行后续程序。if-else-if 语句的执行过程如图 3-11 所示。

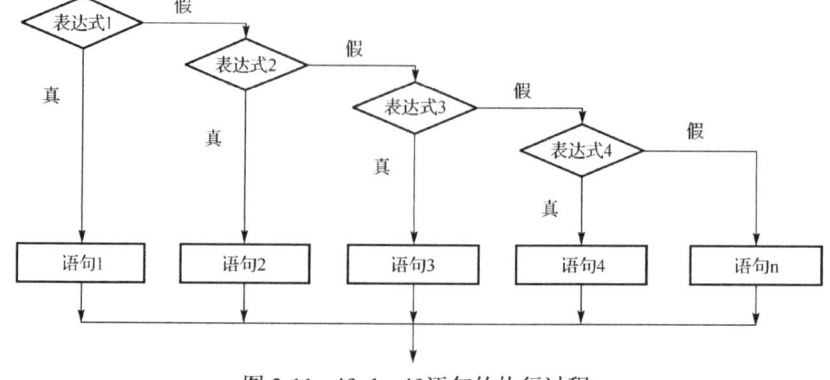

图 3-11 if-else-if 语句的执行过程

【案例 3.10】 已知学生的百分制成绩，编写程序按百分制分数进行分段评定，给出相应的等级：分数大于等于 90，则评定为'A'；分数在 80～89 之间，则评定为'B'；分数在 70～79 之间，则评定为'C'；分数在 60～69 之间，则评定为'D'；分数小于 60，则评定为'E'。

分析：这是一个根据百分制分数进行分段定级的多分支选择问题，可利用上面介绍的 if 语句的嵌套来解决。

源程序如下：

```c
#include <stdio.h>
int main()
{
    float score;
    char grade;
    printf("Please enter scores:");
    scanf("%f", &score);
    if(score<0 || score>100)           /*对输入数据的合法性进行检查*/
        printf("Input error!\n");
    else
    {
        if(score>=90)   grade='A';
        else if(score>=80)   grade='B';
        else if(score>=70)   grade='C';
        else if(score>=60)   grade='D';
        else  grade='E';
        printf("%5.1f--%c\n", score, grade);
    }
    return 0;
}
```

运行结果如图 3-12、图 3-13 所示。

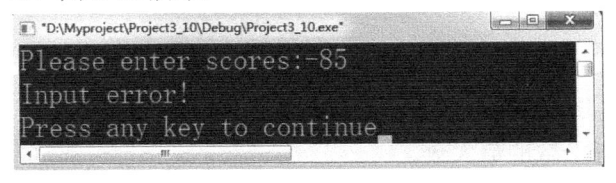

图 3-12 【案例 3.10】运行结果(1)

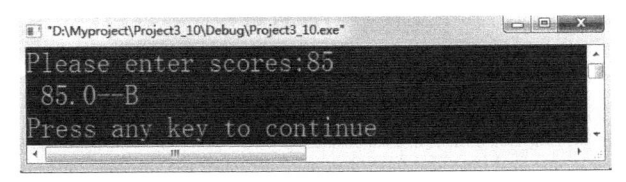

图 3-13 【案例 3.10】运行结果(2)

2) 其他形式

在嵌套内的 if 语句可能又是 if-else 型的，这将会出现多个 if 和多个 else 重叠的情况，这时要特别注意 if 和 else 的配对问题。

例如：

```
if(表达式1)
    if(表达式2)
        语句1;
    else
        语句2;
```

其中的 else 究竟是与哪一个 if 配对呢？

应该理解为：

```
if(表达式1)
    if(表达式2)
        语句1;
    else
        语句2;
```

还是应理解为：

```
if(表达式1)
    if(表达式2)
        语句1;
else
    语句2;
```

为了避免这种二义性，C 语言规定，从最内层开始，else 总是与它上面最近的(未曾配对的)if 配对，因此对上述例子应按前一种情况理解。如果 if 与 else 的数目不一样，为实现程序设计者的意图，可以加花括号来确定配对关系。例如：

```
if()
{ if() 语句1}
else
    语句2
```

这时，if 限定了内嵌 if 语句的范围，因此 else 与第一个 if 配对。

【案例 3.11】 求三个数的最大数。

分析：假设所求的三个数用变量 x、y、z 表示，三个数的最大数用变量 m 表示。本题有很多种的求法与写法，下面列出其中几种，请读者进行比较理解。

方法 1：采用单分支形式。

```
if(x>y && x>z)    m=x;
if(y>x && y>z)    m=y;
if(z>y && z>x)    m=z;
```

方法 2：采用单分支形式。

```
m=x;
if(y>m) m=y;
if(z>m) m=z;
```

方法 3：采用双分支形式。

```
if(x>y) m=x;
else m=y;
if(m>z) m=m;
else m=z;
```

方法 4：采用条件表达式。

```
m=x>y ? x: y;
m=m>z ? m: z;
```

方法 5：采用 if 语句的嵌套。

```
if(x>y)
    if (x>z) m=x;
    else m=z;
else
    if(y>z) m=y;
    else m=z;
```

方法 6：采用 if 语句的嵌套。

```
m=x;
if (z>y)
    {if(z>x) m=z;}
else
    if(y>x) m=y;
```

注意

方法 6 中的"{ }"若去掉，结果就不正确了，如 x=2,y=3,z=1，请读者自己分析。

3.3.4 开关语句(switch 语句)

C 语言还提供了另一种用于多分支选择的 switch 语句，以代替嵌套的 if 语句，简化程序的设计。switch 语句又称为开关语句，它允许程序根据表达式的计算结果在多个分支中进行选择，常用于各种分类、菜单等程序的设计。它的一般形式如下：

```
switch(表达式)
{
    case 常量表达式 1：语句序列 1
    case 常量表达式 2：语句序列 2
    …
    case 常量表达式 n：语句序列 n
    default         ：语句序列 n+1
}
```

其语义是：计算充当开关角色的表达式的值，并逐个与其后的常量表达式值相比较，当表达式的值与某个常量表达式的值相等时，即按顺序执行此 case 后的所有语句,包括后续 case,

而不再进行判断,直到遇到 break 或右花括号"}"(整个语句执行完毕)为止。如表达式的值与所有 case 后的常量表达式均不相同时,则执行 default 后的语句。

【案例 3.12】 用 switch 语句改写【案例 3.10】。已知学生的百分制成绩,编写程序按百分制分数进行分段评定,给出相应的等级:分数大于等于 90,则评定为'A';分数在 80～89 之间,则评定为'B';分数在 70～79 之间,则评定为'C';分数在 60～69 之间,则评定为'D';分数小于 60,则评定为'E'。

分析:使用 switch 语句时要注意到 case 后的常量表达式最终结果只能是某一个值(点),不能表示区间(范围)。因此在本例中要根据分数进行分段定级,必须设法完成从区间到点的转化。【案例 3.12】传统流程图如图 3-14 所示。

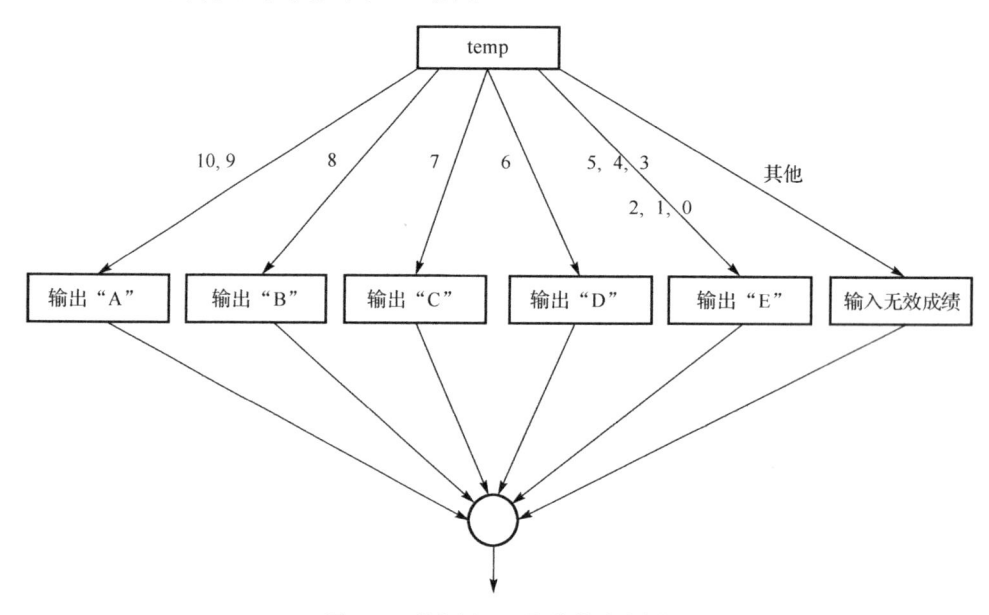

图 3-14 【案例 3.12】传统流程图

源程序如下:

```c
#include <stdio.h>
int main()
{
    float score;
    int temp;
    printf("Please input score:");
    scanf("%f", &score);
    if(score<0 || score>100)
        temp=-1;
    else  temp=(int)score/10;     /*采用整除方法,将区间取值转化到点上*/
    switch(temp)
    {
        case 10:
        case  9: printf("A\n"); break;
        case  8: printf("B\n"); break;
        case  7: printf("C\n"); break;
```

```
            case  6:  printf("D\n"); break;
            case  5:
            case  4:
            case  3:
            case  2:
            case  1:
            case  0:  printf("E\n"); break;
            default:  printf("Input invalid score\n");    /*处理非法数据*/
        }
        return 0;
    }
```

运行结果如图 3-15、图 3-16 所示。

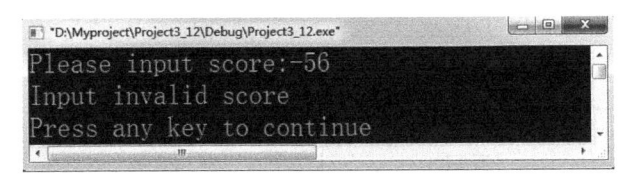

图 3-15 【案例 3.12】运行结果(1)

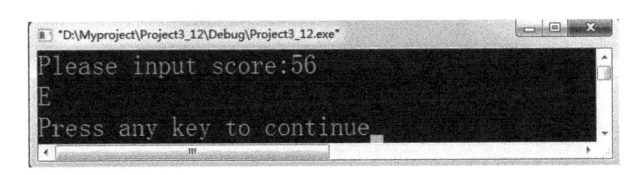

图 3-16 【案例 3.12】运行结果(2)

说明：在使用 switch 语句时还应注意以下几点。

(1) switch 后面括号内的"表达式"的值一般为整型、字符型或枚举型数据。每个 case 后的"常量表达式"的类型应该与 switch 后面括号内的"表达式"的类型一致。对其他类型，原来的 C 标准是不允许的，而新的 ANSI 标准允许上述表达式和 case 常量表达式为任何类型。

(2) 由于每个 case 后的常量只是起到语句标号作用，所以每一个 case 的常量表达式的值必须互不相同，否则就会出现互相矛盾的现象(对表达式的同一个值，有两种或多种执行方案)。

(3) 各 case 和 default 子句的先后顺序可以变动，而不会影响程序执行结果。但从程序的执行效率角度考虑，一般将发生频率高的情况放在前面。

(4) 在 case 后，允许有多个语句，并且可以不用"{ }"括起来。

(5) default 子句可以省略不用。

(6) 多个 case 可以共用一组执行语句，例如：

```
    case 'A':
    case 'B':
    case 'C': printf(">60\n");break;
```

grade 的值为'A'、'B'或'C'时都执行同一组语句。

(7) switch 语句不同于 if 语句，switch 语句仅能判断一种逻辑关系，即看括号内的"表达式"的值和指定的常量值是否相等，是一种"单点判断"，而不能进行大于、小于某个值的判断,不能表达区间的概念,而 if 语句可以计算并判断各种表达式,所以 switch 语句并不能完全替代 if 语句。反过来,凡是能用 switch 语句解决的问题肯定能用 if 语句来解决。

3.3.5 程序设计举例

【案例 3.13】 模拟"石头、剪刀、布"游戏——游戏对象为人和计算机。

分析:本游戏规则是,石头胜剪刀,剪刀胜布,布胜石头。以前是人与人之间的游戏,现在是人与计算机的游戏。首先,要解决人与计算机的"手势"怎样统一的问题,可考虑使用数字表示,简单直观。约定游戏对象手势,简化表示方法:人(用 P 表示)通过键盘输入(石头 0、剪刀 1、布 2),而计算机(用 C 表示)产生随机数 0、1、2。其次,计算机作为一个游戏对象,应该怎样执行上述规则进行游戏判断?可利用选择结构实现游戏规则,如以计算机为视角来约定胜负规则(如表 3-6 所示)。

表 3-6 以计算机为视角来约定胜负规则

P	C		
	石头(0)	剪刀(1)	布(2)
石头(0)	平局	负	胜
剪刀(1)	胜	平局	负
布(2)	负	胜	平局

算法描述:
使用类自然语言对规则进行描述。
若 P 与 C 相同,则结果为平局。
否则,
  当 P=0 时:
    C=1 结果为负
    C=2 结果为胜
  当 P=1 时:
    C=0 结果为胜
    C=2 结果为负
  当 P=2 时:
    C=0 结果为负
    C=1 结果为胜

源程序如下:

```
#include <stdio.h>
#include <stdlib.h>
#include<time.h>
int main()
{
    int p,c;
    printf("***********************************************\n");
    printf("             欢迎来到石头、剪刀、布模拟游戏              \n");
```

```c
    printf("     请使用键盘输入，0 代表石头，1 代表剪刀，2 代表布   \n");
    printf("**************************************************\n");
    srand(time(NULL));      /*用标准库函数 srand 为函数 rand 设置随机数种子*/
    c=rand()%3;             /*生成一个 0～2 之间的随机数*/
    scanf("%d",&p);
    if(p<0||p>2)
        printf("您的输入有误，请输入 0、1、2 中任意一个数字，游戏结束。\n");
    else
    {
        if(p==c)    printf("您和电脑是平手。\n");
        else
        {
          if (p==0)
          {
              if(c==1)    printf("您出的是石头，电脑出的是剪刀，电脑输了。\n");
              if(c==2)    printf("您出的是石头，电脑出的是布，电脑赢了。\n");
          }
          if (p==1)
          {
              if(c==0)    printf("您出的是剪刀，电脑出的是石头，电脑赢了。\n");
              if(c==2)    printf("您出的是剪刀，电脑出的是布，电脑输了。\n");
          }
          if (p==2)
          {
              if(c==0)    printf("您出的是布，电脑出的是石头，电脑输了。\n");
              if(c==1)    printf("您出的是布，电脑出的是剪刀，电脑赢了。\n");
          }
        }
    }
    return 0;
}
```

运行结果如图 3-17、图 3-18 所示。

图 3-17 【案例 3.13】运行结果(1)

图 3-18 【案例 3.13】运行结果(2)

> **多学一点**
>
> 游戏目前只能进行一次就结束了。如果要实现进行多次游戏,如何完成?多次游戏这个问题可以通过在 3.4 节中介绍的循环结构编程实现,计算机可以非常容易地实现相同步骤的循环反复操作。

【案例 3.14】 输入三个数(a、b、c),要求按由小到大的顺序输出。

分析:可以用伪代码写出算法:

if a>b 将 a 和 b 对换,使 a 成为 a、b 中的小者。

if a>c 将 a 和 c 对换,使 a 成为 a、c 中的小者,则 a 是三者中最小者。

if b>c 将 b 和 c 对换,使 b 是 b、c 中的小者,也是三者中次小者。

然后顺序输出 a、b、c 即可。

源程序如下:

```c
#include <stdio.h>
int main()
{
    float a, b, c, t;
    printf("Please input a,b,c:");
    scanf("%f, %f, %f", &a, &b, &c);
    if(a>b)
        { t=a; a=b; b=t;}          /*实现 a 和 b 的互换*/
    if(a>c)
        { t=a; a=c; c=t;}          /*实现 a 和 c 的互换*/
    if(b>c)
        { t=b; b=c; c=t;}          /*实现 b 和 c 的互换*/
    printf("%5.2f, %5.2f, %5.2f\n", a, b, c);
    return 0;
}
```

运行结果如图 3-19 所示。

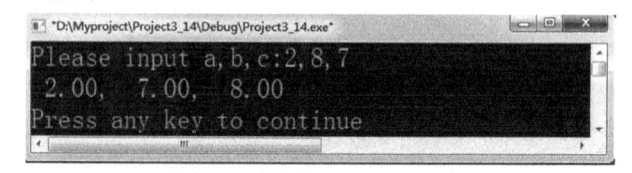

```
Please input a,b,c:2,8,7
 2.00,  7.00,  8.00
Press any key to continue
```

图 3-19 【案例 3.14】运行结果

> **多学一点**
>
> 对 a 和 b 两个变量的交换,为什么要引入中间变量 t?能直接用 a=b;b=a;来交换吗?

【案例 3.15】 写程序,判断某一年是否为闰年。

分析:满足下列两个条件之一的年份为闰年。

① 能被 4 整除,但不能被 100 整除的年份。

② 能被 4 整除,又能被 400 整除的年份。

考虑到对任一个年份来说，要么为闰年，要么为非闰年，两者必居其一。因此，可以引入一个标志变量 leap 代表是否为闰年的信息。若某年为闰年，则令 leap=1；若为非闰年，则令 leap=0。最后判断 leap 是否为 1（真），若是，则输出"闰年"信息。

我们用图 3-20 表示判别闰年的算法。

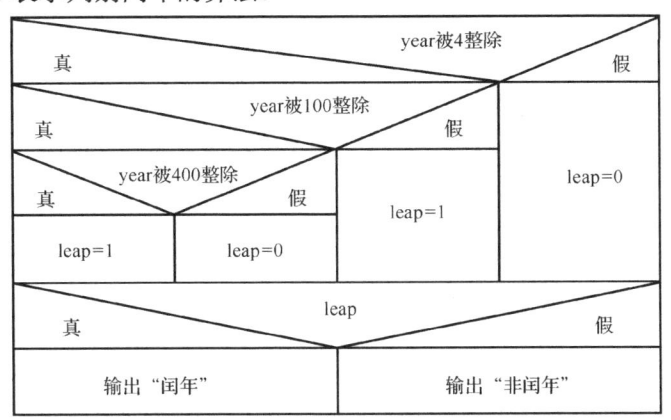

year被4整除				
真					假
year被100整除				
真			假	leap=0
year被400整除		假	leap=1	
真	假			
leap=1	leap=0			
leap				
真					假
输出"闰年"				输出"非闰年"

图 3-20 【案例 3.15】算法描述

源程序如下：

```c
#include <stdio.h>
int main()
{
    int year, leap;
    printf("Please input year:");
    scanf("%d", &year);
    if(year%4==0)
    {
        if(year%100==0)
        {
            if(year%400==0)  leap=1;
            else leap=0;
        }
        else  leap=1;
    }
    else  leap=0;
    if(leap)
        printf("%d is a leap year\n", year);
    else
        printf("%d is not a leap year\n", year);
    return 0;
}
```

运行结果如图 3-21、图 3-22 所示。

```
Please input year:2018
2018 is not a leap year
Press any key to continue
```

图 3-21 【案例 3.15】运行结果(1)

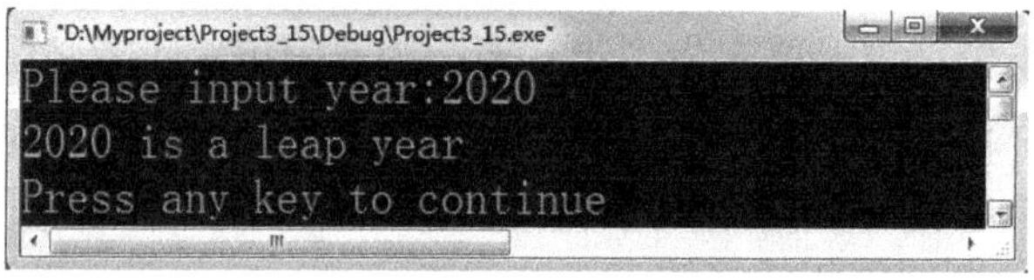

图 3-22 【案例 3.15】运行结果(2)

> **多学一点**
> (1)程序的最后一个 if 语句的 if(leap)为什么不写成 if(leap==1)？
> (2)本例中通过引入标志变量 leap 来表示两种不同状态值的方法，对优化程序和提高程序的可读性非常有效，希望读者能够理解并掌握。

从图 3-20 可以看到，对闰年进行判断时有四个可能的出口。上述程序代码的写法可以理解为对四个可能的出口从左到右扫描得到，那么若对四个可能的出口从右到左扫描则也可以将程序中第 7~16 行改写成以下的 if 语句：

```
if(year%4!=0)    leap=0;
else if(year%100!=0)    leap=1;
else if(year%400!=0)    leap=0;
else                    leap=1;
```

也可以用一个逻辑表达式包含所有的闰年条件，将上述 if 语句用下面的 if 语句代替：

```
if((year%4==0&&year%100!=0) || (year%400==0)) leap=1;
else leap=0;
```

【案例 3.16】 求下列分段函数的值：

$$y = \begin{cases} 3+2x & 0.5 \leq x < 1.5 \\ 3-2x & 1.5 \leq x < 2.5 \\ 3 \times 2x & 2.5 \leq x < 3.5 \\ \dfrac{3}{2x} & 3.5 \leq x < 4.5 \end{cases}$$

分析：上述的分段函数可以看成一个多分支选择问题，有以下两种解法。

解法一：利用 if 语句的嵌套所对应的源程序。

```c
#include <stdio.h>
int main()
{
    float x, y;
    printf("Please input x:");
    scanf("%f", &x);
    if(x<0.5 || x>=4.5)
        printf("x error\n");
    else
    {
        if(x<1.5)  y=3+2*x;
```

```
            else if(x<2.5)   y=3-2*x;
            else if(x<3.5)   y=3*2*x;
            else   y=3/(2*x);
            printf("y=%f\n", y);
        }
        return 0;
    }
```

运行结果如图 3-23、图 3-24 所示。

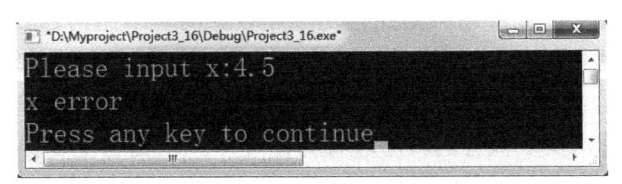

图 3-23 【案例 3.16】运行结果(1)

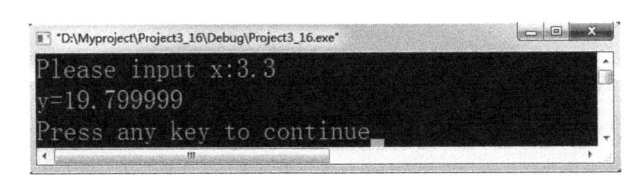

图 3-24 【案例 3.16】运行结果(2)

解法二：使用 switch 语句，注意如何完成从区间值到点的转化。观察原来四个区间的特点，可以采用把原来 x 值加上 0.5 再取整，或者把原来 x 值除以 0.5 再取整两种方法。下面是采用前面一种方法所对应的源程序：

```
#include <stdio.h>
int main()
{
    float x, y;
    printf("Please input x:");
    scanf("%f", &x);
    switch((int)(x+0.5))
    {
        case 1: y=3+2*x; printf("y=%f\n", y); break;
        case 2: y=3-2*x; printf("y=%f\n", y); break;
        case 3: y=3*2*x; printf("y=%f\n", y); break;
        case 4: y=3/(2*x); printf("y=%f\n", y); break;
        default: printf("x error\n");
    }
    return 0;
}
```

3.4 周而复始：循环结构

在前面【案例 3.9】"输入三角形的三边长，求三角形面积"中，程序每运行一次，只能输入一组线段进行处理,如果想对另一组线段进行处理,只能再次运行程序。能否在不退出程序的情况下,让用户可以连续输入多组线段进行处理,直到用户按 Y 或 y 键使程序结束运行退出?答案是肯定的,只需使用下面介绍的循环结构即可。

　　循环结构又称重复结构,可用来完成重复性、规律性的操作。在用计算机解决许多实际问题时都会涉及重复执行的操作步骤和相应算法,如要输入全校学生成绩;求若干个数之和及乘积;数值计算中的方程迭代;统计报表打印,等等。有时,重复处理的次数是已知的;有时,重复处理的次数是未知的。不管怎样,此时的程序设计中都要用到循环结构。几乎所有实用的程序都包含循环,循环结构是结构化程序设计的基本结构之一,它和顺序结构、选择结构共同作为各种复杂程序的基本构造单元。

　　循环结构的特点是:在给定条件成立时,反复执行某程序段,直到条件不成立为止。给定的条件称为循环条件,反复执行的程序段称为循环体。C 语言主要提供了 while、do-while 和 for 三种循环语句,来组成各种不同形式的循环结构。

3.4.1　while 循环

while 语句的一般形式为:

```
while(表达式) 语句
```

其中,表达式是循环条件,语句为循环体。

while 语句的语义是:计算表达式的值,当值为真(非 0)时,执行循环体语句。其执行过程如图 3-25(a)、图 3-25(b)所示。其实在 3.1 节中已经介绍了用它来计算 1+2+…+100 的和,建议在学习以下内容之前先复习 3.1 节的内容。

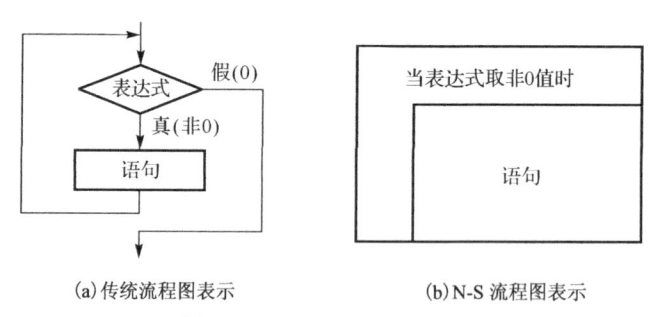

(a)传统流程图表示　　(b)N-S 流程图表示

图 3-25　while 语句执行过程

【案例 3.17】 用 while 语句求 $n!=1\times2\times3\times\cdots\times n$ 的值。

分析:这是一个累乘求积的问题,与累加求和类似。引入变量 fac 和 i 分别表示被乘数和乘数,积也用变量 fac 表示,则求 $n!=1\times2\times3\times\cdots\times n$ 可以转化为对语句:

```
fac=fac*i;
```

的多次反复运行。令 fac 的初值为 1,并让 i 从 1 变化到 n,即可得到 $n!$ 的值。

用传统流程图描述算法,如图 3-26 所示。

源程序如下:

```
01 #include <stdio.h>
02 int main()
03 {
```

```
04    int i=1, n;              /*定义i和n变量，并为i赋初值*/
05    long int fac=1;          /*因阶乘值取值范围较大，故fac定义为长整型，并赋初
                                 值1。其中04、05两行为循环初始化部分*/
06    printf("Please input n:");
07    scanf("%d", &n);         /*输入n值*/
08    while(i<=n)              /*先判断后执行，循环n次。本行为循环控制部分*/
09    {
10       fac=fac*i;            /*做累乘运算*/
11       i++;                  /*累乘次数计数器加1。本行为循环条件的修改语句*/
12    }                        /*以上花括号内为循环体*/
13    printf("%ld\n", fac);    /*以长整型格式输出计算结果，即n的阶乘值*/
14    return 0;
15 }
```

运行结果如图 3-27 所示。

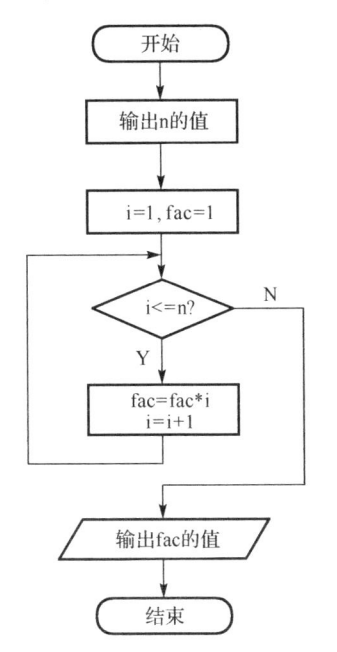

图 3-26 【案例 3.17】算法描述　　　　图 3-27 【案例 3.17】运行结果

思考：若把循环体中的两个语句即 10 行和 11 行对调，对结果有什么影响？若要保持原结果不变，应对前面的程序段做何修改？

说明：

(1) 从上例中可以看出，一个循环的基本组成应有以下三个部分。

① 循环的初始化部分：建立循环首次执行所必需的条件，包括循环操作中的初值和控制循环的初值两个部分。

② 循环控制部分：其核心为一个条件判断。这个条件一般是关系表达式或逻辑表达式，只要表达式的值为真(非0)即表示条件成立，可继续循环。

③ 循环体部分：循环中要反复执行的操作，同时包括控制循环条件的修改语句，以保证循环正常结束，避免出现死循环(若把 11 行中的 i++;去掉，则出现死循环，此时只能按

Ctrl+Break 组合键终止程序运行)。

(2)注意到初始化部分中 05 行：如果 fac 定义为 long int 仍有可能出现数据溢出现象，则可以定义其数据类型为 float，甚至为 double。另外，因为 fac 充当累乘器，一般初始化为 1；而累加器，一般初始化为 0。

(3)while 语句的特点是先判断表达式，后执行语句，即先计算表达式的值，当值为真(非0)时，执行循环体语句。因此，如果表达式的值一开始就为"假"，则循环体一次也不执行。

(4)如果循环体有一个以上的语句，则必须用{ }括起来，组成复合语句。

试一试

请在【案例 3.17】的基础上完成下列各题：

(1) 求 $1 \times 3 \times 5 \times 7 \times \cdots \times (2n+1)$。

(2) 求 $1!+2!+3!+\cdots+n!$。

提示：通过观察【案例 3.17】中循环体语句的执行情况可知，第 i 次循环后的结果刚好是 $i!$。

(3) 求 $1!+3!+5!+\cdots+(2n+1)!$。

【案例 3.18】角度的余弦值可以利用下面的无穷级数计算出来：

$$\cos(x) \approx 1 - x^2/2! + x^4/4! - x^6/6! + x^8/8! - \cdots$$

编程序从键盘读取一个角度 x(单位为弧度)计算 $\cos(x)$ 的近似值，直到最后一项的绝对值小于 10^{-5} 为止。

分析：通过观察，我们可把此级数看成对若干项的累加求和，其中每一项由符号、分子和分母组成。因此编程的基本思想是：不断求级数的部分和，直到后面准备加进去的项的绝对值小于 1e-5 为止，否则加进去后计算下一项。

```c
#include <math.h>                          /*包含使用数学库函数所对应的头文件*/
#include <stdio.h>
int main()
{
    float a=1.0,b=1.0,x,term=1.0,s=0.0;   /*a、b、term 分别代表分子、分母及某一项*/
    int m=2,sign=1;                        /*sign 代表符号*/
    printf("Please input the value of x:");
    scanf("%f",&x);                        /*角度 x 的单位为弧度*/
    while(fabs(term)>=1e-5)
    {
      s=s+term;
      sign=-sign;
      a=a*x*x;
      b=b*m*(m-1);
      term=sign*a/b;
      m=m+2;
    }
    printf("cos(%f)=%f\n",x,s);
    return 0;
}
```

运行结果如图 3-28、图 3-29 所示。

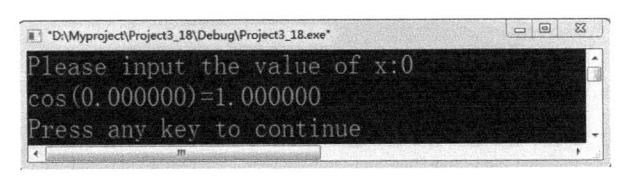

图 3-28 【案例 3.18】运行结果(1)

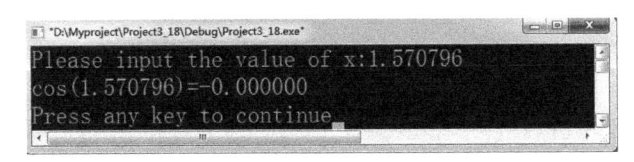

图 3-29 【案例 3.18】运行结果(2)

思考：(1)分母 b 是否可以定义为 int 类型？(2)循环中语句 s=s+term;能否移到语句 term=sign*a/b;的后面？

说明：本例的上述解法具有一般性，即适用于类似的级数求和问题。但本例比较特殊：后一项与前一项的比为一个与项数 i 有关的数据 (-1)*x*x/(2*i-1)/(2*i)，这样在求出前一项的基础上可以很容易地推导出后一项。本例的第二种解法代码如下：

```c
#include <math.h>
#include <stdio.h>
int main()
{
    float s=0.0, term=1.0, x;
    int i=1;
    printf("Please input the value of x:");
    scanf("%f", &x);
    while(fabs(term)>=1e-5)
    {
        s+=term;
        term=term*(-1)*x*x/(2*i-1)/(2*i);
        i++;
    }
    printf("cos(%f)=%f\n", x, s);
    return 0;
}
```

【案例 3.19】 将从键盘输入的一串字符(用#结束输入)按如下规则进行转换：
(1)如果输入的字符为大写字母，则先转换为对应的小写字母。
(2)将 a 转换为 c，将 b 转换为 d，…，将 x 转换为 z，将 y 转换为 a，将 z 转换为 b。
(3)其他字符不转换。

分析：用语句"if(ch>='A'&& ch<='Z') ch=ch+32;"可将大写字母转换为对应的小写字母；用语句"if(ch>='a'&& ch<='z') ch=ch+2;"可将小写字母转换为其后第 2 个字母；对字母 y 和 z 通过"ch=ch+2;"后，其 ASCII 码已超出小写字母的取值范围，因此必须在此基础上再减去 26 才能得到 a 和 b。

源程序如下:

```c
#include <stdio.h>
int main()
{
    char ch;
    printf("Input data:");
    ch=getchar();
    while(ch!='#')
    {
        if(ch>='A' && ch<='Z')         /*如果是大写字母*/
            ch=ch+32;                   /*转换成小写字母,其他字符不变*/
        if(ch>='a' && ch<='z')         /*如果是小写字母*/
        {
            ch=ch+2;                    /*转换成其后第2个字母*/
            if(ch>'z') ch=ch-26;       /*处理对'y'和'z'加后超范围的情况*/
        }
        putchar(ch);
        ch=getchar();
    }
    putchar('\n');
    return 0;
}
```

运行结果如图 3-30 所示。

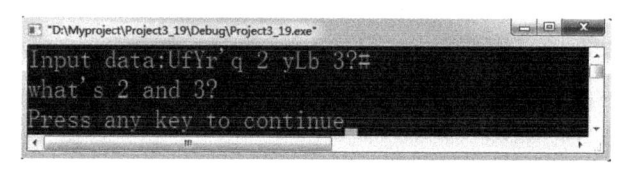

图 3-30 【案例 3.19】运行结果

说明:

(1) 程序中的第 6、7、17 行可以用 while((ch=getchar())!='#') 来代替放在原来第 6 行的位置,其他保持不变。注意:上面式子中 ch=getchar() 必须在两边加上圆括号。

(2) 本例属于解密码的问题,即将原来的字符串按照一定的规则转换后能够阅读。

3.4.2 do-while 循环

do-while 循环语句的一般形式为:

```
do {
    循环语句
}while(表达式);
```

这个循环与 while 循环的不同是:它先执行循环中的语句,然后再判断表达式是否为真,如果为真,则继续循环;如果为假,则终止循环。因此,do-while 循环至少要执行一次循环语句。其执行过程可用图 3-31(a)、图 3-31(b) 表示。

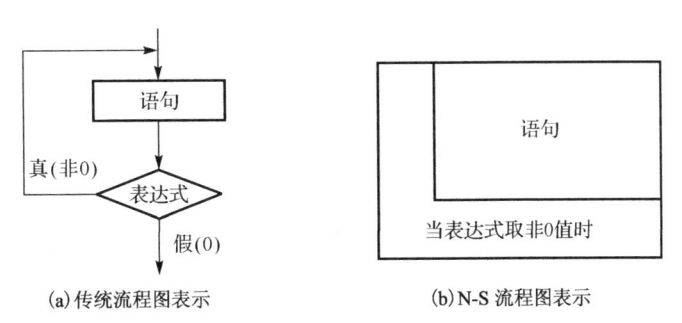

(a) 传统流程图表示   (b) N-S 流程图表示

图 3-31 do-while 语句执行过程

【案例 3.20】 用 do-while 语句求 n!=1×2×3×…×n 的值。

用传统流程图描述算法，如图 3-32 所示。

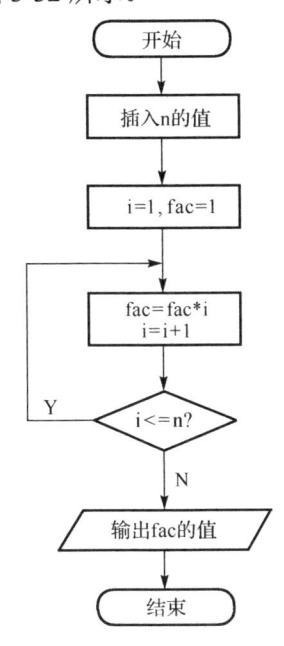

图 3-32 【案例 3.20】算法描述

源程序如下：

```c
#include <stdio.h>
int main()
{
    int i=1,n;              /*定义 i 和 n 变量，并为 i 赋初值 1*/
    long int fac=1;         /*因阶乘值取值范围较大，故 fac 定义为长整型，并赋初值 1*/
    printf("Please input n:");
    scanf("%d", &n);        /*输入 n 值*/
    do {
        fac=fac*i;          /*做累乘运算*/
        i++;                /*累乘次数计数器加 1*/
    } while(i<=n);          /*判断循环条件是否成立，共循环 n 次*/
    printf("%ld\n", fac);   /*以长整型格式输出计算结果，即 n 的阶乘值*/
    return 0;
}
```

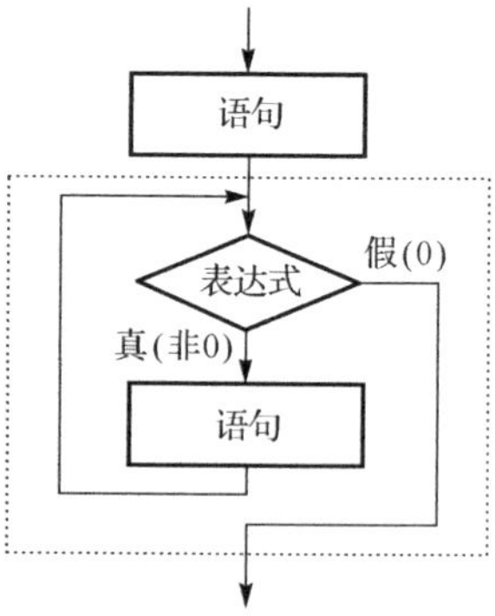

图 3-33 do-while 结构

说明：

(1) while 后的分号";"不能少。

(2) 当循环体只有一个语句时，花括号"{}"可以省略，但为了避免与 while 语句混淆，建议保留。

(3) 上述问题既可以用 while 语句处理，也可以用 do-while 语句处理。并且，在两种语句中其组成循环结构的三个部分相同，得到的结果也相同，可以认为对上述问题，while 语句与 do-while 语句是完全等价的。其实 do-while 结构是由一个语句加一个 while 结构构成的，如图 3-33 中的虚线框部分就是一个 while 结构。

这是否意味着在任何情况下两者都是等价的？除下列这种特殊情况外的其他情况是等价的：当两种语句在第一次进入循环时条件就不满足的特殊情况下是不等价的。如下列两个程序段是不等价的。

程序段 1：

```
k=11;
while(k<=10)        /*k 的初值不满足循环条件，所以循环一次也不执行*/
{ printf("k=%d", k);}
```

程序段 2：

```
k=11;
do {
    printf("k=%d", k);
}while(k<=10);      /*虽然 k 的初值不满足循环条件，但循环至少已执行一次*/
```

【案例 3.21】不断输入三角形的三边长，求三角形面积，直到用户按 Y 或 y 键使程序结束。

分析：本例中要不断输入多组线段进行处理，这是一个重复操作问题，可考虑使用循环结构。并且可以先让用户输入第一组数据进行处理，然后再由用户来决定是否继续输入下一组数据，因此本题采用 do-while 语句来编程。

源程序如下：

```
#include <stdio.h>
#include <ctype.h>
#include <math.h>
int main()
{
    float a, b, c, s, area;
    do {
        printf("Please input a,b,c:");
        scanf("%f, %f, %f", &a, &b, &c);
        if(a+b>c && a+c>b && b+c>a)
        {
            s=1.0/2*(a+b+c);
            area=sqrt(s*(s-a)*(s-b)*(s-c));
            printf("area=%7.2f\n", area);
```

```
            }
            else  printf("it is not a trilateral\n");
            printf("按 Y 或 y 键退出,按其他键继续…\n");
        }while(toupper(getch())!='Y');
        return 0;
    }
```

运行结果如图 3-34 所示。

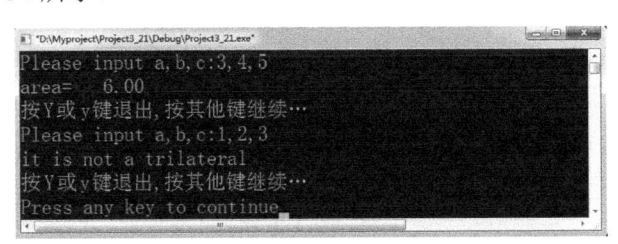

图 3-34 【案例 3.21】运行结果

思考：while(toupper(getch())!='Y');中的 getch()若改为 getchar()，运行结果如何？为什么？

说明：

(1) toupper(getch())函数调用的作用是，将 getch()函数从键盘上获得的字符转化为大写字母。它的等价式子为：getch()!='Y'&& getch()!= 'y' 。

(2) getch()函数、getche()函数和 getchar()函数三者虽然都需从键盘输入字符，但是输入方式有所不同。

ANSI C 标准把 getchar()函数定义成与基于 UNIX 的 C 兼容，它采用行缓冲(Line-buffer)输入方式，即在 getchar()函数的原始形式中，输入字符先被放到缓冲队列中，直到按回车键时才返回。按回车键以后，getchar()函数每次从输入缓冲区队列中读取一个字符进行相应的处理，这在实时交互环境中很不方便。并且在程序中涉及多次从键盘输入数据时，经常出现把前面输入的回车符作为读入字符接收而引起错误。

虽然 ANSI C 标准未定义交互输入的函数，但所有 C 编译程序都提供交互函数。例如，Turbo C 等编译程序定义了另外两个交互式的字符输入函数 getch()和 getche()。这两个函数在#include <stdio.h>中定义。

getche()函数和 getch()函数的共同点是：每次按键后，字符被立即送往程序并立即输出相应的结果，不再需要行缓冲。不同的是：在接收字符时，getch()函数在屏幕上不回显输入的字符，而 getche()函数向屏幕回显输入的字符。在交互式程序中，当需要从键盘输入字符时，常用 getch()函数或 getche()函数来代替 getchar()函数进行字符输入。

3.4.3　for 循环

在 C 语言中，还提供了更为灵活、更为常用的 for 语句，不仅可以用于循环次数已经确定的情况，而且可以用于循环次数不确定而只给出循环结束条件的情况，它完全可以取代 while 语句。它的一般形式为：

```
for(表达式 1;表达式 2;表达式 3) 语句
```

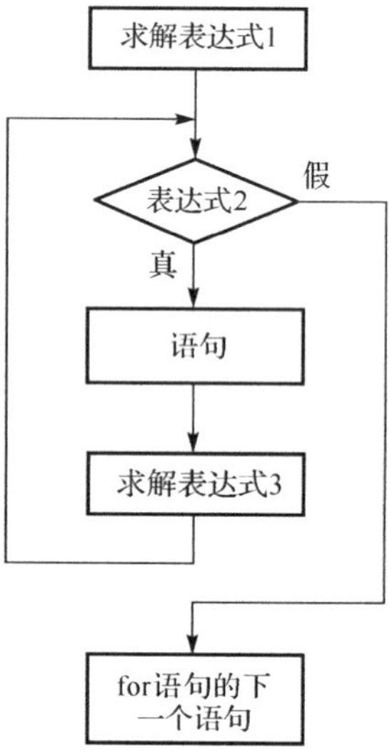

它的执行过程如下：

① 求解表达式 1。

② 求解表达式 2，若其值为真（非 0），则执行 for 语句中指定的内嵌语句，然后执行第③步；若其值为假（0），则结束循环，执行 for 语句下面的一个语句。

③ 求解表达式 3，转回上面第②步继续执行。

其执行过程如图 3-35 所示。

从 for 语句执行过程可以看出，for 语句与 while 语句是完全等价的，对于 for 循环中语句的一般形式，就是如下的 while 循环形式：

```
表达式1;
while(表达式2)
{
    语句;
    表达式3;
}
```

图 3-35 for 语句执行过程

for 语句最简单的应用形式也是最容易理解的形式如下：

```
for(循环变量赋初值;循环条件;循环变量增值) 语句
```

【案例 3.22】 用 for 语句求 $n!=1\times2\times3\times\cdots\times n$ 的值。

源程序如下：

```c
#include <stdio.h>
int main()
{
    int i, n;                         /*定义 i 和 n 变量*/
    long int fac=1;  /*因阶乘值取值范围较大，故 fac 定义为长整型，并赋初值 1*/
    printf("Please input n:")
    scanf("%d", &n);                  /*输入 n 值*/
    for(i=1; i<=n; i++)               /*先判断后执行，循环 n 次*/
    {
        fac=fac*i;                    /*做累乘运算*/
    }
    printf("%ld\n", fac);             /*以长整型格式输出 n 的阶乘值*/
    return 0;
}
```

for 语句的使用说明如下。

(1)在 for 语句中任何表达式都可以省略，但分号";"不能省略。省略部分的功能可以由其他的语句来完成。

以前面例子的 for 语句：

```
for(fac=1, i=1;i<=n;i++) fac=fac*i;
```

为例，说明以下几种等价的省略形式。

① 省略了初始化表达式，表示在 for 语句中不对循环控制变量赋初值。可改写为：

```
fac=1;i=1;
for(;i<=n;i++) fac=fac*i;
```

② 省略了循环条件表达式，则不做其他处理时便成为死循环。例如：

```
for(fac=1,i=1;;i++) fac=fac*i;
```

可改写为：

```
for(fac=1,i=1;;i++)
{
    if(i>n) break;      /*用 break 来强迫退出循环*/
    fac=fac*i;
}
```

③ 省略了变量增值表达式，则不对循环控制变量进行操作。可改写为：

```
for(fac=1,i=1;i<=n;)
{ fac=fac*i;i++;}
```

④ 对于 3 个表达式中同时省略其中 2 个或 3 个都省略的情况，请读者自己思考完成。

(2) 表达式 1 和表达式 3 既可以是一个简单表达式，也可以是逗号表达式。

```
for(i=0,j=100;i<=100;i++,j--)  k=i+j;
```

(3) 表达式 2 一般是关系表达式或逻辑表达式，但也可以是数值表达式或字符表达式，只要其值非 0，就执行循环体。

例如：

```
for(i=0;(c=getchar())!='\n';i+=c);
```

又如：

```
for(;(c=getchar())!='\n';)
    printf("%c",c);
```

(4) 循环体语句可以为空语句，此时也称为空循环，如把上面第(1)中的 for 语句改为：

```
for(fac=1,i=1;i<=n;fac=fac*i,i++);
```

空循环还常用来产生延时，以达到某种特定要求。例如：for(t=0;t<time;t++); 由于循环体为空语句，所以上面的循环只做了一件事，就是将循环变量从 0 增加到设定的数 time，然后退出循环，让循环变量空循环了 time 次，占用了一定时间，起到了延时的作用。

【案例 3.23】 求斐波那契(Fibonacci)数列：1，1，2，3，5，8，13，…，中前 40 个数。这个数列有如下特点：前两个数都为 1，从第 3 个数开始，每一个数是其前面两个数之和，即

$F_1=1$　　　　　　($n=1$)
$F_2=1$　　　　　　($n=2$)
$F_n=F_{n-1}+F_{n-2}$　　($n\geq 3$)

这是一个古典的数学问题：有一对兔子，从出生后第 3 个月起每个月都生一对兔子。小

兔子长到第 3 个月后每个月又生一对兔子。假设所有兔子都不死，问：每个月的兔子总数为多少？（请读者自己分析兔子繁殖的规律。）

解法一：根据斐波那契数列的规律，可以画出如图 3-36 所示的求解过程。

这是一种递推算法，应采用循环实现。设变量 f1、f2 和 f，并为 f1 和 f2 赋初值 1，令 f=f1+f2 得到第 3 项；将 f1←f2，f2←f，再求 f=f1+f2 得到第 4 项；依此类推求第 5 项，第 6 项，…，程序流程如图 3-37 所示。

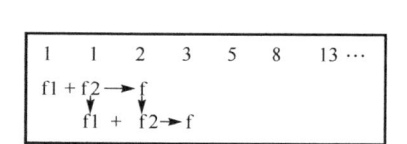

图 3-36 【案例 3.23】方法一求解过程

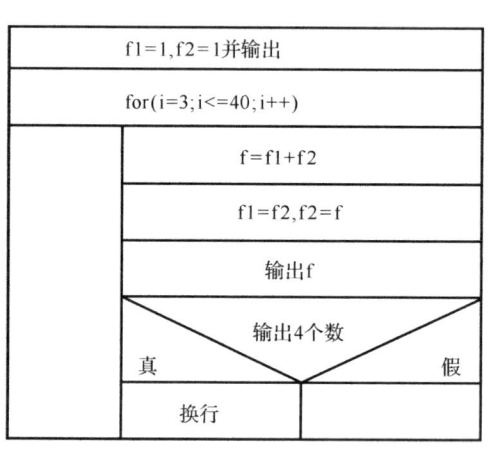

图 3-37 【案例 3.23】方法一程序流程

源程序如下：

```c
#include <stdio.h>
int main()
{
    long int f,f1,f2;
    int i;
    f1=f2=1;
    printf("%12ld%12ld", f1, f2);
    for (i=3; i<=40; i++)
    {
        f=f1+f2;
        f1=f2;
        f2=f;
        printf("%12ld", f);
        if(i%4==0)   printf("\n")      /*控制一行输出 4 个数*/
    }
    return 0;
}
```

解法二：根据斐波那契数列的规律，还可以画出如图 3-38 所示的求解过程。

图 3-38 【案例 3.23】方法二求解过程

源程序如下:

```c
#include <stdio.h>
int main()
{
    long int f1, f2;
    int i;
    f1=f2=1;
    for(i=1; i<=20; i++)          /*每循环一次输出2个数,共需循环20次*/
    {
        printf("%12ld %12ld ", f1, f2);
        if(i%2==0)   printf("\n");
        f1=f1+f2;
        f2=f2+f1;
    }
    return 0;
}
```

运行结果如图 3-39 所示。

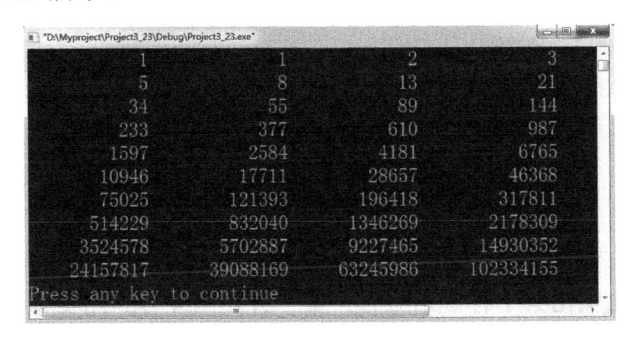

图 3-39 【案例 3.23】运行结果

3.4.4 循环的嵌套

一个循环体内又包含另一个完整的循环结构,称为循环的嵌套。内嵌的循环中还可以嵌套。三种循环(while 循环、do-while 循环和 for 循环)可以互相嵌套。利用循环的嵌套可解决相对比较复杂的问题,如矩阵的运算、二维图形的打印等。

嵌套循环执行时,先由外层循环进入内层循环,即外层循环执行一次,内层循环从头到尾执行一遍。并在内层循环终止之后接着执行外层循环,再由外层循环进入内层循环,当外层循环全部终止时,程序结束。

【案例 3.24】 下列程序用于演示嵌套循环的执行过程。

源程序如下:

```c
#include <stdio.h>
int main()
{
    int i, j;
    for (i=0; i<3; i++)      /*i 控制外循环执行 3 次*/
```

```
            {
                printf ("i=%d:  ", i );
                for (j=0; j<4; j++)              /*j控制内循环执行4次*/
                    printf("j=%-4d", j);
                printf("\n");
            }
            return 0;
        }
```

运行结果如图 3-40 所示。

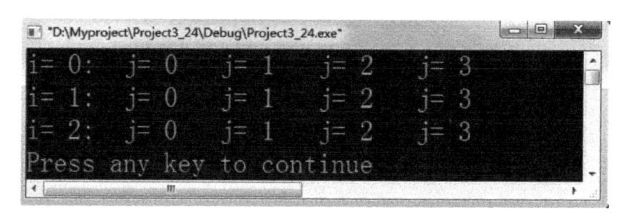

```
i= 0:  j=0    j=1    j=2    j=3
i= 1:  j=0    j=1    j=2    j=3
i= 2:  j=0    j=1    j=2    j=3
Press any key to continue
```

图 3-40 【案例 3.24】运行结果

请观察语句 printf("j= %-4d",j);的执行次数。

【案例 3.25】 编程序，输出以下图形。

```
       *******
        *****
         ***
          *
```

分析：这是一个二维图形，共有 4 行，每行由空格和星号组成：空格数按行增加，星号按行减少。问题简化为输出第 1 行，第 2 行，第 3 行，第 4 行。用变量 i 控制输出行数，从 1 变化到 4，对应的 for 循环语句为：

```
for (i=1; i<=4; i++)
{ 输出第 i 行;}
```

观察行号与空格和星号间的关系(假设第 1 行前有 1 个空格)：

第 1 行： i=1，空格个数 j=1   星号个数 j=7
第 2 行： i=2，空格个数 j=2   星号个数 j=5
第 3 行： i=3，空格个数 j=3   星号个数 j=3
第 4 行： i=4，空格个数 j=4   星号个数 j=1

可以发现规律：第 i 行的空格个数 j 刚好等于 i，星号个数 j+2*i-1=8。

用变量 j 控制输出每行的空格和星号：
j 从 1 变化到 i，每次输出一个空格。
j 从 1 变化到 8-2*i+1，每次输出一个星号。
程序流程如图 3-41 所示。
源程序如下：

```
for(i=1;i<=4;i++)
    for(j=1;j<=i;j++)
        输出一个空格
    for(j=1;j<=8-(2i-1);j++)
        输出一个星号
    换行
```

图 3-41 【案例 3.25】程序流程

```
#include <stdio.h>
int main()
{
    int i, j;
    for(i=1; i<=4; i++)
    {
        for(j=1; j<=i; j++)
            printf(" ");
        for(j=1; j<=8-(2*i-1); j++)
            printf("*");
        printf("\n");
    }
    return 0;
}
```

思考：

(1) 如何输出 10 行图形？

(2) 输出图形向右平移 20 个字符位置，应如何修改程序？

前面学习了三种循环语句，现在对它们进行比较。三种循环都可用来解决同一问题，一般情况下可以互相代替。

① while 和 do-while 循环，只在 while 后面指定循环条件，在循环体中包含应反复执行的操作语句，包括使循环趋于结束的语句(如 i++或 i+=1 等)。

for 循环可以在表达式 3 中包含使循环趋于结束的操作，甚至可以将循环体中的操作全部放到表达式 3 中。因此，for 语句的功能更强，凡用 while 循环能完成的，用 for 循环都能实现。

② 用 while 和 do-while 循环时，循环变量初始化的操作应在 while 和 do-while 语句之前完成。而 for 语句可以在表达式 1 中实现循环变量的初始化。

③ while 和 for 循环是先判断表达式，后执行语句；而 do-while 循环是先执行语句，后判断表达式。

④ 对 while 循环、do-while 循环和 for 循环，可以用 break 语句跳出循环，用 continue 语句结束本次循环(break 语句和 continue 语句见下节)

3.4.5 循环的跳转

C 语言中提供了 4 种用于控制流程转移的跳转语句：break 语句、continue 语句、goto 语句和 return 语句。其中，控制从函数返回值的 return 语句将在第 4 章中介绍。

1. break 语句

break 语句的一般形式为：

```
break;
```

break 语句的执行过程是终止对 switch 语句或循环语句的执行，即跳出 switch 结构或循环体结构，而转移到其后的语句处执行。

说明：break 语句只用于循环语句或 switch 语句中。在循环语句中，break 语句常常与 if 语句一起使用，表示当条件满足时，立即终止循环。应该注意的是，break 语句不是跳出 if 语句，而是跳出循环结构。并且在嵌套循环时，break 语句只能跳出其所在的循环，而不能一下子跳出多层循环。break 语句及 continue 语句对循环控制的影响如图 3-42 所示。

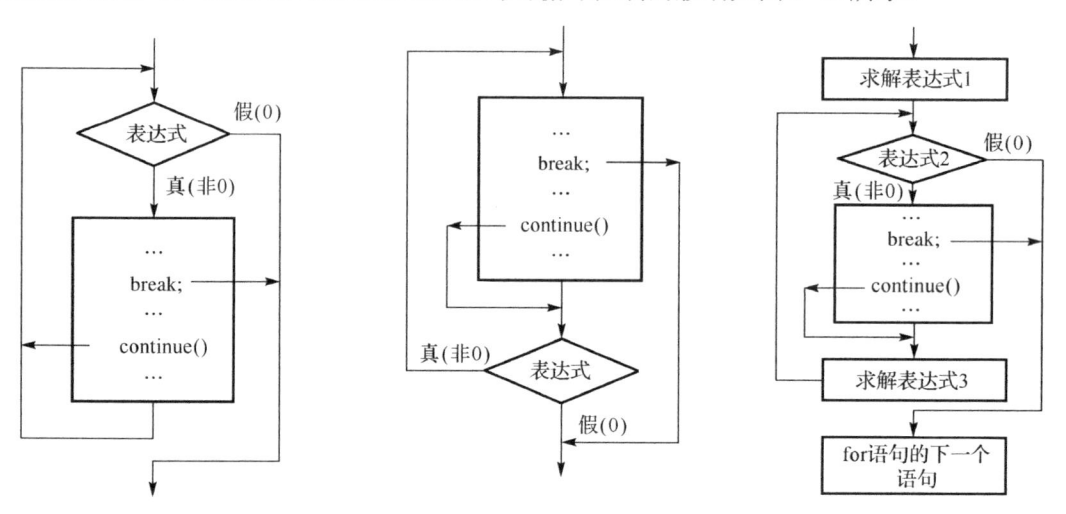

图 3-42　break 语句及 continue 语句对循环控制的影响

利用 break 语句的功能，可以比较灵活地控制一个循环的执行与结束，对优化算法和提高程序的可用性是非常有效的。如在实际程序设计中经常涉及：由用户自己来决定是否继续重复某些操作，可用下列程序段来完成。

```
do {
  …;     /*需要重复的某些操作所对应的代码*/
  printf("Do you want to exit from the program(Y or N)?:");
  if(toupper(getch())=='Y')   break;
} while(1);
```

试一试

利用 break 语句的功能改写【案例 3.21】。

【案例 3.26】 编程判断从键盘输入的自然数 m(大于 1)是不是素数。素数(质数)是指除了 1 和它本身外，没有其他因子大于 1 的数。

分析：根据素数的定义，得到判断 m 是否为素数的方法：把 m 作为被除数，用 i=2~k(k 取 m-1)依次作为除数，判断 m 除以 i 的结果。若发现某一次余数为 0，即 m 能被某一个 i 整除，说明 m 不是素数，此时循环可提前结束(对应 i 必然小于或等于 k)；反之，若余数都不为 0，即 m 不能被任一个 i 整除，说明 m 是素数，此时循环正常结束(对应 i 必然大于或等于 k+1)。

实际上，根据数学方法证明的结果，要判断 m 是否素数，只要让 m 不断除以 2~m 的算术平方根即可(令 k 取 m 的算术平方根)。

程序流程如图 3-43 所示。

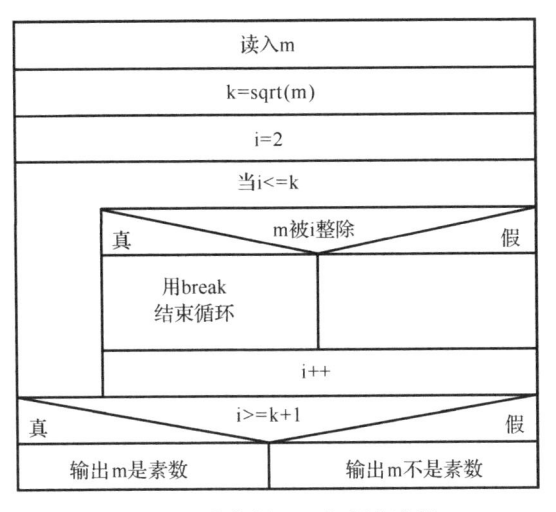

读入m
k=sqrt(m)
i=2
当i<=k
真　　　m被i整除　　　假 用break 结束循环
i++
真　　i>=k+1　　假
输出m是素数　　　输出m不是素数

图 3-43 【案例 3.26】程序流程

源程序如下:

```
01  #include <stdio.h>
02  #include <math.h>
03  int main()
04  {
05    int m, i, k;
06    printf("Input m(>1):");
07    scanf("%d", &m);
08    k=sqrt(m);                          /*取m的算术平方根*/
09    for(i=2; i<=k; i++)                 /*用2, 3, …, k去试*/
10      if(m % i==0) break;               /*若找到因子提前退出循环*/
11    if(i>=k+1) printf("%d is a prime number \n", m);
                                          /*若i>=k+1,表明循环正常结束,即没找到因子*/
12    else printf("%d is not a prime number\n", m);
                                          /*若i<=k,表明循环提前结束,即找到因子*/
13    return 0;
14  }
```

运行结果如图 3-44、图 3-45 所示。

```
Input m(>1):30
30 is not a prime number
Press any key to continue
```

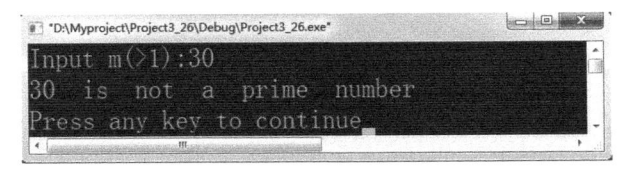

图 3-44 【案例 3.26】运行结果(1)

```
Input m(>1):19
19 is a prime number
Press any key to continue
```

图 3-45 【案例 3.26】运行结果(2)

说明：

(1) 对于本例中每一个要判断的数，结果为素数与非素数两种之一。因此，可以考虑使用标志变量 flag，默认值取 1 对应要判断的数为素数的情况。此时可对原程序修改如下：05 行改为 int m, i, k, flag=1;，10 行改为 if(m % i= =0) {flag=0;break;}，11 行的 if(i>=k+1) 改为 if(flag)。

(2) 在上述两种方法中都使用了 break 语句，对循环的控制变得更加灵活了，但也使得循环体本身形成了两个可能的出口，这不是一个好的选择，所以应尽量少使用或不使用它们。其实在很多情况下，采用设置标志变量并加强循环测试的方法是完全可以避免使用 break 语句的。例如，可对原程序做如下修改：05 行改为 int m, i, k, flag=1;，09 行改为 for(i=2; i<=k&&flag; i++)，10 行改为 if(m % i= =0) flag=0;，11 行的 if(i>=k+1) 改为 if(flag)。

2. continue 语句

continue 语句的一般形式为：

```
continue;
```

其作用为结束本次循环。对于 while 和 do-while 循环，跳过循环体中其余语句，转向循环终止条件的判断；而对 for 循环，跳过循环体中其余语句，转向执行表达式 3。continue 语句对循环控制的影响如图 3-42 所示。

continue 语句只能用于循环语句中，并常常与 if 语句一起使用。在嵌套循环时，continue 语句只对包含它的循环层有作用，与其他循环层无关。

continue 语句和 break 语句的区别是：continue 语句只结束本次循环，而不是终止整个循环的执行，并没有增加循环的出口；而 break 语句则是结束循环，不再进行条件判断，可能增加循环的出口。

【案例 3.27】 输出所有的"水仙花数"，所谓"水仙花数"是指一个 3 位数，其各位数字立方和等于该数本身。例如，153 是"水仙花数"，因为 $153=1^3+5^3+3^3$。

分析：首先确定水仙花数 n 可能存在的范围，因为 n 是一个 3 位数，所以范围确定为 n 从 100 变化到 999，分离出的百位 i、十位 j、个位 k 后，只要判断 n 是否等于 i*i*i+j*j*j+k*k*k 即可知道 n 是否为水仙花数。

源程序如下：

```c
#include <stdio.h>
int main()
{
    int i, j, k, n;
    printf("narcissus numbers are:");
    for(n=100; n<=999; n++)
    {
        i=n/100;
        j=n/10-i*10;
        k=n%10;
        if(n!=i*i*i+j*j*j+k*k*k)  continue;
        printf("%d ", n);
```

```
        }
        printf("\n");
        return 0;
}
```

运行结果如图 3-46 所示。

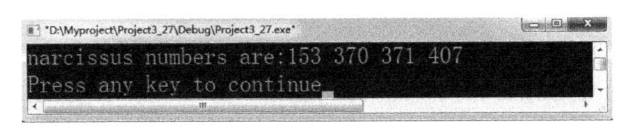

图 3-46 【案例 3.27】运行结果

说明：

(1) 本例中的两个语句：

```
    if(n!=i*i*i+j*j*j+k*k*k) continue;
    printf("%d",n);
```

可以改用 if 语句完成：

```
    if(n==i*i*i+j*j*j+k*k*k) printf("%d",n);
```

事实上，continue 语句的功能常常可以由其他的语句来代替实现。根据 continue 语句的功能：

```
    if(条件A) continue;
    语句序列B;
```

可以改写为：

```
    if(!(条件A))   语句序列B;
```

(2) 求 3 位数的百位、十位及个位还有多种方法，如十位 j 还可以用下列方法来求：

```
    j=n/10%10;   或 j=n%100/10;   或 j=(n-i*100)/10;
```

请读者思考如何求一个 4 位数的各位数字。

3. goto 语句

goto 语句是无条件转移语句,可用来实现程序的任意转移。它的一般形式为：

```
            goto 语句标号;                     语句标号:语句;
                           …                                    或                       …
            语句标号:语句;                     goto 语句标号;
```

其中，"语句标号"是一个有效的标识符，这个标识符加上一个":"一起出现在函数内某处，执行 goto 语句时，程序将无条件跳转到标号处并执行其后的语句。另外，标号必须与 goto 语句同处于一个函数中，但可以不在一个循环层中。通常，goto 语句与 if 分支语句连用，当满足某一条件时，程序跳到标号处运行，比如它们可用来构成循环。

【案例 3.28】 用 goto 语句求 $n!=1×2×3×\cdots×n$ 的值。

源程序如下：

```
    #include <stdio.h>
    int main()
    {
```

```
        int i=1, n;
        long int fac=1;
        printf("Please input n:");
        scanf("%d", &n);
        loop: if(i<=n)   /*其中"loop:"是标号语句,"loop"是语句标号*/
        {
            fac=fac*i;
            i++;
            goto loop;    /*其中"goto loop;"称为 goto 语句*/
        }
        printf("%ld\n", fac);
        return 0;
    }
```

说明:

(1) 语句标号是一个标识符,应按标识符的命名规则来命名。整数是不能作为语句标号的。

(2) goto 语句能实现程序无条件转移,为编程提供了便利。但是,无限制地使用会破坏程序的结构化程度,因此应限制使用。结构化程序设计规定,尽量不要使用多于一个的 goto 语句标号,同时只允许在一个"单入口单出口"的模块内用 goto 语句向前跳转,不允许回跳。

(3) goto 语句通常使用在多重循环结构的内层循环体中,用来解决从内层循环体直接跳到外层循环之外的问题,它比通常的设置标志,再用 break 语句逐层退出,逐层判断更为快捷。

【案例 3.29】 下列程序用来实现不断地从键盘上输入若干行字符并输出。每行字符按回车键结束,若按 Esc 键,则表示全部输入完毕。

源程序如下:

```
#include <stdio.h>
int main()
{
    int i=0;
    char c;
    while(1)                    /*设置循环,循环条件为永真式*/
    {
        c='\0';                 /*变量赋初值*/
        while(c!=13)            /*键盘接收字符直到按回车键,回车键的ASCII 码为13*/
        {
            c=getch();
            if(c==27)  goto quit;    /*判断若按 Esc 键则直接退出外层循环*/
            printf("%c", c);
        }
        i++;
        printf("\nThe No. of line is %d\n", i);
    }
    quit: printf("Press ESC meaning the END! The No. of last line is %d\n", i);
                        /*quit 是标识符*/
    return 0;
}
```

运行结果如图 3-47 所示。

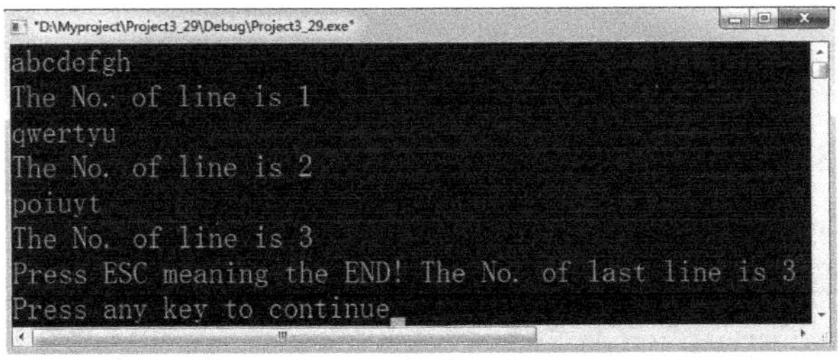

图 3-47 【案例 3.29】运行结果

思考：本题按 Esc 键时若不用语句：if(c==27)　goto quit;来直接退出外层循环，而用 break 语句逐层退出应如何写？

3.4.6　知识拓展：穷举与迭代

1．穷举

穷举法也称为枚举法，它的基本思想是：对问题的可能情况(状态)逐一测试，直至找到解或将全部可能状态都测试过为止。可用穷举法来解决的问题很多，如百钱百鸡、百马百担、换零钱等。使用穷举法的关键是确定正确的穷举的范围，范围过大，尝试次数过多，运行效率太低；范围过小，可能出错。

【案例 3.30】 百钱百鸡是我国古代数学家张丘建提出的一个著名数学问题。假设某人有 100 枚钱，希望买 100 只鸡。不同的鸡，其价格不同，公鸡 5 枚钱 1 只，母鸡 3 枚钱 1 只，而小鸡 3 只 1 枚钱。试问：如果用 100 枚钱买 100 只鸡，可以买几只公鸡、几只母鸡和几只小鸡？

分析：法一：该问题有 3 个变量，公鸡数 x、母鸡数 y 及小鸡数 z，但只能列出两个方程：

$$\begin{cases} x+y+z=100 \\ 5x+3y+z/3=100 \end{cases}$$

这是一个不定方程，解决这类问题，可以先设 x 的值，再设 y 的值，找出满足条件 z 的值。为找出所有的解答，需要验证所有满足条件的取值。因此，x 应该从 0 循环到 20(第 2 个方程约束条件)，在 x 循环的内层 y 从 0 循环到 33，在 y 循环的内层 z 从 0 循环到 100，如果两个方程都满足就是我们需要的解答。

源程序如下：

```
#include <stdio.h>
int main()
{
    int x, y, z;
    printf("***百鸡问题***\n");
    for(x=0; x<20; x++)
        for(y=0; y<33; y++)
            for(z=0; z<100; z+=3)
                if(5*x+3*y+z/3==100&&x+y+z==100)
                    printf("cock:%d, hen:%d, chicken:%d\n", x, y, z);
```

```
        return 0;
    }
```

运行结果如图 3-48 所示。

图 3-48 【案例 3.30】运行结果

思考：3 层循环中的最内层循环 for(z=0;z<100;z+=3) 能否改为 for(z=0;z<100;z++)？运行结果有什么不同？哪一种更为合理？

说明：上面程序使用了 3 层循环来解决问题，程序结构简单明了。但是，设计程序不仅要正确无误，还要注意执行效率。一般来说，在循环嵌套中，内层循环的次数等于该循环嵌套结构中每层循环重复次数的乘积。如上面的程序执行下来，最内层的 if 语句要执行 20×33×34 次。所以在编写程序时，需要考虑尽可能地减少循环执行的次数，特别是循环的嵌套。

法二：对于上述方程组可以导出如下方程组：

$$\begin{cases} x = 4z/3 - 100 \\ y = 100 - x - z \end{cases}$$

这样就只有 z 一个未知数了，如果知道了 z 就可以求出 x 值，进而求出 y 值。因此，只要将 z 作为循环变量就可以了。

源程序如下：

```c
#include <stdio.h>
int main()
{
    int x, y, z;
    printf("***百鸡问题***\n");
    for(z=0; z<100; z+=3)
    {
        x=4*z/3-100;
        y=100-x-z;
        if(x>=0 && y>=0)
            printf("cock:%d, hen: %d, chicken:%d\n", x, y, z);
    }
    return 0;
}
```

思考：为什么要在循环中加上条件 if(x>=0&&y>=0) 的判断才输出结果？没有这个条件可以吗？

说明：尽管每次循环执行的语句增多了，但是循环次数只有 34 次，执行效率大大提高。

2. 迭代

迭代是一个不断用新值取代变量的旧值,或由旧值递推出变量新值的过程。例如:人口增长,兔子、羊的繁殖,一元方程的迭代求解等。使用迭代法的关键是确定迭代的初始值、迭代公式和迭代次数(或精度要求)。迭代次数(或精度要求)是停止计算的条件。

【案例 3.31】 猴子吃桃子的问题:猴子第 1 天摘下若干个桃子,当即吃了一半,还不过瘾,又多吃了一个。第 2 天早上又将剩下的桃子吃掉一半,又多吃了一个。以后每天早上都吃了前一天剩下的一半零一个。到第 10 天早上想再吃时,就只剩下一个桃子。求:第 1 天共摘多少个桃子?

分析:采取迭代递推(逆向思维)的方法,由第 10 天递推到第 9 天,依次向前一直推到第 1 天。

源程序如下:

```c
#include <stdio.h>
int main()
{
    int day, x1, x2;
    day=9;
    x2=1;
    while(day>0)
    {
        x1=(x2+1)*2;      /*第 1 天的桃子是第 2 天桃子数加 1 后的 2 倍*/
        x2=x1;            /*用 x1 的新值取代变量 x2 的旧值*/
        day--;
    }
    printf("桃子总数=%d\n", x1);
    return 0;
}
```

运行结果如图 3-49 所示。

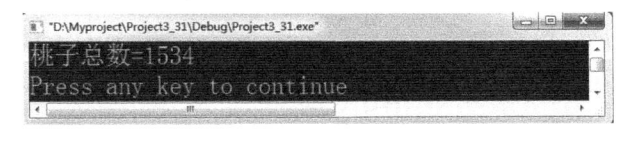

```
桃子总数=1534
Press any key to continue
```

图 3-49 【案例 3.31】运行结果

【案例 3.32】 编写程序输出以下主菜单选择界面,并可在此主菜单中重复选择选项。

```
|—————————————————————————|
|      请输入选项编号(0~7):      |
|—————————————————————————|
|         1—创建学生信息         |
|         2—显示学生信息         |
|         3—查询学生信息         |
|         4—修改学生信息         |
|         5—添加学生信息         |
```

```
|          6——删除学生信息          |
|          7——排序学生信息          |
|          0——退出                  |
|_____|
```

分析：要实现选择主菜单中的选项可考虑 switch 语句构成的分支结构。而要重复选择主菜单中的选项，则需要使用循环结构。使用哪一种循环比较好呢？由于主菜单至少要显示一次，而且随后才判断是否继续选择主菜单，所以使用 do-while 循环比较好。do-while 循环是先执行循环体，再判断表达式。

【案例 3.32】流程图如图 3-50 所示。

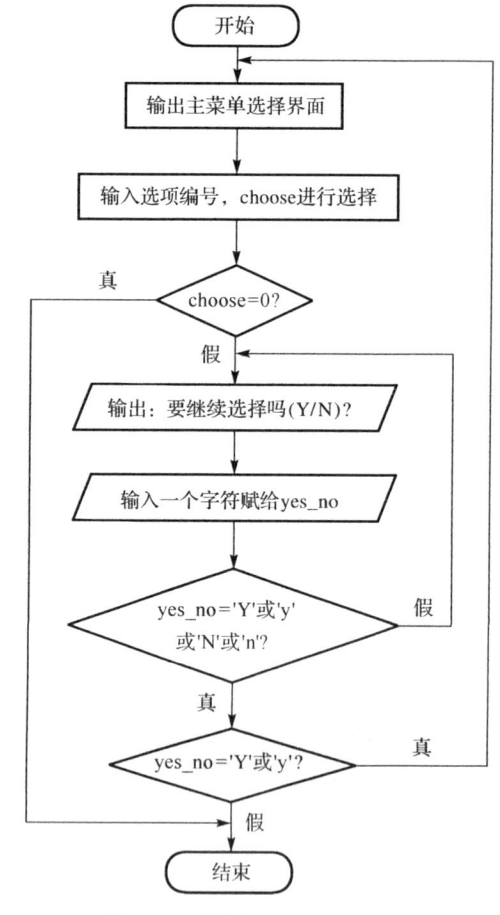

图 3-50 【案例 3.32】流程图

源程序如下：

```c
#include <stdio.h>
#include <conio.h>
int main()
{
    char choose='\0',yes_no='\0';
    do
```

```c
        {
            printf("                   |------------------------------|\n");
            printf("                   |     请输入选项编号(0-7):     |\n");
            printf("                   |------------------------------|\n");
            printf("                   |     1--创建学生信息          |\n");
            printf("                   |     2--显示学生信息          |\n");
            printf("                   |     3--查询学生信息          |\n");
            printf("                   |     4--修改学生信息          |\n");
            printf("                   |     5--添加学生信息          |\n");
            printf("                   |     6--删除学生信息          |\n");
            printf("                   |     7--排序学生信息          |\n");
            printf("                   |     0--退出                  |\n");
            printf("                   |------------------------------|\n");
            printf("                              ");
            choose=getche();
            printf("\n");
            switch(choose)
            {
                case '1': printf("                      选项为%c\n",choose);break;
                case '2': printf("                      选项为%c\n",choose);break;
                case '3': printf("                      选项为%c\n",choose);break;
                case '4': printf("                      选项为%c\n",choose);break;
                case '5': printf("                      选项为%c\n",choose);break;
                case '6': printf("                      选项为%c\n",choose);break;
                case '7': printf("                      选项为%c\n",choose);break;
                case '0': break;
                default : printf("                      %c 为非法选项! \n",choose);
            }
            if(choose=='0') break;
            printf("\n                      要继续选择吗(Y/N)?\n");
            do {
                yes_no=getch();
            }while(yes_no!='Y' && yes_no!='y'&& yes_no!='N' && yes_no!='n');
        } while(yes_no=='Y' || yes_no=='y');
        return 0;
    }
```

运行程序时,若输入 0,则退出循环,即结束程序执行;若输入 1~7 之间的整数,则显示所选择的数,并询问是否要继续。若输入 Y、y、N、n 以外的字符(认为是非法字符),则一直处于等待状态;若输入 Y 或 y,则重新显示菜单并等待输入选项,否则结束程序执行。

说明:由于所学知识的限制,本例中在 switch 语句中输入 1~7 之间的整数时,只显示所选择的数而并未真正实现所对应的功能。在学完第 4 章后,只要把所要实现的功能用一个函数来描述,然后放在 switch 语句中所对应的某一个 case 后进行调用即可。

3.5 本章小结

本章首先介绍了算法的概念及算法的描述方法，然后重点讲解了结构化程序设计的三种基本结构及相应的控制语句，包括 if-else 语句、switch 语句、while 语句、do-while 语句、for 语句、break 语句、continue 语句和 goto 语句。

对于选择结构(分支结构)的单分支与双分支情况主要使用条件语句(if 语句)来解决；而对于多分支情况，既可以使用 if 语句的嵌套形式也可以使用 switch 语句来解决。

while、do-while 和 for 语句则用于循环结构。其中，while 和 for 语句在循环顶部进行循环条件测试，如果循环条件第一次测试就为假，则循环体一次也不执行，而 do-while 语句是在循环底部进行循环条件测试，因此，do-while 语句循环至少执行一次。除非循环条件第一次测试为假，否则这三种循环语句可以相互替代。其中，更为常用、也更为灵活的是 for 语句，do-while 语句适合于构造菜单子程序，因为菜单子程序至少要执行一次，用户输入被有效响应时，菜单子程序采取相应动作；输入被无效响应时，则提示重新输入。

break、continue 和 goto 语句都可用于流程控制。其中，break 语句用于退出 switch 语句或一层循环结构，continue 语句用于结束本次循环、继续执行下一次循环，goto 语句无条件转移到标号所标识的语句处去执行。当程序需要退出多重循环时，用 goto 语句比用 break 语句更直接方便。

在调试程序过程中，如果要终止程序的执行，特别是遇到死循环时，可按 Ctrl+Break 组合键终止程序的执行。

3.6 本章常见的编程错误

1. 在 if 分支结构条件表达式的圆括号后多写了一个分号。
2. 在 if 后的复合语句中少写了花括号。
3. 在 if 条件表达式中表示相等关系时，将==误用为=。
4. 将关系运算符与数学运算符混淆，写成了≥、≤、≠，或在>=、<=、!=中间加入空格。
5. 将数学上合法的表达式误用在 C 程序中，如 if(1<=x<=4)。
6. 在 switch 语句中，每个分支需要单独处理时遗漏了 break 语句。
7. 在 switch 语句中，case 与其后的数值常量缺少空格，如 case1。
8. 在 switch 语句中，case 后使用一个区间，如 case x<3。
9. 在循环初始化时，未将计数器变量、累加(乘)器变量赋上正确的初值。
10. 在 while 与 for 后的复合语句中少写了花括号。
11. 在紧跟着 for 的圆括号外写了一个分号，使循环执行了空语句，循环体不执行任何语句，例如：

```
for(i=1;i<=n;i++);
{
    sum+=i;
}
```

12. 在紧跟着 while 的圆括号外写了一个分号，使循环执行了空语句，在第一次执行循环且循环条件为真时，导致死循环，例如：

```
while(i<=n);
{
    sum+=i;
    i++;
}
```

13. 在循环中没有改变循环控制条件的操作，导致死循环。
14. 在 do...while 语句中的 while 后忘记加上分号。
15. 使用逗号来分隔 for 中的 3 个表达式。
16. 当循环嵌套时，内层和外层使用了同一个循环控制变量。

3.7 本章习题

1. 把任意的 3 个数按大小顺序排列。请设计解决该问题的算法并用传统流程图描述出来。
2. 计算 1−1/2+1/3−1/4+…+1/99−1/100 的值。请设计解决该问题的算法并用伪代码描述出来。
3. 编程判断输入整数的正负性和奇偶性。
4. 编写解一元二次方程 $ax^2+bx+c=0$ 的完整程序。
5. 读入 4 个整数，要求按从小到大的顺序输出。
6. 输入一个不多于 5 位的正整数，编写程序，完成以下功能：
(1) 求出它是几位数。
(2) 分别打印出每一位数字。
(3) 按逆序打印出各位数字，例如原数为 321，应输出 123。
7. 在屏幕上显示一张如下所示的时间表：

```
*****Time*****
1 morning
2 afternoon
3 night
Please enter your choice:
```

操作人员根据提示进行选择，程序根据输入的时间序号显示相应的问候信息，选择 1 时显示"Good morning"，选择 2 时显示"Good afternoon"，选择 3 时显示"Good night"，对于其他选择显示"Selection error!"，用 switch 语句编程实现。

8. 读入一个年份和月份，打印出该月有多少天(考虑闰年)，用 switch 语句编程实现。
9. 已知某公司员工的保底薪水为 500 元，某月所接工程的利润 profit(整数)与利润提成的关系如下(计量单位：元)：

profit≤1000   没有提成；
1000＜profit≤2000   提成 10%；
2000＜profit≤5000   提成 15%；

5000＜profit≤10000　　　　提成 20%；

10000＜profit　　　　　　　提成 25%

输入某公司员工某月所接工程的利润，计算所对应的月工资。分别用 if 语句和 switch 语句编程实现。

10．编程计算 1×2×3+3×4×5+…+99×100×101 的值。

11．编程计算 1!+2!+3!+4!+…+10!的值。

12．编程计算 $a+aa+aaa+\cdots+aaa\cdots a$（$n$ 个 a）的值，n 和 a 的值由键盘输入。

13．利用泰勒级数：$\sin(x) \approx x - x^3/3! + x^5/5! - x^7/7! + x^9/9! - \cdots$，计算 $\sin(x)$ 的值，其中角度 x 的单位为弧度。要求最后一项的绝对值小于 10^{-5}，并统计出此时累加了多少项。试编程加以实现。

14．韩信点兵。韩信有一队兵，他想知道有多少人，便让士兵排队报数。按从 1 至 5 报数，最末一个士兵报的数为 1；按从 1 至 6 报数，最末一个士兵报的数为 5；按从 1 至 7 报数，最末一个士兵报的数为 4；按从 1 至 11 报数，最末一个士兵报的数为 10。韩信至少有多少兵？

15．一个数如果恰好等于它的因子之和，这个数就称为"完数"。例如，6 的因子为 1、2、3，而 6=1+2+3，因此 6 是"完数"。编程序找出 1000 以内的所有完数，并按下面格式输出因子：

```
6 its factors are 1,2,3
```

16．一个球从 100m 高度自由落下，每次落地后反跳回原高度的一半，再落下，再反弹。求它在第 10 次落地时，共经过多少米？第 10 次反弹多高？

17．编程设计一个简单的计算器程序，要求根据用户从键盘输入的表达式：

```
操作数1   运算符op   操作数2
```

计算表达式的值，指定的运算符为加(+)、减(-)、乘(*)、除(/)。

18．输入一行字符，分别统计出其中英文字母、空格、数字和其他字符的个数。

19．译密码。为使电文保密，往往按一定规律将其转换成密码，收报人再按约定的规律将其译回原文。例如，可以按以下规律将电文变成密码：

将字母 A 变成 E，字母 a 变成 e，即变成其后的第 4 个字母，W 变成 A，X 变成 B，Y 变成 C，Z 变成 D。

字母按上述规律转换，非字母字符不变。例如，"China!"转换成"Glmre!"。

20．准备客票：某铁路线上共有 n 个车站，需准备多少种车票？

21．编程求 100～200 间的全部素数。

22．三色球问题。若一个口袋中放有 12 个球，其中有 3 个红色的、3 个白色的、6 个黑色的，从中任取 8 个球，问：共有多少种不同的颜色搭配？

23．鸡兔同笼，共有 98 个头、386 只脚，编程求鸡、兔各多少只。

24．两个乒乓球队进行比赛，各出 3 人。甲队为 A、B、C 3 人，乙队为 X、Y、Z 3 人。已抽签决定比赛名单。有人向队员打听比赛的名单，A 说他不和 X 比，C 说他不和 X、Z 比，请编程找出 3 对赛手的名单。

25．编程输出如下的上三角形式的九九乘法表。

```
 1  2  3  4  5  6  7  8  9
 -  -  -  -  -  -  -  -  -
 1  2  3  4  5  6  7  8  9
    4  6  8 10 12 14 16 18
       9 12 15 18 21 24 27
         16 20 24 28 32 36
            25 30 35 40 45
               36 42 48 54
                  49 56 63
                     64 72
                        81
```

26. 编写一个只要输入 4 位数的年份和该年的元旦是星期几，就可打印全年日历的程序。如 2000 年的日历。

```
**********2000年日历**********
============1 月份============
SUN  MON  TUE  WED  TUR  FRI  SAT
                              1
 2    3    4    5    6    7    8
 9   10   11   12   13   14   15
16   17   18   19   20   21   22
23   24   25   26   27   28   29
30   31
```

第 4 章　模块化程序设计

> **本章导引**

通过前几章的学习，相信读者会编写一些简单的 C 语言程序了。但是，随着程序功能的增多，main()函数中的代码也会越来越长，导致 main()函数中的代码繁杂、可读性太差，维护也变得很困难。此时，可以将功能相同的代码提取出来，形成模块化代码，在需要时直接调用，这会大大提高开发效率和程序的健壮性，而函数正是实现模块化的重要手段之一。本章将针对函数的相关知识进行详细讲解，并介绍几种常用的编译预处理技术。灵活地使用编译预处理有利于程序的模块化，使代码可读性强且易于调试和移植。

4.1　功能封装：函数

4.1.1　函数的含义

面对较为复杂的 main()函数，人们自然会想到使用"组装"的办法来简化程序设计的过程，这就好比组装一部计算机一样，事先生产好各种部件(如主板、CPU、硬盘等)，需要的时候直接拿出来组装就可以了，用不着临时生产，这其实就是典型的模块化思想。对应于程序而言，在设计实现时，将功能相同的代码提取出来并模块化，使之成为程序中的一个独立实体，在需要的时候直接调用，这就是函数。

其实，对于"函数"一词应不陌生，在中学就学习过数学中的函数：$y=f(x)$(其中，f 为函数名，x 为自变量，y 为因变量)。但程序设计中的函数不局限于计算，还可以进行判断推理(如排序、查找等)。函数是 C 语言中模块化编程的最小单位，可以把每个函数看成一个模块(Module)。

一个完整的 C 程序项目由一个或多个源文件组成，而一个源文件又可以由一个或多个函数组成。

正如著名科学家 Geoffrey James 在他的《编程之道》中写道："一个程序应该是轻灵自由的，它的子过程就像串在一根线上的珍珠。"子过程在 C 语言中被称为函数。程序的执行从 main()函数的入口开始，到 main()函数的出口结束，中间往复、循环、迭代地调用一个又一个函数。可以说，是一个个函数的相互调用构成了程序，如图 4-1 所示。

在 C 语言的世界中，函数可以分为以下三大类。

(1)标准库函数：ANSI/ISO C 定义的标准库函数，凡是符合 ANSI C 标准的 C 语言的编译器，都必须提供这些函数，如之前所学过的 printf()、scanf()函数等。

```
                    ┌──────┐
                    │ C程序 │
                    └──┬───┘
        ┌──────────────┼──────────────┐
    ┌───────┐      ┌───────┐      ┌───────┐
    │源文件1│  ... │源文件i│  ... │源文件n│
    └───────┘      └───┬───┘      └───────┘
                   ┌───────┐
                   │ 主函数 │
                   └───┬───┘
        ┌──────────────┼──────────────┐
    ┌──────┐       ┌──────┐       ┌──────┐
    │ 函数1 │      │ 函数2 │      │ 函数3 │
    └───┬──┘       └──────┘       └───┬──┘
     ┌──┴──┐                  ┌───────┼───────┐
  ┌─────┐┌─────┐         ┌─────┐┌─────┐┌─────┐
  │函数1-1││函数1-2│       │函数3-1││函数3-2││函数3-3│
  └─────┘└─────┘         └─────┘└─────┘└─────┘
```

图 4-1 C 程序的模块化

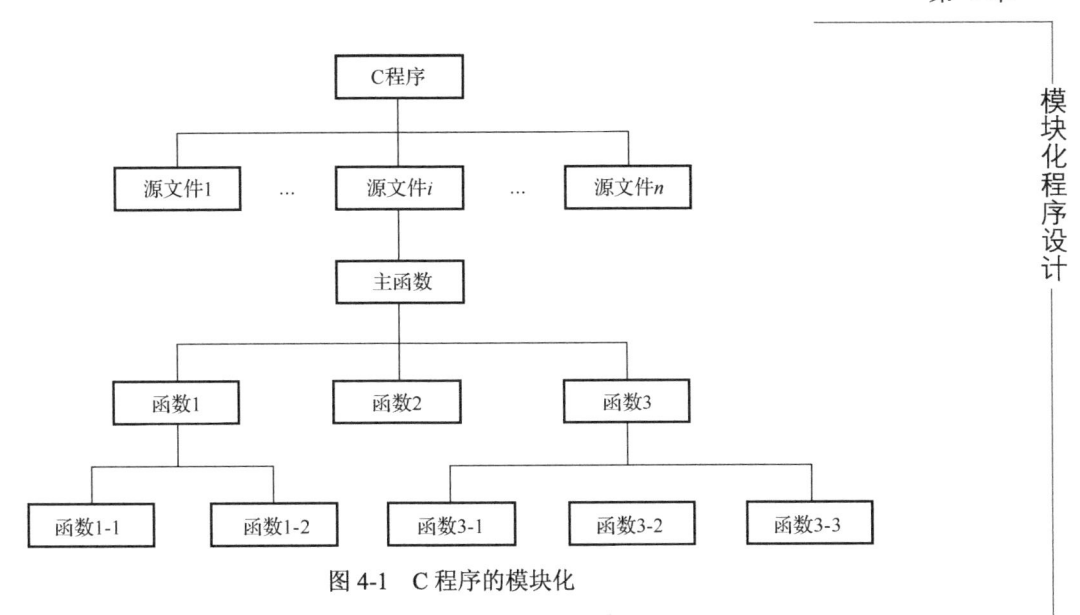

(2) 第三方库函数：由其他厂商自行开发的能扩充 C 语言的功能的函数，能大大扩充 C 语言在图形、数据库等方面的功能，用于完成 ANSI C 未提供的功能，是 ANSI C 的有益补充。

(3) 自定义函数：程序员根据实际需要自行编写的函数。本章重点介绍此类函数。

4.1.2 函数的定义和调用

定义一个函数的具体语法格式如下：

```
返回值类型 函数名([[参数类型 参数名1],[参数类型 参数名2],…,[参数类型 参数名n]])
{
    执行语句
    …
    [return 返回值;]
}
```

在上述的定义格式中，第一行称为**函数头**，花括号中的部分称为**函数体**，[ ]代表该部分可省略。其中的各部分说明如下。

- 返回值类型：用于限定函数返回值的数据类型。
- 函数名：表示函数的名称，应做到"见名知义"，并根据标识符命名规范来定义。
- 参数类型：用于限定调用函数时传入参数的数据类型。
- 参数名：用于接收调用函数时传入的数据。
- return 关键字：用于结束函数，还可以返回函数指定类型的值。
- 返回值：被 return 语句返回的值，该值会返回给调用者。如果函数没有返回值，则返回值类型要声明为 void，此时，函数体中的 return 语句可以省略不写。

在上面的语法格式中，函数中的"[[参数类型 参数名1],[参数类型 参数名2],…,[参数类型 参数名n]]"称为参数列表，它用于描述函数在被调用时需要接收的参数。

为了更好地帮助读者理解函数的定义结构，不妨先看一个最简单的例子。

【案例 4.1】 使用函数输出："欢迎来到函数的世界！"。

定义一个函数 func()，执行屏幕上的打印：

```
void func()
{
    printf("欢迎来到函数的世界！\n");
}
```

其中，func()函数之后是一个空的括号，不带参数，称为无参函数。返回值类型为 void，代表为空，没有返回值，该函数的作用是打印语句"欢迎来到函数的世界！"。

如果简单地将【案例 4.1】程序直接运行则没有结果，原因就在于没有 main()函数，此时需要有一个类似于触发机制带来函数的"调用"。

```
#include <stdio.h>
void func()
{
    printf("欢迎来到函数的世界！\n");
}
int main()
{
    func();
    return 0;
}
```

写上 main()函数后，程序可正确运行，func()函数被成功调用，运行结果如图 4-2 所示。无参函数 func()的调用过程如图 4-3 所示。

图 4-2 【案例 4.1】运行结果

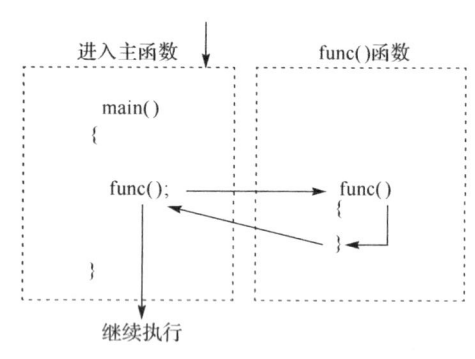

图 4-3 无参函数 func()的调用过程

程序首先从主函数开始执行，遇到"func();"语句后跳转到 func()函数，执行 func()函数体中的代码。执行完 func()函数后返回到主函数原来的调用点（即"func();"语句），接着执行调用点后面的语句，如果后面没有其他语句，则主函数执行结束。其中，main()称为主调函数，func()称为被调函数。

但很多时候，并不是这么简单的调用关系，在其中还伴随着参数的加入，此时的函数就是有参函数，例如：

【案例 4.2】 使用有参函数计算两个数的和。

```
#include <stdio.h>
void func(int x, int y)
{
```

```
        int sum = x + y;
        printf("x+y=%d\n", sum);
    }
    int main()
    {
        func(3,5);
        return 0;
    }
```

在定义上述函数 func() 时，在函数名称后面的括号中加上了两个参数变量(int x 与 int y)，这两个变量称为形式参数，简称"形参"，它们只在形式上存在，其目的是用于接收调用方传入的数据。调用方也有一个有参函数 func(3,5)，其中的 3 和 5 是实际参加运算的参数，称为实际参数，简称"实参"。在 main() 函数中调用 func() 函数时，将实参 3 和 5 传入被调函数中，形参 x 和 y 接收了这两个值，从而在被调函数 func(int x, int y) 中执行了 3+5 的操作，如图 4-4 所示，最终的运行结果如图 4-5 所示。

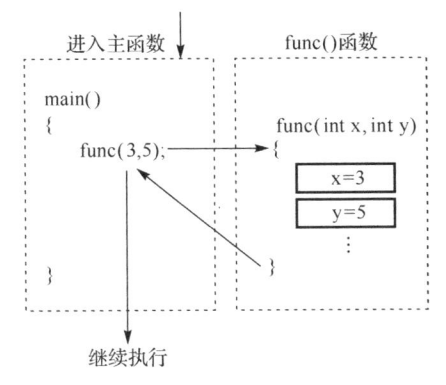

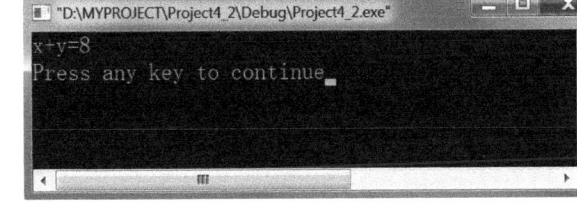

图 4-4　有参函数 func() 的调用过程　　　　图 4-5　【案例 4.2】运行结果

从图 4-4 不难看出，有参函数和无参函数的调用过程十分相似，但在调用有参函数时，需要传入实参，并将传入的实参赋值给形参，然后在被调函数中执行相应的操作，实现相应的功能。

此外，从【案例 4.2】的例子中可以看出，在主调函数的一方，主要的任务是进行函数的调用，其具体方法是：

    函数名([[实参列表 1],[实参列表 2],...]);

说明当调用一个函数时，需要明确函数名和实参列表。实参列表中的参数可以是常量、变量、表达式或者为空，多个参数之间使用英文逗号分隔。如果调用的是无参函数，实参列表为空，但是不可以省略括号。实参向形参进行传递的过程中要注意保持几个一致，即数量上的一致、类型上的一致与顺序上的一致。

但是，从上面的例子中似乎没有看见返回的作用，请继续看下面的改造：

【案例 4.2 改造】　使用带返回值的有参函数计算两个数的和。

```
    #include <stdio.h>
    int func(int x, int y)
    {
```

```
        int sum = x + y;
        return sum;
}
int main()
{
        int sum = func(3, 5);
        printf("x+y=%d\n", sum);
        return 0;
}
```

如果将代码运行,结果和【案例 4.2】是一样的,两个程序实现了同样的功能。

接下来通过一个图例来演示 func() 函数的整个调用过程及 return 语句的返回过程,如图 4-6 所示。

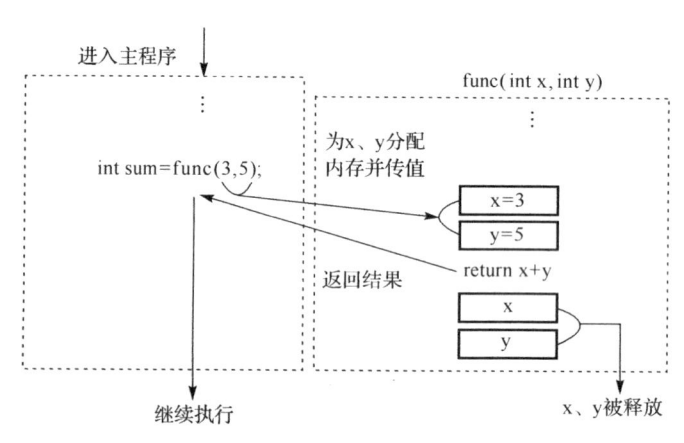

图 4-6 带返回值的有参函数 func() 的调用过程

函数的返回值是指函数被调用之后,返回给主调函数的值。从图 4-6 可以看出,在程序运行期间,参数 x 和 y 相当于在内存中定义的两个变量。当调用 func(int x, int y) 函数时,传入的参数 3 和 5 分别赋值给变量 x 和 y,并将 x+y 的结果通过 return 语句返回,整个函数的调用过程结束,变量 x 和 y 被释放。

此外,return 后也可以使用一个可计算出返回结果的表达式,具体语法格式如下:

```
return 表达式;
```

如在本改造的 func() 函数体中可直接写成:return x+y;

需要注意的是,return 后面表达式的类型和函数定义返回值的类型应保持一致,也就是说,返回的值和返回的类型要一一对应,如果不一致,则可能会报错。

多学一点

如果 return 后面表达式的类型和函数定义返回值类型不同但可以相容,则以函数定义的返回值类型优先。

如果函数没有返回值,返回值类型要声明为 void(表示空类型)。为保证程序的可读性和逻辑性,没有返回值的函数都应定义为 void。

这就好比出门打酱油，有可能发生两种情况：要么打到了酱油，就带回返回值，要么没有打到，就相当于返回为空。但是，无论是否带回返回值，人总是要回家的，因此，函数的调用最终依然遵循"开始于 main()，结束于 main()"的总原则，千万不要误以为返回类型是 void，就没有返回到主调函数了。

此外，有时会使用到一种特殊形式的函数，它的函数体为空，称为空函数。其结构是：

```
返回值类型 函数名()
{ }
```

例如：

```
void func()
{ }
```

在主调函数的一方，使用语句 func(); 调用此函数，则什么也不做，该函数没有任何实际的功能实现。那么，定义这样的函数的意义何在呢？

在实际开发中，一个较大型的系统由若干个模块构成，在起先阶段可能只设计出一些基本的模块，在今后需要扩充功能的地方写上空函数，先占住一个位置，等以后进一步补上函数体，将函数的功能实现完整。这样做，程序的结构清晰、可读性好且易于扩展。

4.1.3 函数的功能

读者可能会有疑问：上面的案例似乎在使用函数后没有实质性的好处。因此，需要进一步探究引入函数后将带来的好处，即函数的功能。函数主要具有以下三个功能。

1. 信息隐藏

信息隐藏的思想是由 David Parnas 在 1972 年提出的，它的作用是把具体操作细节对外界隐藏起来，从而使整个程序结构清楚、安全性好，就像使用电视遥控器一样，我们只需关心 ON/OFF 按钮在何处即可，不必关注开机和关机的功能是如何实现的，因为具体的功能实现被厂商隐藏起来了，这就给使用带来了无限的便利，也保护其内部细节不被知晓、不被破坏。函数的使用正是体现了这一点，如 printf()、scanf() 等库函数，其函数的具体实现与功能，系统已经预先定义好了，程序员可以按照预先定义好的函数功能直接调用，不必关心其细节功能是如何实现的。

> **多学一点　面向对象中的"类"**
>
> 在后面要学习的面向对象语言(如 C++、C#、Java 等)中，"类"的概念将无处不在。世间的万物在面向对象的世界中都可被认为是"对象"，而"类"就是具有相同特性和行为的对象的抽象，例如学校里的张三、李四同学都是对象，而"学生"就可被认为是类。学生类是一个很好的封装体，在其中定义学生的姓名、性别、年龄等信息，并将这些信息的访问权限声明为私有的(private)，从而保护每个人的信息不被外部操作随意获取和修改，起到很好的信息隐藏作用。

2. 分而治之

分而治之的思想是由 Niklaus Wirth 在 1971 年提出的，其基本思想是将较大的任务分解成若干个较小的任务，并提炼出公用任务定义成函数。每个函数分工明确，各司其职，main() 就像是一个总管函数，负责总协调和总指挥。这就有利于形成一个个模块，从而采用模块化程序设计方法，降低开发大规模软件的复杂度，同时增加程序的可读性。

正如要设计大学信息管理系统软件，不可能书写一个功能庞大的 main() 函数，而是根据现实的功能需求进行分解和"顶层设计"，如图 4-7 所示。

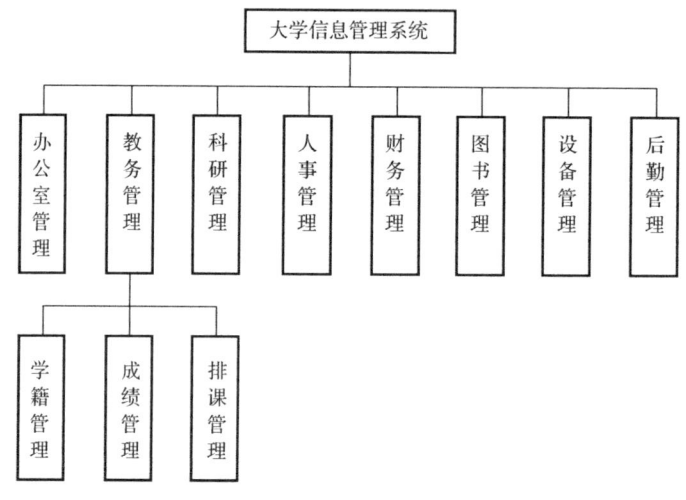

```
                    大学信息管理系统
    ┌──────┬──────┬──────┬──────┬──────┬──────┬──────┐
  办公室   教务   科研   人事   财务   图书   设备   后勤
  管理    管理   管理   管理   管理   管理   管理   管理
          ┌──────┼──────┐
         学籍   成绩   排课
         管理   管理   管理
```

图 4-7 大学信息管理系统软件结构

由此形成的相应的系统功能可采用菜单方式集结，如图 4-8 所示，每一个菜单相当于一个小功能模块，就构成了一个函数。

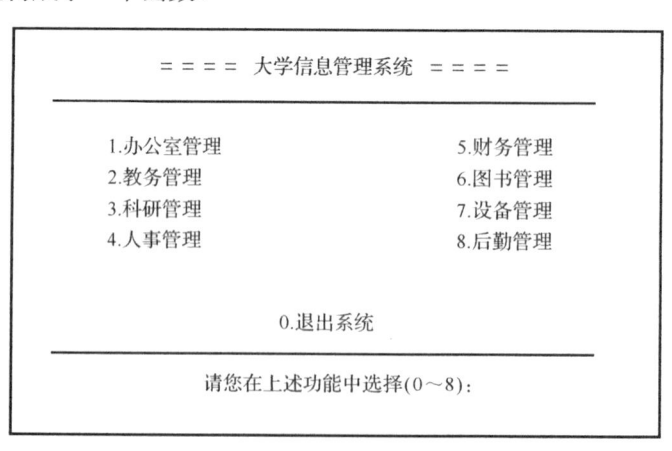

```
┌─────────────────────────────────────────┐
│   = = = =  大学信息管理系统  = = = =    │
├─────────────────────────────────────────┤
│                                         │
│   1.办公室管理              5.财务管理  │
│   2.教务管理                6.图书管理  │
│   3.科研管理                7.设备管理  │
│   4.人事管理                8.后勤管理  │
│                                         │
│              0.退出系统                 │
├─────────────────────────────────────────┤
│        请您在上述功能中选择(0～8)：     │
└─────────────────────────────────────────┘
```

图 4-8 大学信息管理系统菜单结构

在具体实现中，main() 函数中的主体是进行一个如下所示的 do...while 循环，而每一个功能都封装成相应的空函数，等以后分小组开发时对其功能进行具体的实现。这样，可使主函数结构清楚、可读性好且便于增加新的功能，体现良好的扩展性，真正达到函数"分而治之"的目的。若将所有代码都放入主函数 main() 中进行实现，则使程序的可读性与清晰性大大下降。

```
do
{
    choice = getchar();
    switch (choice)
    {
        case '1': funct1(); break;      /*办公室管理*/
        case '2': funct2(); break;      /*教务管理*/
        case '3': funct3(); break;      /*科研管理*/
        case '4': funct4(); break;      /*人事管理*/
        case '5': funct5(); break;      /*财务管理*/
        case '6': funct6(); break;      /*图书管理*/
        case '7': funct7(); break;      /*设备管理*/
        case '8': funct8(); break;      /*后勤管理*/
        case '0': exit (0);             /*返回操作系统*/
    }
} while (1);
```

3. 功能复用

功能复用的思想是由 Dough Mcilroy 在 1968 年提出的，即设计好的一个函数可以被多次调用。正如一个游戏程序，在运行过程中，要不断地发射炮弹。发射炮弹的动作需要编写 200 行的代码，在每次实现发射炮弹的地方都要重复书写这 200 行代码，导致程序变得很臃肿，可读性也非常差。为了解决代码重复编写的问题，将发射炮弹的代码封装成函数后，在每次发射炮弹的地方都通过函数的调用来完成，将大大地降低开发成本，提高开发效率。

【案例 4.3】 从键盘输入 x 和 y 的值，计算 x^y 的值。

首先，直接利用库函数完成。由于库函数中提供了 pow() 函数，可用来计算幂指数，只要在文件头包含#include <math.h>即可，代码如下：

```
#include <stdio.h>
#include <math.h>
int main()
{
    double x=0,z=1.0;
    int y=0;
    printf("Input data:");
    scanf ("%lf,%d", &x,&y);
    z=pow(x,y);
    printf("x=%lf, y=%d, z=%lf\n",x,y,z);
    return 0;
}
```

运行结果如图 4-9 所示。

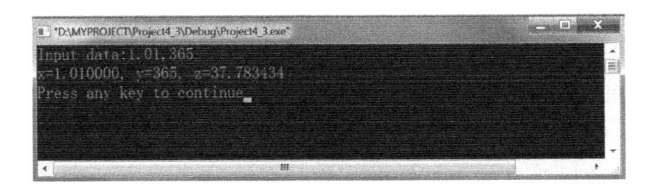

图 4-9 【案例 4.3】运行结果

但是，更多的时候，并不是所有的功能都可以幸运地使用库函数。对该问题可采用 for 循环完成幂指数的计算，代码如下：

【案例 4.3 改造 1】 使用 for 循环计算 x^y 的值。

```c
#include <stdio.h>
int main()
{
    double x=0,z=1.0;
    int y=0,i;
    printf("Input data:");
    scanf("%lf,%d", &x,&y );
    for(i=1;i<=y;i++)
        z=z*x;
    printf("x=%lf, y=%d, z=%lf\n",x,y,z);
    return 0;
}
```

进一步分析，【案例 4.3 改造 1】的实现方法也不是最佳的，这是由于其中的主函数"事必躬亲"、内容庞杂，不但可读性不好，也不利于功能的重用和软件的维护。下面利用自定义函数 mypow() 实现。

【案例 4.3 改造 2】 使用自定义函数计算 x^y 的值。

将 main() 函数中的 for 循环改造成主调函数 mypow()，即 z=mypow (x,y)；被调函数的一方写成：

```c
double mypow(double x, int y)
{
    int i=0;
    double z=1.0;
    for(i=1; i<=y; i++)
        z=z*x;
    return z;
}
```

在这一改造中，利用函数封装了求 x^y 的功能，若今后想要计算 $sum=1^n+2^n+3^n+\cdots+m^n$，就可以利用上述自定义函数 mypow() 进行多次调用以很快地计算出结果，从而实现了自定义函数 mypow() 的重用。

多学一点

对一个复杂的问题，通过划分成若干个具有独立功能的函数模块分别加以实现，可带来很多好处。一般而言，如果一个功能重复实现 3 遍以上，就应考虑将其封装成函数模块。设计一个精妙的函数需要遵循以下基本原则：

(1) 函数规模要小，这样的模块更有利于维护，也不易出错。

(2) 函数要做到"高内聚"，即每个模块的功能要尽量单一，不要身兼数职。例如，一个模块既能支持复数运算又能支持矩阵运算，那它就不是高内聚的。

(3) 函数之间要做到"低耦合"，耦合度用来评价函数模块间的相互影响程度。低耦合的模块接口清晰，使用起来简单、方便，起到很好的信息隐藏作用。

此外，在函数设计时，还需要做好必要的"防御性"，以确保软件系统的安全性，主要体现在以下方面：

(1) 入口参数的有效性检查。在函数的入口处，检查参数是否正确、有效。

(2) 敏感操作前的检查。敏感操作包括执行除法、开方、取对数、赋值、函数参数传递等，以防止出现除零、数据溢出、类型转换异常、类型不匹配等问题。

(3) 调用成功与否的检查。要充分考虑到函数调用有可能失败，应该有相应的处理机制。

4.1.4 函数原型

不妨继续探究【案例 4.3 改造 2】，若 main() 函数写在自定义函数 mypow() 之前，则编译时会出现如下一行警告与错误信息：

```
warning C4013:'mypow' undefined; assuming extern returning int
error C2371:'mypow':redefinition;differerent basic types
```

这是什么原因造成的呢？

原来，C 语言编译系统是由上往下执行的，当编译到 main() 函数中的 mypow() 函数时，无法确定 mypow() 是否为函数名，也无法判断实参 x 与 y 的类型、个数与顺序是否正确。因为若编译时不做检查，留待运行时才发现实参与形参并不匹配，出现了运行错误，再进行错误的调试与修改，则往往"为时已晚"，工作量将大大增加。

那么，如何解决这一问题呢？正如变量必须先声明后使用一样，函数也必须在被调用之前先声明，否则无法调用！因此，该警告的出现是为了让程序员养成良好的编程习惯。若被调函数放在主调函数后面，则在主调函数前应当加上函数的声明。

函数声明由函数返回类型、函数名和形参列表组成。这三个元素构成**函数原型**（function prototype），其中形参列表必须包括形参类型，但形参名可省略。

返回值类型 函数名(参数 1 类型 [参数 1],参数 2 类型 [参数 2],…);

函数原型描述了函数的接口。定义函数的程序员提供函数原型，使用函数的程序员就需要对函数原型进行具体的实现。

若引入函数声明，可将【案例 4.3 改造 2】进一步改造，代码如下，运行结果不变。

【案例 4.3 改造 3】 引入函数声明后，计算 x^y 的值。

```
#include <stdio.h>
double mypow(double,int);   /*对函数mypow()的声明*/
int main()
{
    double x=0,z=1.0;
    int y=0,i;
    printf("Input data:");
```

```
        scanf("%lf,%d", &x,&y);
        z=mypow(x,y);
        printf("x=%lf, y=%d, z=%lf\n", x,y,z);
        return 0;
    }
    double mypow(double x, int y)
    {
        int i=0;
        double z=1.0;
        for(i=1; i<=y; i++)
            z=z*x;
        return z;
    }
```

> **注意**
>
> 函数声明是一个语句，后面不可遗漏分号。

> **多学一点**
>
> 把函数声明直接放在每个使用该函数的源文件中自然没有问题，但是这种方式较为古板且易出错。在实际开发中，常把函数的声明放在.h 头文件中，这样可以确保对于指定函数的所有声明均保持一致。如果函数接口发生变化，则只要修改其唯一的声明即可。

> **注意**
>
> 函数的定义完成的是函数功能的确立，是一个完整、独立的函数单元，需要指定函数名、返回类型、形参及类型、函数体等，且只能进行一次，而函数的声明仅仅是将相关的函数信息告知编译器，让编译器"心中有数"，以便在调用时系统按照此声明进行对照检查，声明不包含函数体，可进行多次，且作为语句，句末必须以分号结束。

4.1.5 栈内存的分配和使用

C 语言中函数的调用，其实本质上是将函数中的各个变量压入栈内存区中进行操作。

想象书桌上叠放的一本本书，当我们在整理时，需要将这些书自下而上地摆放好，想要抽出其中某一本时，不能直接从中间取出，而需要从顶部的第一本开始依次移开。这种规则称为"先进后出"（或"后进先出"）。再想象许多软件中的"返回"按钮，最近的一次操作将被最先返回，也是遵循这种规则。在计算机的世界中，有一种数据结构可以很好地描述这种"先进后出"的原则，该数据结构就是"栈"。栈内存区就是以栈为数据结构存放函数参数值和局部变量等数据的区域。

当源程序运行时，程序中的参数和变量会按照栈"先进后出"的结构特点，被一个一个地压入栈内存中。

第 4 章 模块化程序设计

【案例 4.4】 观察变量的入栈与出栈过程。

```
#include <stdio.h>
int main()
{
    int a;
    int b;
    int c;
    return 0;
}
```

上面的代码在栈内存区中的表现如图 4-10 所示。

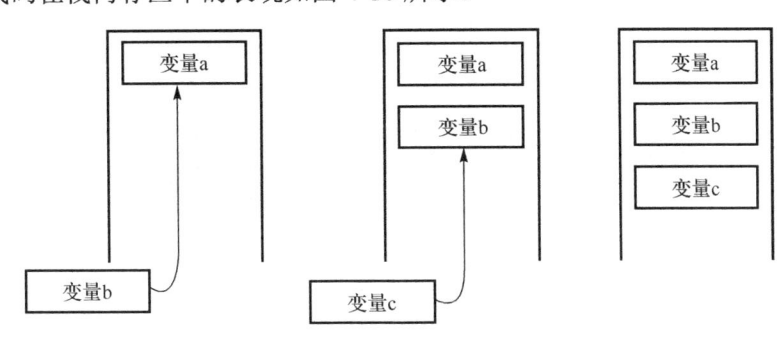

图 4-10 代码在栈内存区中的表现

其中，变量 a 被最先压入栈内存中，变量 b 紧随其后被压入其中，最后变量 c 被声明并入栈。

程序执行完毕后，栈内存中的变量空间将被释放，具体如图 4-11 所示。

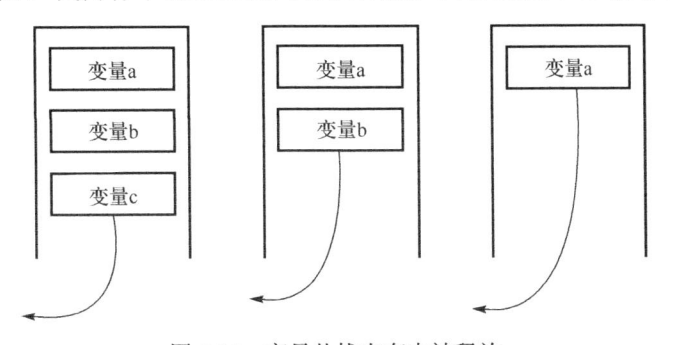

图 4-11 变量从栈内存中被释放

首先将变量 c 弹出栈外并销毁，其次是将变量 b 弹出栈外并销毁，最后将变量 a 弹出栈外并销毁。也就是说，最先声明的变量最后销毁，最后声明的变量最先销毁，做到了"先进后出、后进先出"。

程序向栈内存中压入变量时，栈内存的延展方向是自上而下的，即向着内存地址减小的方向延展，为了验证这一点，请看下面的【案例 4.5】。

【案例 4.5】 观察变量在栈中的地址排列。

```
#include <stdio.h>
int main()
```

```
    {
        int a;
        int b;
        int c;
        printf("变量a的地址是：%p\n", &a);   /*&符号表示取变量a的地址*/
        printf("变量b的地址是：%p\n", &b);
        printf("变量c的地址是：%p\n", &c);
        return 0;
    }
```

运行结果如图 4-12 所示。

图 4-12 【案例 4.5】运行结果

从运行结果中不难看出，地址使用了十六进制表示。其中，最先声明的变量 a 的内存地址最大，其次是变量 b，最后声明的变量 c 的内存地址最小。本案例代码中变量在栈内存中的排列和栈内存的延展方向，如图 4-13 所示。

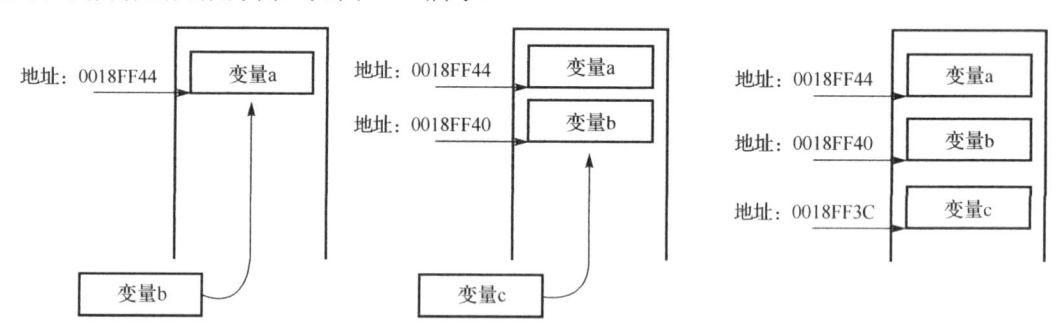

图 4-13 与【案例 4.5】对应的栈内存延展方向

一般而言，栈顶部的地址和栈的最大容量是由系统预先规定好的。如果申请的空间超过栈内存的剩余空间，则提示栈内存溢出（Overflow）。

4.1.6 函数的嵌套调用

当发生函数调用时，主调函数的执行过程暂时停止，在进行了必要的"现场"保存工作后，转去执行被调函数的代码，待被调函数执行完毕返回后，首先恢复刚才保存的"现场"，然后继续主调函数的执行。

可以在调用一个函数的过程中又调用另一个函数吗？答案是肯定的，C 语言支持这种函数的嵌套调用。

图 4-14 表示两层嵌套（包括 main()函数共 3 层函数），其执行过程是：

① 执行 main() 函数的开头部分。
② 遇函数调用 a 的操作语句，流程转去执行 a 函数。
③ 遇函数调用 b 的操作语句，流程转去执行函数 b；如果再无其他嵌套的函数，则完成 b 函数的全部操作。
④ 返回调用 b 函数处，即返回 a 函数，继续执行 a 函数中尚未执行的部分，直到 a 函数结束。
⑤ 返回 main() 函数中调用 a 函数处，继续执行 main() 函数的剩余部分，直到结束。

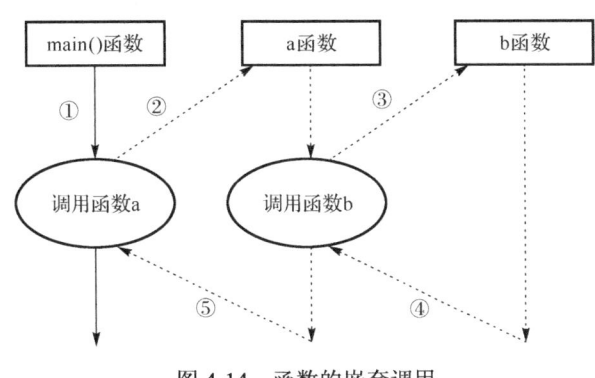

图 4-14 函数的嵌套调用

> **注意**
>
> C 语言中只允许函数的嵌套调用，但不允许函数的嵌套定义。因为各函数之间是平行的，地位平等，即使是 main() 函数也不例外，函数间不存在上一级函数和下一级函数的问题。

【案例 4.6】 利用程序验证哥德巴赫猜想。

写一个程序验证哥德巴赫猜想：一个不小于 6 的偶数可以表示为两个素数之和，如 6=3+3，8=3+5，10=3+7，…

假设偶数 n=a+b，需要分别判别 a 和 b 是否为素数，如果二者均是素数，则满足要求，输出结果。如果 a 和 b 中之一不是素数，则不满足要求，改变 a 和 b 的值，重新进行测试。接着马上遇到的一个问题是：如何设置 a 的初值呢？如果将 a 首先设置成最小的素数 2，那么，作为偶数 a，则 b 也必为偶数而不可能是素数。因此，只能先设 a 的值为 3，因为 3 是除了 2 以外的最小素数。

例如，用户输入的 n=20，则 a=3 时，b=17。先检查得知 3 是素数，再检查 17 是否为素数，经判别 17 是素数，于是得到符合要求的第一组数据，输出 20=3+17。

不妨继续思考，如何改变 a 的值，可以采用 a++ 吗？答案是否定的，因为偶数的 a 不符题意，只能使 a 的值每次加 2。这样，a 的值变为 5。经检查得知 5 是素数，但 15 不是素数，故 20=5+15 不符合要求。再使 a 的值加 2 变为 7，经检查 20=7+13 符合要求，输出结果。如此一组一组地测试，把所有符合要求的数据都输出。

进一步思考：这一循环的条件是什么？a 需要检查到 n 吗？显然不需要，只需做到 a<=n/2 即可，因为加数的两端是对称的。在 n=20 的情况下，a 的值由 3 自增到 10 即可。

在整个计算过程中，若遇到对素数的判断，则需要调用之前学过的方法，封装成函数 prime()进行处理。

```c
#include <stdio.h>
#include <math.h>
int main()
{
    void godbaha(int);              /*函数的声明*/
    int n;
    printf("please input n:");
    scanf("%d",&n);
    godbaha(n);
    return 0;
}
void godbaha(int n)                 /*定义哥德巴赫函数*/
{                                   /*函数的声明*/
    int prime(int);
    int a,b;
    for(a=3;a<=n/2;a=a+2){
        if(prime(a)){
            b=n-a;
            if(prime(b))
                printf("%d=%d+%d\n",n,a,b);
        }
    }
}
int prime(int m)                    /*定义判断素数的函数*/
{
    int i, k=(int)(sqrt(m));
    for(i=2;i<=k;i++)
        if(m%i==0)  break;
    if(i>k)  return 1;
    else     return 0;
}
```

在程序运行时，当主函数中输入一个不小于 6 的偶数，然后调用 godbaha()函数，在 godbaha()函数中再调用 prime()函数，完成了函数的嵌套调用，如图 4-15 所示。

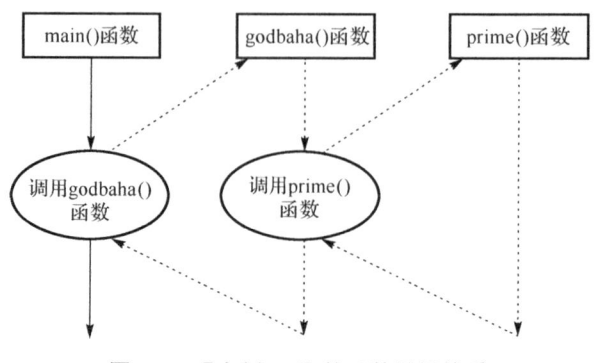

图 4-15 【案例 4.6】的函数调用关系

程序运行后，如果输入 18，可以得到的运行结果如图 4-16 所示。

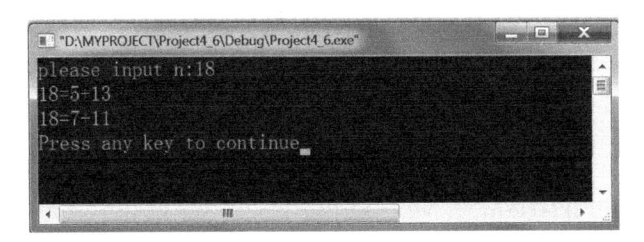

图 4-16 【案例 4.6】运行结果

如果使用之前学过的栈内存进行分析，当函数发生嵌套调用时，栈内存的状态也在相应地发生变化：

(1) 程序首先执行 main() 函数，将变量 n 压入栈内存区中，如图 4-17 所示。
(2) 程序执行到 godbaha() 函数，将变量 n 的值作为函数参数传入 godbaha() 函数中，然后跳转到 godbaha() 函数中，将变量 n、a、b 压入栈内存区中，如图 4-18 所示。

图 4-17　main() 函数中 n 进入栈内存区　　图 4-18　godbaha() 函数中变量 n、a、b 进入栈内存区

(3) 程序执行到 prime() 函数，将变量 a、b 的值作为函数参数传入 prime() 函数中，然后跳转到 prime() 函数中，将变量 m、i、k 压入栈内存区中，如图 4-19 所示。
(4) 执行完 prime() 函数后，栈内存区内与 prime() 函数有关的内存空间被销毁并回收，程序回到 godbaha() 函数体内，继续执行剩余的代码，此时的栈内存区如图 4-20 所示。

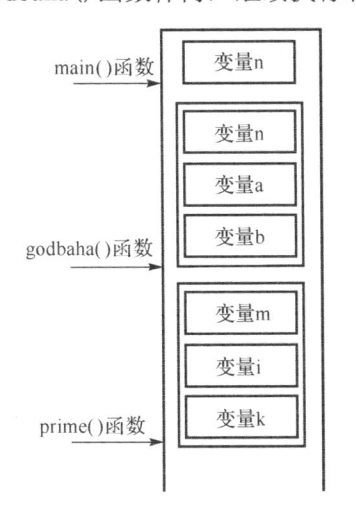

图 4-19　prime() 函数中变量 m、i、k 进入栈内存区 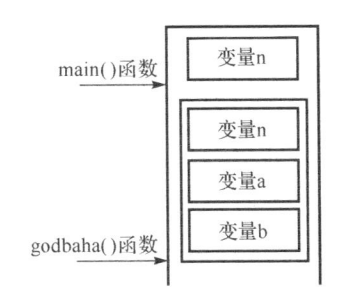　　图 4-20　prime() 函数出栈内存区后

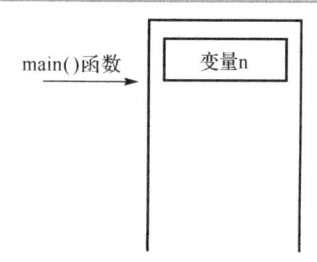

图 4-21　godbaha()函数出栈内存区后

(5) 执行完 godbaha() 函数后，栈内存区内与 godbaha() 函数有关的内存空间被销毁并回收，程序回到 main() 函数体内，继续执行剩余的代码，此时的栈内存区如图 4-21 所示。

(6) 执行完 main() 函数后，程序退出，栈内存区被清空，程序占用的内存空间被销毁并回收。

> **多学一点　函数调用时最多可以嵌套的层数上限**
>
> 函数可以嵌套调用的层数上限是由程序运行时的"栈"这一数据结构决定的。一般而言，Windows 上程序的默认栈内存大小约为 8KB，每一次函数调用至少占用 8B，因此粗略计算一下，函数调用只能嵌套 1000 层左右。如果嵌套调用的函数里包含许多变量和参数，实际值要远远小于这个数目。
>
> 当然，单纯依靠手工书写代码的方式写出 1000 层嵌套函数调用基本是不可能的，但是如果采用一种名为"递归"的方法则可以比较轻松地达到这个上限。

4.1.7　函数的递归调用

函数不断地调用自身(而不是其他函数)，这就构成了函数的递归(recursion)调用，它是函数嵌套调用的一种特殊形式。递归作为一种算法在程序设计语言中被广泛应用，它通常把一个大型复杂的问题层层转化为一个与原问题相似的规模较小的问题来求解，递归策略只需少量的程序就可描述出解题过程所需要的多次重复计算，大大地减少了程序的代码量。

递归函数是描述递归算法的重要工具。在递归函数中，主调函数同时又充当了被调函数。执行递归的函数将反复调用其自身。

例如，有如下函数 fun()：

```
int fun(int x)
{
    int y,z;
    z=fun(y);
    return z+1;
}
```

函数 fun() 出现了对自身的反复调用，每调用一次就进入新的一层，因此可以认为这就是一个递归函数。但是，该函数的执行将出现无休止地调用自身，这显然是没有意义的。为了防止这种情况的发生，必须在函数体内有终止递归调用的手段。最常用的办法是增加一些条件判断，即当满足某种条件后就不再进行递归调用，然后沿着调用的轨迹逐层返回。

兔子繁殖规律满足斐波那契数列，如果对该问题使用"函数"的方法进行改造，应如何进行呢？

若定义月份为 month，在具体计算时，要求第 month 个月的兔子数，就必须先知道第 month–1 和第 month–2 个月的兔子数，要求第 month–1 个月的兔子数必须先知道第 month–2 和 month–3 个月的兔子数，依此类推。因此，可以定义求某月的兔子数的函数 getNum()，则：

$$getNum(month) = \begin{cases} 1 \ (month = 1,2) & （边界条件） \\ getNum(month-1) + getNum(month-2) \ (month > 2) & （递归公式） \end{cases}$$

该递归函数由两部分构成：一个是将问题可以简化为自身较简单形式的表达式，称为**递归公式**；另一个是之前提及的终止递归调用的条件，称为**边界条件**。

【案例 4.7】 使用递归函数求解兔子繁殖问题。

```c
#include <stdio.h>
int getNum(int month)
{
    if(month == 1 || month == 2)      /*到达边界条件时，递归调用终止*/
        return 1;
    else
        return getNum(month - 1) + getNum(month - 2);
        /*此处不能写成 getNum(month) = getNum(month - 1) + getNum(month - 2);*/
}
int main()
{
    int month,num;
    printf("请输入月份数：");
    scanf("%d",&month);
    num = getNum(month);                /*调用 getNum()函数，计算出兔子的数量*/
    printf("经过%d个月后，兔子的总数为%d\n", month, num);
    return 0;
}
```

运行结果如图 4-22 所示。

图 4-22 【案例 4.7】运行结果

在程序的执行过程中，主函数调用 getNum()后即进入该函数的执行，当 month =1 或 month =2 时都结束函数的执行，否则就递归调用 getNum()函数自身。

从【案例 4.7】中不难看出，在设计递归函数时，通常可以设计一个 if-else 语句来实现相关功能：

```
fun()
{
    if(边界条件)    返回已知的解或经过简单计算的解;
```

```
        else    把原问题表示成子问题的函数；
    }
```

需要特别指出的是，函数体中必须含有递归调用的边界条件，而且，每递归一次都要向终止条件靠近一步(收敛)，最终达到边界条件，这一过程称为"**回溯**"。之后，从边界条件出发继续逐步求得最终的结果，这一过程称为"**递推**"。由此可见，边界条件是递归结束的关键因素，否则递归将无休止地迭代(发散)。因此，递归可将复杂的问题逐步化简，不断化简为同类较简单的问题，直至最简单的问题。最简单问题的解决，就意味着整个复杂问题的解决，这是一种典型的"减而治之"的求解思想。

那么，如何具体地执行递归程序呢？这就需要了解它的工作原理，前面介绍过栈内存相关知识，在递归中也会出现一个"递归调用栈"。例如，在【案例 4.7】中，要求出第 12 个月后的兔子总数，会出现对函数 getNum(12) 的调用。其中，回溯阶段相当于将 getNum(12)，getNum(11)，…，getNum(1) 进行"入栈"，直至到递归出口 getNum(2) 与 getNum(1) 时，进入递推阶段，此时从栈的顶端开始逐一"出栈"，最终求出 getNum(12) 的结果。

> **多学一点**　使用递归方法求解问题的时空效率如何？
>
> 　　递归函数的使用的确会使代码更清晰、更简洁，提高程序的可读性。但是，若问题规模很大，必然会引起一系列的函数调用，存在较深层次的回溯和递推过程。此时，递归算法的执行效率相对较低，增加了系统的时间与空间开销。因此，在实际问题中，当某递归算法能较方便地转换成等价的迭代算法时，应尽量使用循环迭代形式。

4.1.8　程序举例

【案例 4.8】 改造【案例 3.25】，将星号图形使用函数方法加以实现，并能手工输入倒金字塔的行数。

分析：【案例 3.25】的程序使用 for 循环，利用变量 i 控制行数，变量 j 分别表示空格个数和星号个数，形成倒金字塔结构，其实这部分的代码可以封装在 pyramid() 函数中，再利用 main() 函数进行调用并打印。

要实现手工输入倒金字塔的行数，不妨定义行数为 n，并将其作为函数参数进行传递。那么，循环变量 i 就需要从 1 变化到 n，循环变量 j 所控制的空格部分与星号部分也需要相应地加以变化，请思考其变化规律。

```c
#include <stdio.h>
int main()
{
    void pyramid(int n);
    int n;
    printf("请输入倒金字塔的行数:");
    scanf("%d",&n);
    pyramid(n);
    return 0;
}
```

```
void pyramid(int n)
{
    int i;
    for(i=1; i<=n; i++)
    {
        int j;
        for(j=1; j<=i; j++)
            printf(" ");
        for(j=1; j<=2*n-(2*i-1); j++)
            printf("*");
        printf("\n");
    }
}
```

运行结果如图 4-23 所示。

图 4-23 【案例 4.8】运行结果

【案例 4.9】 改造【案例 3.18】，将角度的余弦值使用函数加以实现。

分析：【案例 3.18】的程序使用 while 循环控制无穷级数渐进的精度，在循环体内分别定义各变量进行级数的累加求和。学习了函数后，这一部分的代码可以定义 funcos() 函数加以实现。和前一个例子不同，这次我们让其带回一个返回值，那么 funcos() 函数就需要有 return 语句，并在函数头定义其返回值类型为 float，然后在 main() 函数中接收该函数的返回值并打印。

```
#include <math.h>              /*包含使用数学库函数所对应的头文件*/
#include <stdio.h>
int main()
{
    float x,value;
    float funcos(float x);
    printf("Please input the value of x:");
    scanf("%f",&x);              /*角度 x 的单位为弧度*/
    value=funcos(x);
    printf("cos(%f)=%f\n",x,value);
    return 0;
}
```

```
float funcos(float x)
{
    float a=1.0,b=1.0,term=1.0,s=0.0;      /*a、b、term 分别代表分子、分母及某一项*/
    int m=2,sign=1;                         /*sign 代表符号*/
    while(fabs(term)>=1e-5)
    {
        s=s+term;
        sign=-sign;
        a=a*x*x;
        b=b*m*(m-1);
        term=sign*a/b;
        m=m+2;
    }
    return s;
}
```

运行结果与【案例 3.18】相同。

【案例 4.10】汉诺塔(Hanoi Tower)问题。请编程模拟实现把金盘从 A 座移到 C 座的过程。

有一座庙中立着三座银杆，分别为 A 座、B 座和 C 座，在其中一座银杆上按照"大盘在下，小盘在上"的次序叠放着 64 个金盘，如图 4-24 所示。

(1) 每次只能移动一个金盘。

(2) 每次移动都需"大盘在下，小盘在上"。请编程模拟实现金盘的移动过程。

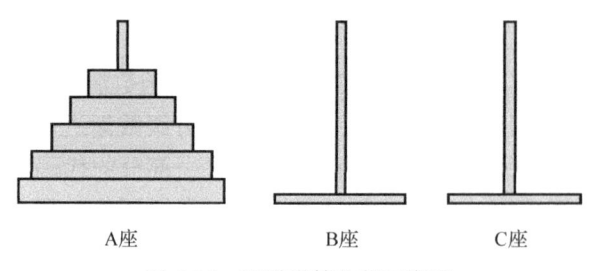

图 4-24 汉诺塔简化版示意图

分析：若有 n 个金盘，想移走 A 座底部最大的一个到 C 座，则必须先移动其上面的 $n-1$ 个金盘到 B 座；而要移走上面的 $n-1$ 个金盘到 B 座，又须移走再上面的 $n-2$ 个金盘，…，以此类推，容易想到利用之前学过的"递归"知识加以解决。下一步就是需要找出"递归公式"和"边界条件"。

首先分析递归公式。若 $n>1$ 时，需要以下三步。

(1) 将 $n-1$ 个金盘，从 A 座移动到 B 座，中间通过 C 座作为辅助。

(2) 将 1 个金盘，从 A 座直接移动到 C 座。

(3) 将 $n-1$ 个金盘，从 B 座移动到 C 座，中间通过 A 座作为辅助。

接着是边界条件，很显然，若 $n=1$ 时，则直接将 A 座上的金盘移动到 C 座，此时找到了递归出口。

在代码实现上，可以定义汉诺塔函数 hanoi(int n, char A, char B, char C)，接收 4 个参数，

分别代表金盘数、源底座、辅助底座和目标底座，函数体中使用 if...else 双分支结构分别处理递归公式和边界条件。

```c
#include <stdio.h>
void hanoi(int n, char A, char B, char C)
{
    if(n>1)
    {
        hanoi(n-1,A,C,B);
        printf("%c->%c\n",A,C);
        hanoi(n-1,B,A,C);
    }
    else
        printf("%c->%c\n",A,C);
}
int main()
{
    int n;
    printf("Please input the number of diskes:");
    scanf("%d",&n);    /*输入金盘数*/
    printf("The step of moving %d diskes:\n",n);
    hanoi(n,'A', 'B', 'C');
    return 0;
}
```

运行结果如图 4-25 所示。

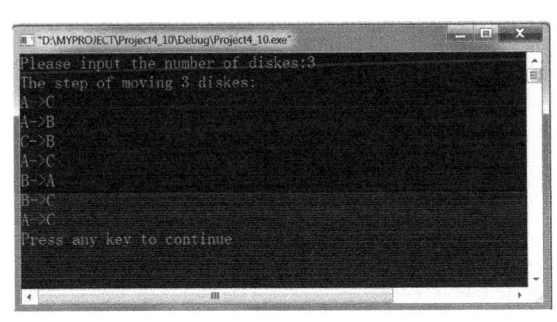

图 4-25 【案例 4.10】运行结果

为了进一步帮助读者深刻理解函数的递归调用过程，下面以 3 个金盘为例（如图 4-26 所示），进一步探究函数的递归调用与金盘的移动状况，请同时注意参数的传递。

整体的 hanoi(3,A,B,C) 分为以下三步：

(1) 将 2 个金盘从源底座 A 通过辅助底座 C 移动到底座 B。
(2) 直接移动底座 A 上唯一的金盘，可以一次性地移动到底座 C。
(3) 将底座 B 上的 2 个金盘，通过辅助底座 A 移动到底座 C。

第 (1) 步 hanoi(2,A,C,B) 也递归地分为以下三步：

① 将金盘从底座 A 移动到底座 C 并返回。
② 将金盘从底座 A 移动到底座 B。
③ 将金盘从底座 C 移动到底座 B 并一层层地返回到 hanoi(2,A,C,B)。

对于第(3)步 hanoi(2,B,A,C)的调用过程类似于 hanoi(2,A,C,B)。

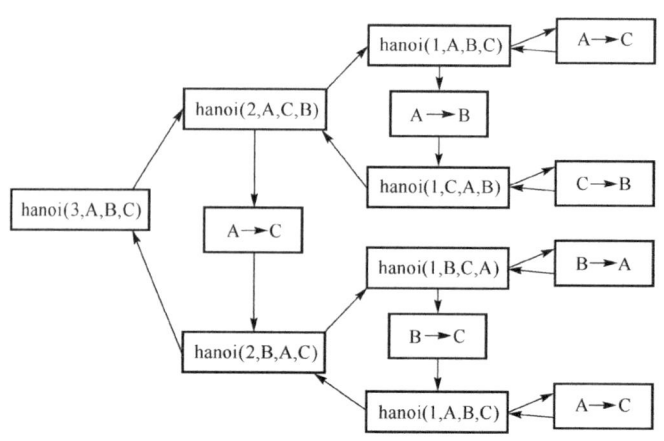

图 4-26　汉诺塔递归函数调用图(3 个金盘)

若假设移动次数为 step，则金盘数与移动次数之间的关系如表 4-1 所示。

表 4-1　金盘数与移动次数之间的关系

金盘数(n)	移动次数(step)
1	1
2	$1+1+1=3=2^2-1$
3	$3+1+3=7=2^3-1$
4	$7+1+7=15=2^4-1$
…	…

为了得到一般的关系，设移动 n 个金盘需进行的次数为 $T(n)$，则：

$$T(n)=\begin{cases}1 & (n=1)\\ 2T(n-1)+1 & (n>1)\end{cases}$$

$$\begin{aligned}T(n)&=2T(n-1)+1\\&=2(2T(n-2)+1)+1\\&=2^2T(n-2)+2+1\\&=2^3T(n-3)+2^2+2+1\\&\cdots\\&=2^{n-1}T(1)+2^{n-2}+\cdots+2^2+2+1\\&=2^n-1\end{aligned}$$

可见，随着金盘数 n 的增大，移动次数 step 将呈现指数级增长，相当迅速。要将庙中的 64 个金盘全部移动完毕，需要约 $2^{64}-1≈1844$ 亿亿步。若每步的移动耗时 1s(秒)，需要 5800 亿年，而据科学家测算，地球的寿命约为 100 亿年，说明汉诺塔问题单纯依靠人工计算是不可能实现的。

4.2　捉摸不定：变量的性质

在 C 语言中，函数是构成程序的模块单位，各个函数之间并不是独立的，往往需要进行通信和协作，依赖的媒介就是参数变量。因此，对变量特性的研究就显得尤为重要。

对于变量而言，有以下两个问题需要进一步思考：

(1) 变量的**作用域**，即变量在什么范围内可以被访问和被使用，研究的是变量的可见性问题。

(2) 变量的**生命期**，即变量在什么时候占据内存单元，又在什么时候释放对应的内存单元，研究的是变量的存在性问题。

4.2.1 变量的作用域

变量的作用域简单而言就是一个变量可以起作用的有效范围，可以是某个函数，也可以是整个文件。

> **试一试**
>
> 在【案例 4.7】中，若将被调函数 getNum(int month) 的形参 month 改成其他的变量(如变量 m)，程序能依然顺利运行吗？

通过动手尝试，读者一定会发现程序运行没有问题，也就是说被调函数的形参可被命名为任何名字，关键是函数功能的实现。原因是什么？不妨先看下面的例子：

【案例 4.11】 对局部变量失败的访问。

```c
#include <stdio.h>
void show()
{
    int x = 0;   /*定义局部变量x*/
}
int main()
{
    show();
    printf("x 的值为：%d\n", x);
    return 0;
}
```

编译时会出现如图 4-27 所示的错误。

```
--------------------Configuration: Project4_11 - Win32 Debug--------------------
Compiling...
Ex4_11.c
D:\MyProject\Project4_11\Ex4_11.c(9) : error C2065: 'x' : undeclared identifier
执行 cl.exe 时出错.

Ex4_11.obj - 1 error(s), 0 warning(s)
```

图 4-27 【案例 4.11】编译出错

出现了未声明的变量 x，原因是什么？在本案例中，show() 函数内部定义了一个变量 x，这个变量其实是个**局部变量(Local Variable)**，它只在 show() 函数中有效，只能在 show() 函数体内被调用。若试图用 main() 函数输出 x 的值，由于 x 在 main() 函数中无效，所以程序编译出错。

下面分析该案例在内存中的表现：

(1) main() 函数调用 show() 函数，程序在栈内存区中压入 show() 函数的内存空间，并将执行流程从 main() 函数所在区域跳转到 show() 函数所在区域，如图 4-28 所示。

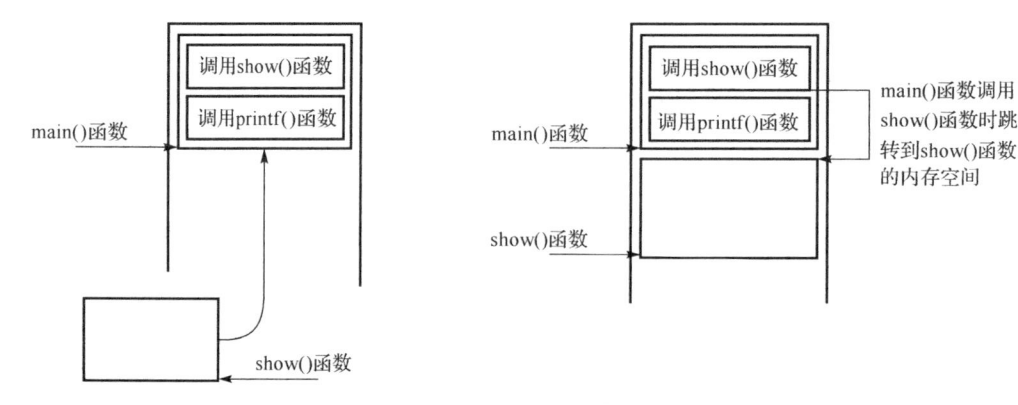

图 4-28　main()与 show()函数进入栈内存区

(2) 执行 show()函数时，程序在 show()函数体的内存空间中压入变量 x，如图 4-29 所示。

(3) show()函数执行结束后，栈内存区销毁并回收 show()函数占用的内存空间，程序的执行流程重新回到 main()函数中并继续执行剩余的代码，即调用 printf()函数，如图 4-30 所示。

(4) 程序在 main()函数体内调用 printf()函数并读取变量 x 的值，但此时栈内存区中已经不存在变量 x，因此读取失败，程序出错。

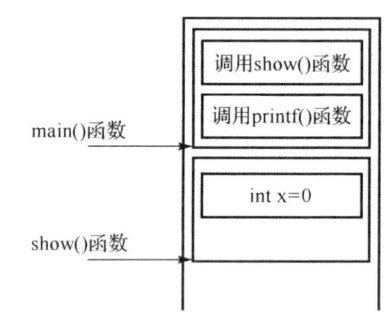

图 4-29　show()函数中变量 x 进入栈内存区

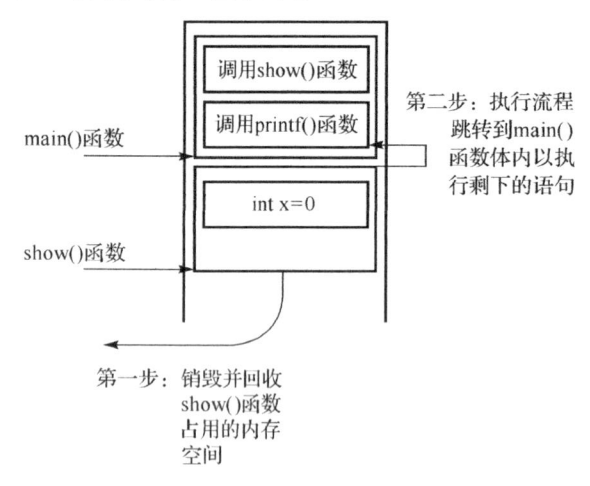

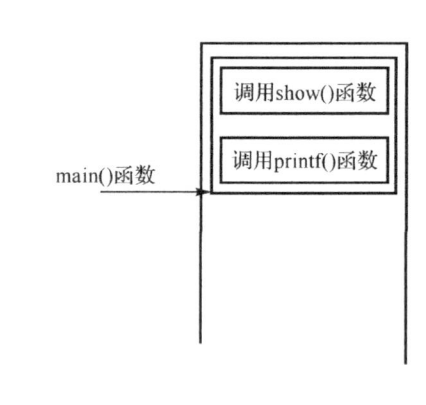

图 4-30　show()函数调用结束后退出栈内存区

由此可见，局部变量就是在函数内部声明的变量，可以是函数体中的变量、形参中的变量等。局部变量的作用域只限于函数内，仅在函数内有效，离开函数后再使用这种变量就是非法的。也就是说，只能在本函数内使用它。

回到本节开篇的那个问题，被调函数 getNum(int month)的形参 month 由于是局部变量，只有当它所在的函数被调用时才会被使用，而当函数调用结束时，month 所在内存会被释放，从而失去作用，所以具体取成什么名字就显得无关紧要了。即使像【案例 4.7】那样，形参和实参同名，都命名为 month，它们也是分别处于不同的栈内存区域，是两个变量，互不干扰。下面将【案例 4.11】改造之后即可正常运行。

【案例 4.11 改造】 对局部变量成功的访问。

```
#include <stdio.h>
void show()
{
    int x = 0;                  /*定义局部变量x*/
    printf("x 的值为：%d\n", x);
}
int main()
{
    show();
    return 0;
}
```

运行结果如图 4-31 所示。

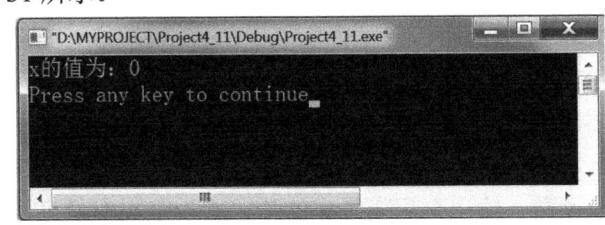

图 4-31 【案例 4.11 改造】运行结果

> **注意**
>
> 在 main() 函数中定义的变量依然是局部变量。

> **试一试**
>
> 以下代码可以实现两个整数的交换功能吗？为什么？
>
> ```
> #include <stdio.h>
> swap(int x, int y)
> {
>     int temp;
>     temp=x;
>     x=y;
>     y=temp;
> }
> int main()
> {
>     int x=3,y=2;
>     swap(x,y);
>     printf("x=%d,y=%d\n", x, y);
>     return 0;
> }
> ```

了解完局部变量后，读者会问：是否也存在一个到处都可以使用的变量呢？答案是肯定的，那就是**全局变量**(Global Variable)。在所有函数(包括main()函数)外部定义的变量是全局变量，它不属于任何一个函数，而直接属于整个源程序。因此，全局变量可以被程序中的所有函数所公用，其作用域的有效范围可以从定义处开始一直到源程序结束。

【案例4.12】 利用程序实现对全部变量的访问。

```c
#include <stdio.h>
int x = 200;   /*定义全局变量x，该变量可在整个程序中被调用*/
void show()
{
    printf("在show()函数中，x的值为：%d\n", x);    /*调用全局变量x*/
}
int main()
{
    show();
    printf("在main()函数中，x的值为：%d\n", x);    /*调用全局变量x*/
    return 0;
}
```

在【案例4.12】中，定义了一个变量x，因为它是在所有函数的外部定义的，所以是全局变量。然后调用show()函数，输出全局变量x的值，由于全局变量可以为程序中的所有函数所公用，所以show()函数成功地输出了变量x的值200。当程序结束时，全局变量x也随之结束，系统释放掉它所占用的内存。

运行结果如图4-32所示。

图4-32 【案例4.12】运行结果

在一个函数模块内部，既可以使用自身的局部变量，又可以使用外部的全局变量。那么，如果局部变量与全局变量的名字相同，会发生什么情况呢？请看下面的例子。

【案例4.12 改造1】 局部变量与全局变量同名时的程序。

```
01  #include <stdio.h>
02  int x = 200;          /*定义全局变量x，该变量可在整个程序中被调用*/
03  int main()
04  {
05      int x = 100;      /*定义局部变量x，该变量只能在main()函数体内被调用*/
06      printf("x的值为：%d\n", x);
```

```
07     return 0;
08 }
```

运行结果如图 4-33 所示。

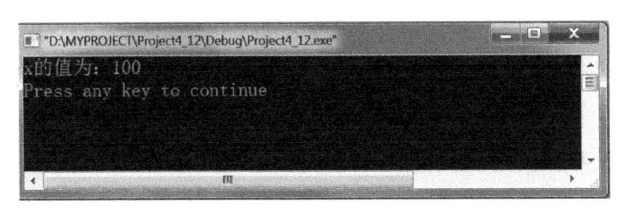

图 4-33 【案例 4.12 改造 1】运行结果

由此可见，当局部变量与全局变量同名时，全局变量会被屏蔽。因此，本案例输出的结果为 100，而不是 200。

> **多学一点**
>
> 局部变量、函数参数等都分配在动态的栈内存中，但全局变量不分配在该区中，而是存储在**数据区**中，采用静态的存储方式。该区域在程序结束后由操作系统负责释放。

> **注意**
>
> 全局变量虽然增加了函数间的联系渠道，但一般而言，在一个较大的工程中不推荐大量使用全局变量，这是由于全局变量并非在需要时才分配内存区域，调用结束后也不会立即释放，这就会导致这些变量可能长期占据内存空间，从而造成内存紧张；全部变量也增加了模块的耦合度，降低了模块的内聚度，有时会无法直接判断某一变量瞬间的值，不利于函数的重用和模块的维护，程序的清晰性也不好。如果把变量比成抗生素，很显然，无论病情轻重都吃最高档的抗生素，效果虽好但是副作用也不言而喻，对症下药才是最科学的。因此在变量使用中，应尽可能使用局部变量。

实际上，【案例 4.12】中的 x 是在所有函数之外定义的全局变量，这种全局变量是**外部变量**，外部变量是一种比较常用的全局变量形式。如果要进一步扩展外部变量的作用域，如扩展到定义处之前，甚至在本文件外的其他文件中使用它，就需要用 extern 关键字加以声明（**注意**：此处不是定义，编译器不为其分配内存），一般格式为：

 extern 数据类型 变量名;

【案例 4.12 改造 2】 引入 extern 关键字后的程序。

```
void show()
{
    extern int x;        /*对外部变量 x 的声明，将 x 的作用域扩展到本函数内*/
    printf("在 show()函数中，x 的值为：%d\n", x);    /*调用全局变量 x*/
}
```

```c
int x = 200;                                    /*对外部变量x的定义*/
int main()
{
    show();
    printf("在main()函数中, x的值为: %d\n", x);   /*调用全局变量x*/
    return 0;
}
```

运行结果与【案例4.12】相同，如图4-32所示。

但是，有一种情况比较特殊：在程序中希望某些外部变量只限定于被本文件引用，而不希望被其他文件引用，就可以在定义外部变量时带上关键字 static，使之成为**静态外部变量**，这是另一种形式的全局变量。

例如存在文件 file1.c，在其中定义了外部变量 x。

```c
static int x;
int main(){ ... }
```

又存在如下文件 file2.c：

```c
extern int x;
void show(int n)
{
    ...
    x=x+n;
    ...
}
```

在 file2.c 中使用关键字 extern 对变量 x 进行作用域的扩展，但不成功，这是由于 file1.c 中的外部变量 x 使用了 static 进行声明。

由于一个较大的程序由若干个小组分工协作，每个小组分别完成各自的模块。使用静态外部变量，就可以使各小组独立地使用同名的外部变量而互不干扰，这就相当于把本文件中的外部变量对外界"隔离"起来，以免被其他文件误用，有利于程序的模块化和安全性。

4.2.2 变量的生命期

变量除有作用域外，还存在着生命期的问题：变量何时占据内存空间（"生"）？何时内存空间被释放（"灭"）？

这里不得不谈到另一个重要的问题——变量的存储类型，它和生命期息息相关。

变量的存储类型直接决定了编译器如何为变量分配内存空间，也直接决定了变量的生命期。

由于全局变量分配在数据区中，采用了静态的存储方式，是固定的存储单元，其生命期是整个程序的运行期。因此，以下重点分析局部变量的生命期。

C语言为局部变量提供以下常用的存储类型。

1. 自动变量(auto)

可以说之前介绍的绝大多数局部变量都属于自动变量，因为它们被定义在函数体的局部，进入函数语句时自动申请并分配内存，退出函数时自动释放内存空间，不能被引用。由于该过程是在栈内存中动态完成的，因此自动变量又称为动态局部变量。

自动变量使用 auto 定义，一般形式为：

```
auto 数据类型 变量名;
```

> **试一试**
>
> 在【案例 4.12 改造 1】中将 05 行的语句 "int x = 100;" 改成 "auto int x=100;" 运行结果有变化吗？

很容易发现，添加上 auto 后依然是原先的运行结果，说明 auto 是可以省略的，之前的很多程序都采用了省略 auto 的书写形式。

2. 静态变量(static)

自动变量在退出函数后，其分配的内存被自动释放，生命期较短。但是，如果希望保存原先的值，就需要定义为静态变量。

静态变量使用 static 定义，一般形式为：

```
static 数据类型 变量名;
```

【案例 4.13】 静态变量值的变化。

```c
#include <stdio.h>
int show(int a)
{
    int b=0;
    static int c=3;                    /*定义静态变量c*/
    b++;
    c++;
    return (a+b+c);
}
int main()
{
    int a=3,i;
    for(i=1; i<4; i++)
        printf("经过第%d次调用后，函数值为%d\n", i, show(a));
    return 0;
}
```

在第 1 次调用 show() 函数时，b 的初值是 0，c 的初值是 3。第 1 次调用结束时，b 自增为 1，c 自增为 4，此时 a+b+c=3+1+4=8。此后，由于 c 是局部静态变量，在第 1 次调用函数结束后，它并不被释放，仍保留着原值 4 加入第 2 次调用。

在第 2 次调用时，由于 b 是自动变量，初值重新被赋为 0，而 c 的值依然为 4。第 2 次调用结束时，b 自增为 1，c 自增为 5，此时 a+b+c=3+1+5=9。c 继续保留原值 5 进入第 3 次调用，第 3 次调用结束时，a+b+c=3+1+6=10。可以将三次调用前后各变量的值列一张表，如表 4-2 所示。

表 4-2 【案例 4.13】三次调用前后各变量的值

第几次调用	调用开始时的值		调用结束时的值		
	b	c	b	c	a+b+c
第 1 次	0	3	1	4	8
第 2 次	0	4	1	5	9
第 3 次	0	5	1	6	10

因此，【案例 4.13】的运行结果如图 4.34 所示。

图 4-34 【案例 4.13】运行结果

【案例 4.13 改造 1】 不进行赋初值的静态变量值的变化。

若静态变量 c 不进行赋初值，也就是将语句 static int c=3;改造成 static int c;则运行结果如图 4-35 所示。

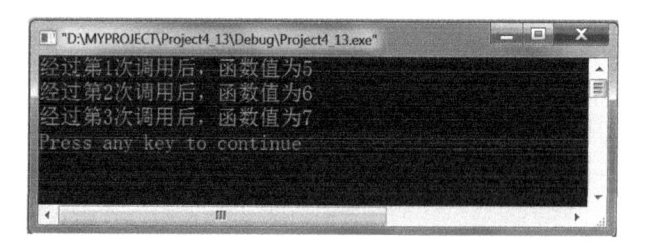

图 4-35 【案例 4.13 改造 1】运行结果

说明即使静态变量没有自行人工赋值，系统也会自动为其赋初值。因此，对于整型变量 c 而言，初值是 0。

【案例 4.13 改造 2】 进一步改造语句后静态变量值的变化。

若将语句 static int c=3;分成两个语句 static int c;与 c=3;，则运行结果如图 4-36 所示。

图 4-36 【案例 4.13 改造 2】运行结果

说明赋值语句 c=3;在每次进入被调函数 show()时都会被执行一次，但需要注意的是，声明语句"static int c;"只执行一次,不能做重复的声明。因此,对于自动变量而言,int x;x=0;与 int x=0;是等价的,但这一等价形式对于静态变量却不适用,也就是说,static int x;x=0;与 static int x=0;不等价。

> **多学一点**
>
> 　　和全局变量一样,静态变量也存储在数据区。这说明内存中除之前介绍的栈内存区外,还有一个数据区,该区域在程序结束后由操作系统释放。数据区根据功能可以分为静态全局区和常量区两个域。
> 　　(1)静态全局区:用于存储全局变量和静态变量的区域,初始化的全局变量和静态变量在一块区域中,未初始化的全局变量和静态变量在相邻的另一块区域中。
> 　　(2)常量区:用于存储字符串常量和其他常量的区域。

不同类型变量的作用域与生命期比较如表 4-3 所示。

表 4-3　不同类型变量的作用域与生命期比较

变量存储类型	函数内 作用域(可见性)	函数内 生命期(存在性)	函数外 作用域(可见性)	函数外 生命期(存在性)
自动变量	是	是	否	否
静态局部变量	是	是	否	是
静态外部变量	是	是	是(仅限本文件)	是
外部变量	是	是	是	是

> **注意**
>
> 　　在表 4-3 中,需要特别注意的是,静态局部变量由于其变量值具有"传承性",所以在函数外依然是存在的,但由于它是"局部变量",因此无法在函数外引用。这就意味着对于静态局部变量而言,作用域和生命期并不一致,也就是说,"存在的不一定可见"。

4.2.3　外部函数和内部函数

之前讨论的都是有关变量的一些问题,如作用域、生命期等,那么对于函数本身而言,是否也存在作用域呢?

函数在本质上都是外部的,C 语言不允许进行函数的嵌套定义,各个函数之前没有高低贵贱之分,因此,函数都具有全局的有效范围。但是,如果将眼光放远,函数又可被认为是源程序乃至文件的一个组成成分,可以根据一个函数的作用域是均局限在该函数所处的文件中还是所有程序文件中,可以将函数划分为内部函数和外部函数。

和外部变量类似,在函数定义时,带上关键字 extern,则表明该函数是一个**外部函数**,如 extern void show(){...},这样定义的函数 show() 可以被应用程序中的任何其他函数所调用,即使这些函数与 show() 函数不在同一程序文件中。我们之前介绍过的函数都是这种外部函数,为方便使用,关键字 extern 可省略。

学到这里，读者一定对"函数原型"有了更深入的理解。函数原型本质上就是将函数的作用域扩展到定义点之前，乃至该函数的文件之外。函数原型通知编译器，该函数在本文件中稍后会定义，或者在另一文件中被定义。

例如，在程序中需要调用 cos()函数，但该函数并不是用户在本文件中定义的，而是存放在数学函数库中的，我们要使用它，就需要在程序头加上该函数的原型声明：

```
double cos (double x);
```

但是，程序员并非能记住所有的函数原型，将它们在使用前写出无疑是烦琐和有难度的。为减少这种设计的困难，ANSI C 提供了很多的.h 头文件，将常用的库函数的原型和其他有关信息分类集结在其中，使用的时候只需使用 include 命令进行包含即可。

在函数定义时，带上关键字 static，则表明该函数是一个**内部函数**，如 static void show(){...}，这样定义的 show()函数的作用域是其所处的程序文件，即该函数只能被本程序文件中的函数所调用，实现了"本地化"。这样的好处是对于不同的开发小组，可以各自定义自己的内部函数，即使函数名相同也互不干扰，极大地方便了大型应用程序的开发。

4.3 磨刀不误：编译预处理

读者熟悉的"#include <stdio.h>"命令就实现了"编译预处理"功能。编译预处理是 C 编译程序的组成部分，它用于解释处理 C 语言源程序中的各种预处理指令，它们的共同特征是都以"#"打头，且放置于函数之外，源文件的最前面，在程序编译之前就进行预先的处理，与程序的真正运行过程无关。合理使用这些预处理命令，可以使程序便于阅读、移植、修改和调试，也十分有利于形成模块化的程序设计。

4.3.1 宏定义和宏替换

之前介绍过的类似"#define N 8"这种形态的程序就是在进行宏定义。使用"宏"定义一些符号常量，可以方便程序的编写。

宏定义的一般格式：

```
#define 宏名 宏定义字符串
```

其中，#是编译预处理的起始符，"define"为宏定义命令。"宏名"一般采用大写，以便和函数名、变量名等加以区分。"宏定义字符串"可以是常数、表达式、格式串等。

例如：#define M (y*y+3*y)。

它的作用是使用宏名 M 来代替表达式(y*y+3*y)。在编写源程序时，所有的(y*y+3*y)都可由 M 代替。

> **注意**
>
> 宏名与宏定义字符串之间用空格分隔，所以宏名中不能有空格，否则会将宏名中空格后的部分一并作为宏定义字符串，从而出现意想不到的错误。

当编译程序时，凡出现宏名的地方都会使用宏定义字符串进行替换，这就是一种**宏替换**。如果宏定义字符串末尾带有分号，则一并被作为替换的内容。引入宏之后，程序更加简洁、灵活，且能做到"一改俱改"，十分方便。

【案例 4.14】 将英制单位转化为国际单位。

```c
#include <stdio.h>
#define MILE_TO_METER 1609              /*1 英里=1609 米*/
#define FOOT_TO_CENTIMETER 30.48        /*1 英尺=30.48 厘米*/
#define INCH_TO_CENTIMETER 2.54         /*1 英寸=2.54 厘米*/
int main()
{
    float mile,foot,inch;                          /*定义英里、英尺和英寸变量*/
    printf("Input mile,foot and inch:");
    scanf("%f%f%f",&mile,&foot,&inch);             /*分别输入英里、英尺和英寸*/
    printf("%f miles=%f meters.\n",mile,mile*MILE_TO_METER);
                                                   /*计算英里的米数*/
    printf("%f feet=%f centimeters.\n",foot,foot*FOOT_TO_CENTIMETER);
                                                   /*计算英尺的厘米数*/
    printf("%f miles=%f centimeters.\n",inch,inch*INCH_TO_CENTIMETER);
                                                   /*计算英寸的厘米数*/
    return 0;
}
```

运行结果如图 4-37 所示。

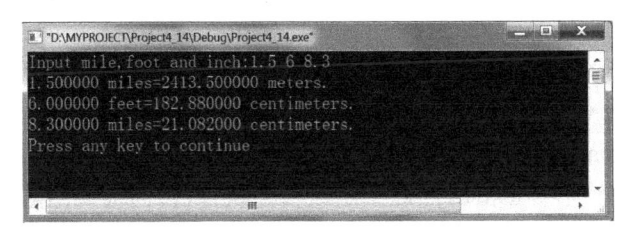

图 4-37 【案例 4.14】运行结果

此外，C 语言允许对宏进行嵌套定义，例如：

```c
#define PI 3.1415926
#define S PI*r*r
```

其中，宏 S 的定义中嵌套使用了前面的 PI 宏定义。

若要取消宏定义，可使用"#undef 宏名"的形式，如"#undef N"。

一个宏的作用域范围是从定义命令之后，一直持续到源文件结束或 undef 取消命令处。在一个源文件中可以对一个宏进行多次定义，当新的定义出现时，之前的定义即被覆盖。

下面做进一步探究。请观察以下的宏定义：

```c
#define MAX(a,b)   a>b?a:b
```

此时定义的宏 MAX(a,b) 和之前的不同，它带上了参数 a 和 b。MAX(a,b) 代表的是"a>b?a:b"表达式，该表达式的作用是求 a、b 的最大值，从这个角度考察，带参数的宏就具有了类似函数的功能，它们在形式上非常相似。但是，相比函数，宏定义在程序编译预处理时完成，开销较小，而且二者的实现过程完全不同。请看下面的案例。

【案例 4.15】 输入两个数，利用带参数的宏求出最大值并输出。

```c
#include <stdio.h>
#define MAX(a,b) a>b?a:b
int main()
{
    int x,y;
    printf("Input x and y:");
    scanf("%d%d",&x,&y);
    x=MAX(x,y);    /*此句被宏替换后，变为：x=x>y?x:y;*/
    printf("The result is:%d\n",x);
    return 0;
}
```

运行结果如图 4-38 所示。

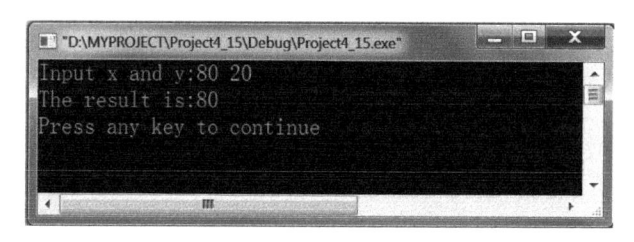

图 4-38 【案例 4.15】运行结果

当处理到语句 MAX(x,y);时，首先用变量名 x 和 y 分别替换 a 和 b，然后再用包含 x、y 的条件表达式替换 MAX。编译结束后，程序中的宏 MAX(x,y)消失。

如果是定义函数 max(x,y)，对它的处理则是在程序运行时才进行，首先通过参数的传递，将实参 x 和 y 分别赋值给形参 a 和 b，然后主函数暂停执行，转向被调函数执行被调函数 max()，待求出最大值后通过 return 语句返回主函数继续执行。

此外，相比函数而言，带参数的宏只能实现最简单的函数功能，因为宏常常被限制在一行中，使用起来不如函数那样灵活。

请看下面的案例。

【案例 4.16】 输入两个数，利用带参数的宏计算$(x+y)^2$并输出。

```c
#include <stdio.h>
#define SQR(x) x*x
int main()
{
    int x,y;
    printf("Input x and y:");
    scanf("%d%d",&x,&y);
    x=SQR(x+y);
    printf("The result is:%d\n",x);
    return 0;
}
```

运行结果如图 4-39 所示。

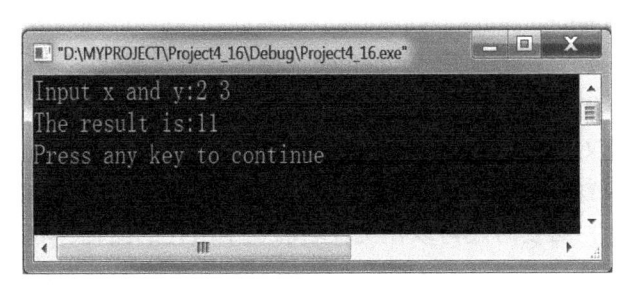

图 4-39 【案例 4.16】运行结果

从运行结果不难看出，程序并没有实现求出 $(x+y)^2$ 的要求，那么问题出在哪里呢？

在函数调用时，若实参是表达式，要求计算表达式的值，再进行参数传递。而宏替换则不做计算，替换的全过程原原本本地忠实于宏定义的要求。可见，宏替换是一种形式上的替换，程序对其正确性和内在的逻辑含义不做检查。

因此，在【案例 4.16】中，宏替换后直接变为 $y=x+y \cdot x+y \neq (x+y)^2$。若要正确地实现 $(x+y)^2$ 的功能，就必须在宏定义时对变量带上括号表明运算的优先级，即#define SQR(x) (x)*(x)，甚至有时候要表示为#define SQR(x) ((x)*(x))，这样替换后才是 $x=(x+y) \cdot (x+y)$ 的正确结果，请读者亲自实践。

> **多学一点**
>
> 由于宏没有数据类型，因此 C 程序对宏只进行简单的字符串替换，而不做类型检查，在使用过程中常出现类型错误，为了避免出现这种错误，可以使用关键字 const 直接声明常量。例如：
>
>   const double PI=3.14159;
>
> 此语句声明了常量 PI，其值为 3.14159。由于是常量，一旦定义后，在程序中不允许对 PI 进行二次赋值和修改，所以它也具有了类似于宏的"替换"功能，也具备了宏"一改俱改"的灵活性。更重要的是，由于该语句将 PI 定义为 double 类型，编译器会"记住"它并时时进行类型检查，增强了程序的健壮性。

4.3.2 文件包含

文件包含是最为熟悉的一种编译预处理，它的作用是将指定的文件模块插入到#include 命令所在的位置上。在程序编译链接时，系统会把所有的#include 文件包含到源程序中，从而形成完整的可执行代码。一旦链接生成了可执行代码，include 便不复存在，因此#include 仅是一个命令，不是真正的 C 语句，千万不能在末尾带上分号。

文件包含使用格式：

    #include <要包含的文件名>

或者

    #include "要包含的文件名"

其中，要包含的文件一般被存成.h 头文件的形式，它们既可以是标准库中的系统头文件，也可以是自行编写的文件。

上述两种格式的区别是：若使用"#include <要包含的文件名>"格式，一般是包含 C 标准库中的头文件，编译时系统到预先设置好的 include 文件夹中把指定的文件包含进来；若使用"#include "要包含的文件名""格式，编译程序先到当前的工作文件夹中寻找被包含的文件，若找不到，才到预先设置好的 include 文件夹中进行查找。因此，这种格式适用于将程序员自行编写的文件进行包含，必要时还可以在文件名前加上所在的路径。

将【案例 4.14】改造成包含 length.h 头文件和主函数文件 prog.c 两部分的程序代码。

【案例 4.14 改造】 利用文件包含，实现将英制单位转化为国际单位。

```
/*头文件 length.h*/
#define MILE_TO_METER 1609          /*1 英里=1609 米*/
#define FOOT_TO_CENTIMETER 30.48    /*1 英尺=30.48 厘米*/
#define INCH_TO_CENTIMETER 2.54     /*1 英寸=2.54 厘米*/

/*主函数文件 prog.c*/
#include <stdio.h>
#include "length.h"
int main()
{
    float mile,foot,inch;                               /*定义英里、英尺和英寸变量*/
    printf("Input mile,foot and inch:");
    scanf("%f%f%f",&mile,&foot,&inch);                  /*分别输入英里、英尺和英寸*/
    printf("%f miles=%f meters.\n",mile,mile*MILE_TO_METER);
                                                        /*计算英里的米数*/
    printf("%f feet=%f centimeters.\n",foot,foot*FOOT_TO_CENTIMETER);
                                                        /*计算英尺的厘米数*/
    printf("%f miles=%f centimeters.\n",inch,inch*INCH_TO_CENTIMETER);
                                                        /*计算英寸的厘米数*/
    return 0;
}
```

通过文件包含的方法把程序中的各个功能模块联系起来，这是模块化程序设计中的一种非常有利的手段。一般的头文件用于对符号常量、数据结构进行统一的声明与定义。尤其是对于大型工程，往往存在大量宏定义，头文件的引入既方便各开发小组公用，又避免了多处重复定义所造成的不一致。

4.3.3 条件编译

在 C 程序编译时，所有的语句都将被生成到目标程序中。但是，如果可以做出"选择"，只想把源程序中的一部分生成目标程序，这就需要使用条件编译。它的一般格式为：

```
#define 标识符 1(或 0)
#if 标识符
    程序段 1
#else
```

```
    程序段 2
#endif
```

程序段 1 和程序段 2 只有一个能被生成到目标程序中。如果"标识符"被定义为 1，编译预处理按"程序段 1"进行；如果"标识符"被定义为 0，编译预处理按"程序段 2"进行。

【案例 4.17】 利用条件编译，计算几何图形的面积。

```c
#include <stdio.h>
#define R 1
int main()
{
    float c,r,s;
    printf ("input a number:");
    scanf("%f",&c);
    #if R
        r=3.14159*c*c;
        printf("area of round is: %f\n",r);
    #else
        s=c*c;
        printf("area of square is: %f\n",s);
    #endif
    return 0;
}
```

运行结果如图 4-40 所示。

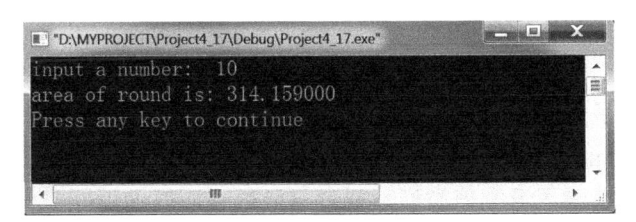

图 4-40 【案例 4.17】运行结果

在程序的第二行中，定义 R 为 1，因此使用条件编译时，计算并输出的是圆面积。若将 R 改为 0，则计算并输出的是正方形的面积。由此可见，条件编译可以为一个程序提供多个版本，不同的用户使用不同的版本，运行不同的程序，从而实现不同的功能，它被广泛应用于商业软件中。

> **注意**
>
> 条件编译与之前学过的 if-else 分支语句不同：if-else 分支语句是程序段都被生成到目标代码中，由程序实际运行时根据判断条件决定执行哪一个分支；而条件编译仅是在编译前起作用，一旦程序运行，每次只有一个分支被生成到目标代码中，另一段被舍弃。而且，在条件编译中，if 后的"标识符"只能是宏名，不能是程序表达式，因为编译时无法对表达式进行计算，只有在运行时才能计算。

采用条件编译后，目标代码很简洁，只有满足要求的代码才被包含到目标程序中。此外，这也使得代码的安全性好，软件的提供商根据用户花费的代价只提供一部分程序段的可执行代码，另一部分用户无从得到，因为其根本就不存在。

4.4 本章小结

模块化是程序设计的重要思想方法，尤其适用于实际生活中大规模软件系统的开发，而函数则是实现模块化的重要手段之一。本章主要讲解了函数的定义、函数调用和参数传递的过程、函数嵌套调用与递归调用、变量的作用域与生存期、编译预处理等相关知识。通过本章的学习，读者应能将实现特定功能的代码封装，并以函数的形式进行调用，从而简化代码，使代码的可读性更好，程序的开发效率更高。此外，以宏定义、文件包含与条件编译形式存在的编译预处理功能扩展了 C 程序的环境，简化了程序开发过程，提高了程序的可读性和可移植性，对形成模块化的程序设计也有很大的帮助。

在本章学习中，要注意结合案例体会函数的功能和使用方法，尤其要明确参数和返回值的类型，还要注意变量的可见性与存在性问题，在使用中避免出错。此外，对于递归问题，需要体会其中所体现出的"减而治之"的思想。该思想可将大型的复杂问题层层化简，逐步化简成与原问题相似的规模较小的简单问题加以解决，求解的关键是找出"递归公式"与"边界条件"。

4.5 本章常见的编程错误

1. 在程序中使用了一些库函数，但是忘记了在程序头写上预处理命令，如使用了数学库函数，忘记写上"#include <math.h>"。
2. 在函数定义时遗漏了返回值类型，或者与函数声明时的返回类型不一致。
3. 当函数有返回值时，忘记用 return 语句进行返回，或者忘记了声明函数的返回值类型。
4. 当函数定义成 void 返回时，在函数体中写了 return 语句。
5. 函数有多个形参，当其数据类型相同时，忘记了逐个进行类型声明，如形参"int x, int y"写成了"int x,y"。
6. 在进行函数定义时，在函数头后带上了分号，或在函数的声明语句后遗漏了分号。
7. 在一个函数体内部嵌套定义了另一个函数。
8. 在函数体内，将一个形参再次定义成局部变量。
9. 当某函数的调用语句出现在定义结构之前，不写函数原型。
10. 将用户自定义函数命名为系统的库函数名，如自行定义函数 printf()。
11. 在递归函数中，未写边界条件，或者写错了递归公式，导致递归无法收敛。
12. 在编译预处理命令后面带上分号，形成了语句。
13. 在宏名后加上了等号，如"#define PI=3.14"。
14. 在进行宏定义时遗漏或加错括号，导致未能做到正确的宏替换。

4.6 本章习题

1. 利用函数输出满足给定层数的数字金字塔，如输入"5"，则输出 5 层的数字金字塔：
$$
\begin{array}{c}
1\\
2\ 2\\
3\ 3\ 3\\
4\ 4\ 4\ 4\\
5\ 5\ 5\ 5\ 5
\end{array}
$$

2. 编写一个函数，其功能是对于给定的一个时间数(秒为单位)，以"时：分：秒"的格式输出。

3. 编写一个函数，要求将一个字符串中的元音字母复制到另一字符串中并输出。

4. 编写一个函数，找出任一整数的全部因子。

5. 写两个函数，分别用于求两个整数的最大公约数和最小公倍数并输出，要求这两个整数由键盘输入。

6. 编写一个函数，输入一个十六进制数，输出相应的十进制数。

7. 用递归算法求下列函数的值。

$$p(n,x)=\begin{cases} 1 & (n=0) \\ x & (n=1) \\ ((2x-1)\times p(n-1,x)\times x-(n-1)\times p(n-2,x))/n & (n>1) \end{cases}$$

在 main() 函数中，输入下列三组数据进行测试：
(1) n=0，x=7；　　(2) n=1，x=2；　　(3) n=3，x=4 求出相应的函数值。

8. 有 5 个小孩围坐在一起，问第 5 个小孩的岁数，他说比第 4 个小孩大 2 岁。问第 4 个小孩的岁数，他说比第 3 个小孩大 2 岁。问第 3 个小孩的岁数，他说比第 2 个小孩大 2 岁。问第 2 个小孩的岁数，他说比第 1 个小孩大 2 岁。最后问第 1 个小孩的岁数，他说是 4 岁。问：第 5 个小孩多大？

9. 从键盘输入一组按升序排列的整型数和待查找的数，利用递归函数实现折半查找的功能，如找到则输出该数的下标号，若找不到则输出"查无此数"。

10. 输入一个整数，将它逆序输出。要求定义并调用函数 reverse(number)，它的功能是返回 number 的逆序数。例如，reverse(1234) 的返回值是 4321。

11. 用递归函数将一个整数 n 转换成字符串。例如，输入 483，输出字符串"483"。其中，n 的位数不确定，可以是任意位数的整数。

12. 输入年、月、日，要求利用函数计算出该日是该年的第几天。

13. 分别用函数和带参的宏实现从 3 个数中找出最大数的功能，并比较这两种方法在形式上和使用上的区别。

14. 用条件编译方法实现以下功能：输入一行电报文字，可以任选两种输出：一种是按原码输出；另一种是将某一个字母变成其下一个字母(如'a'变成'b'，…，'z'变成'a'，其他字符不变)。用#define 命令来控制是否要译成密码。例如：若是 "#define CHANGE 1"，则输出密码。若是 "#define CHANGE 0"，则不译为密码，直接按原码输出。

第 5 章 数 组

本章导引

程序处理的对象是各式各样的数据,选用一种合理、有效的方式将数据组织起来是编写一个高效率、高质量程序的必要前提。通常,在程序中参与操作的数据可以被分成两种形式:一种是单一数据;另一种是批量数据。所谓单一数据是指用于描述一个事物或一个概念且相对独立的数据,它可以用前面的章节已经学习过的各种基本数据类型来表示;而批量数据是指将若干个具有相同性质的数据组织在一起且共同参与某项操作的数据集合,此时用基本数据类型来表示很不方便,有的问题甚至处理不了。数组是 C 语言中提供的一种专门用来组织批量数据的数据类型,它可以将性质相同且需要共同参与某项操作的多个数据有效地组织起来,是一种应用十分频繁且非常重要的数据类型。

对批量数据进行处理的情况在实际问题中经常会遇到,如对一组数据进行排序、求平均值;在一组数据中查找某一数值;矩阵运算;表格数据处理等。假设要输入全年级 100 个学生的成绩,然后排出名次。显然定义 100 个变量来存放这 100 个学生的成绩是不现实、不可取的,然而利用数组类型来解决这一问题却非常方便。所谓数组就是一批同类型数据的有序集合,每个数组在内存中占一片连续的存储空间,用一个统一的数组名和下标来唯一地确定数组中的元素,其中每个元素通常称为下标变量。只有一个下标的数组称为一维数组,有两个下标的数组称为二维数组,依此类推。

5.1 批量处理:一维数组的定义和使用

5.1.1 一维数组的定义方式

与前面章节介绍的基本数据类型变量的处理方式相同,数组作为带有下标的变量,也需要经历定义、初始化和引用 3 个阶段。

一维数组定义的一般形式为:

> **类型说明符   数组名[常量表达式];**

其中:

类型说明符用于说明数组的基类型,即数组中每个元素的类型,可以是任一种基本数据类型或构造数据类型。

数组名是用户定义的数组标识符,应符合标识符的书写规定。在同一个函数中,数组名不能与其他变量名相同。

方括号中的常量表达式表示数组元素的个数,也称为数组的长度。

例如：

```
int a[10];                  /*定义整型数组a，有10个元素*/
float score[20];            /*定义浮点型数组score，有20个元素*/
char letter[26];            /*定义字符数组letter，有26个元素*/
```

对于数组类型定义有以下4点说明。

(1)允许在同一个类型定义中定义多个数组和多个变量。例如：

```
int a,b,c,d,k1[10],k2[20];
```

(2)方括号中的常量表达式通常取整型常量或整型常量表达式(包括符号常量)。例如：

```
#define N 20               /*用此命令行定义符号常量N，方便程序修改*/
float score[N];            /*正确的定义方式，提倡使用*/
```

> **注意**
>
> C语言中不允许用变量下标形式对数组进行动态定义。如n为一个普通变量，定义：
>
> ```
> float score[n];    /*不正确的定义方式*/
> ```
>
> 是非法的。即使在数组定义前已用变量初始化对n进行了赋值，上面的定义方式仍然是非法的。

(3)与其他高级语言(如Pascal、BASIC)不同，C语言中规定数组元素的下标总是从0开始，例如 int a[10]; 定义整型数组 a，有 10 个元素。这 10 个元素是：a[0],a[1],a[2],a[3],a[4],a[5],a[6],a[7],a[8],a[9]；注意最后一个元素是a[9]，而不是a[10]，该数组不存在数组元素a[10]。

> **注意**
>
> 特别值得注意的是，C 编译器对数组下标越界不做检查。如上述数组不存在数组元素 a[10]，但在程序中不小心引用了 a[10]，程序编译时仍认为是合法的。另外，程序运行后可能会出现逻辑错误，因为 a[10]已不是数组中的元素，越界的操作可能破坏 a[9]后面的数据或程序，要特别引起注意。

(4)在定义一个数组后，系统会在内存中分配一段连续的空间用于存放数组元素，并且数组名代表首地址。如定义 int a[10]; 则其在内存中的存放形式如图 5-1 所示。

a[0]	a[1]	a[2]	a[3]	a[4]	a[5]	a[6]	a[7]	a[8]	a[9]

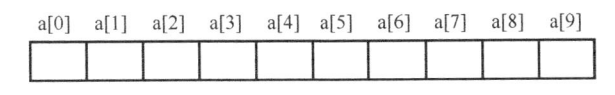

图 5-1 数组 a 在内存中的存放形式

在内存中，一维数组所占用的总字节数为：数组长度×sizeof(基类型)，如在 Visual C++ 6.0 环境中，整型数组 a 所占用的总字节数为 10×4=40。从上面可以发现，每个元素都相当于一个整型变量，其中可存放一个整型数值。

5.1.2 一维数组的初始化

数组与简单变量一样，也可以对各元素初始化。数组初始化赋值是指在数组定义时给数组元素赋予初值。数组初始化是在编译阶段进行的，这样可减少运行时间，提高效率。

初始化赋值的一般形式为：

类型说明符 数组名[常量表达式]={初值表}

其中，{初值表}中的各数据值为各元素的初值，各值之间用逗号分隔。

例如：

```
int a[10]={ 0,1,2,3,4,5,6,7,8,9 };
```

相当于 a[0]=0;a[1]=1;... a[9]=9;

C 语言对数组的初始化赋值还有以下 4 项规定。

(1) 可以只对部分元素赋初值。

当{ }中值的个数少于元素个数时，只给前面部分元素赋值。例如：

```
int a[10]={0,1,2,3,4};
```

表示只给 a[0]~a[4]5 个元素赋值，而后 5 个元素自动赋 0 值。

如果想使一个数组中全部元素值为 0，可以写成：

```
int a[10]={0};  /*第1个元素赋值0，后面9个元素自动为0*/
```

(2) 只能给元素逐个赋值，不能给数组整体赋值。

例如给 10 个元素全部赋 1 值，只能写为：

```
int a[10]={1,1,1,1,1,1,1,1,1,1};
```

而不能写为：

```
int a[10]=1;
```

(3) 如给全部元素赋值，则在数组说明中可不指定数组长度。

例如：

```
int a[5]={1,2,3,4,5};
```

可写为：

```
int a[]={1,2,3,4,5};
```

(4) 当数组被说明为静态(static)或外部存储类型(在所有函数外部定义)时，若不赋初值，则在程序编译阶段对数值型数组全部元素赋初值 0，对字符型数组全部元素赋空字符(ASCII 码为 0 的字符'\0')。

5.1.3 一维数组元素的引用

定义了数组之后，就可以对它进行各种操作了。从前面章节中已经得知：对于基本数据类型的变量，可以通过变量名达到对该变量所占用的存储空间进行存取操作的目的。但是，对于数组型变量就并非这么简单了。这是因为数组由若干个元素组成，数组名只能表示整个数组(首地址)，而并不能说明其中某个元素。如果希望指出具体的元素，需要按照下列格式书写：

数组名[下标表达式]

其中，数组名是一个已经定义的数组，[下标表达式]的结果应该是一个介于数组下标取值范围内的整型数值，通常是一个整型表达式(其中可以包含整型常量或已赋值的整型变量)。

> **多学一点**
> 数组元素也是一种变量，它与前面介绍过的普通的基本型变量具有相同的性质和操作，如可以出现在任何合法的 C 语言表达式中等。不同的是：数组元素是按顺序排列的，下标表示了元素在数组中的顺序号。对数组元素的访问是通过下标来进行的，因此，可用循环语句操作数据，这给处理数据带来很大方便。

定义数组后，它所占有的存储单元的值是不确定的。在引用数组元素之前，必须保证数组元素已经被赋予确定的值。给数组元素赋值的方法有很多种，除前面介绍过的数组初始化外，还可以像普通变量一样采用赋值语句或采用键盘输入的方式。

【案例 5.1】 用数组来处理求 Fibonacci 数列问题(具体描述见【案例 3.23】)。

源程序如下：

```c
#include <stdio.h>
#define N 40
int main()
{
    int i;
    long int f[N]={1, 1};           /*数组初始化,f[0]及f[1]分别为1,其他为0*/
    for(i=2; i<N; i++)
        f[i]=f[i-2]+f[i-1];         /*计算从第3个月起每月的总兔子对数*/
    for(i=0;i<N;i++)
    {
        if(i%5==0)  printf("\n");   /*控制一行输出5个数*/
        printf("%12ld", f[i]);
    }
    printf("\n");
    return 0;
}
```

运行结果如图 5-2 所示。

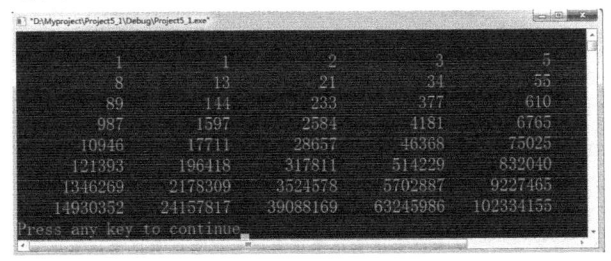

图 5-2 【案例 5.1】运行结果

说明:

(1)在【案例 3.23】中主要是采用迭代递推的方法来求解,从而避免了使用大量变量所带来的不便。引入数组类型后,可以直接定义一维数组 long int f[40]来存放所要求的 40 个数,并配合循环语句通过一个控制下标变化的变量来访问一维数组的所有元素,显得直观、简单。由此可知,用一维数组来有序地存储和表示一组相同类型的数据是十分方便的。

(2)本例中对数组元素的赋值主要通过初始化和赋值语句配合循环语句来进行。

5.1.4 一维数组程序举例

【案例 5.2】 某电视台举办青年歌手大奖赛。假设有 11 位评委参与评分工作。计算每位歌手最终得分的方法是:首先去掉一个最高分和一个最低分,然后计算剩余 9 个分数的平均值,所得结果就是选手的最终得分。希望编写一个程序,帮助工作人员计算每个歌手的分数。

分析:在进行程序设计之前需要考虑以下两个问题。

(1)数据结构:程序所要处理的数据如何存储和表示?本题中参加统计的数据是 11 位评委的评分,因此应该将这 11 个数据组织在一起形成批量数据。显然,选用一维数组来存储比较合适。

(2)算法:根据计算每位歌手最终得分的方法,关键是如何求出每位歌手所得的最高分和最低分。求最高分可以采用打擂台的方法:先假设第一个得分为最高分(擂主),然后把其他的每个得分依次与最高分(擂主)进行比较,若发现后面的得分高于前面的最高分,则将把最高分修改为后面的得分(产生新擂主)。当所有的得分都比较完后,最高分也就求出来了(最终擂主产生)。求最低分的方法类似于求最高分,并且两者可以合并在同一个 if 语句中完成。

源程序如下:

```c
#include <stdio.h>
#define NUM 11                    /*评委人数*/
int main()
{
    float score[NUM], maxvalue, minvalue,sum;
                                  /*一维数组 score 用于保存 11 位评委的评分*/
    int i;
    printf("Enter 11 score:");
    for(i=0; i<NUM; i++)
        scanf("%f", &score[i]);   /*用循环语句配合 scanf 函数逐个对数组元素赋值*/
    sum=maxvalue=minvalue=score[0];         /*把第一个得分作为最高分与最低分*/
    for(i=1; i<NUM; i++)
    {   if(score[i]>maxvalue)    maxvalue=score[i];
        else if(score[i]<minvalue)    minvalue=score[i];
        sum=sum+score[i];
    }
    sum=(sum-maxvalue-minvalue)/(NUM-2);    /*计算歌手的最终得分*/
    printf("Final score is %6.2f\n", sum);
    return 0;
}
```

运行结果如图 5-3 所示。

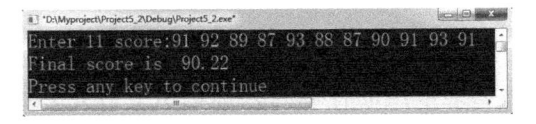

图 5-3 【案例 5.2】运行结果

5.2 完美矩形：二维数组的定义和使用

利用一维数组可以处理"一组"相关数据，而要处理"多组"相关数据就很不方便。例如，由多个学生学习多门课程组成的成绩表、矩阵运算等都是二维表格，仅用一维数组来表示就显得很困难，这时需要引入二维数组来处理。

5.2.1 二维数组的定义

假设一个学习小组有 5 个人，每个人有 3 门课的考试成绩(如图 5-4 所示)。求全组各科的平均成绩和每人的总成绩。

	张	王	李	赵	周
Math	80	61	59	85	76
C	75	65	63	87	77
Foxpro	92	71	70	90	85

图 5-4　5 个人各 3 门课的考试成绩

对于上述问题，若用一维数组来进行表示和处理，以课程(行)为单位至少要定义 3 个一维数组，以人(列)为单位至少要定义 5 个一维数组。并且，在处理全组各科的平均成绩和每人的总成绩时，必须涉及多个一维数组中的数据。显然，这种表示方法不能很好地反映上述二维表中数据间的整体关系，处理起来也比较困难。这时，引入二维数组可以方便地表示和处理这个问题。

二维数组定义的一般形式为：

　　　　类型说明符　　数组名[常量表达式 1] [常量表达式 2]

其中，常量表达式 1 及常量表达式 2 分别表示数组的行数和列数，经常也称为行数常量表达式和列数常量表达式。

例如：float s[3][5];

定义了一个 3 行 5 列浮点型数组 s，有 15 个元素。逻辑上可以用一个矩阵(二维表格)来表示，如图 5-5 所示。

	第1列	第2列	第3列	第4列	第5列
第1行 s[0]	s[0][0]	s[0][1]	s[0][2]	s[0][3]	s[0][4]
第2行 s[1]	s[1][0]	s[1][1]	s[1][2]	s[1][3]	s[1][4]
第3行 s[2]	s[2][0]	s[2][1]	s[2][2]	s[2][3]	s[2][4]

图 5-5　数组 s[3][5]的逻辑存储结构

把图 5-4 与图 5-5 比较，可以发现图 5-5 刚好可用来存储学习小组中有 5 个人、每个人有 3 门课的 15 个考试成绩。

说明：

(1)与一维数组相同，二维数组的行标与列标也从 0 开始。因此在上面定义的 s 数组中行标与列标都最小的元素是 s[0][0]，行标与列标都最大的元素是 s[2][4]。

(2)观察图 5-5，可以发现同一行上的元素的行标是一样的，列标从 0 开始增长。如第 1 行上的元素的行标都是 0，若用 b 来代替 s[0]，第 1 行上的元素可以改写为 b[0],b[1],b[2],b[3],b[4]。显然这是一个一维数组，数组名为 b，因此第 1 行可以看成一维数组，数组名为 s[0]。同样，第 2、3 行都可以看成一维数组，数组名分别为 s[1]、s[2]。s[0]、s[1]、s[2]又可以组成一个一维数组 s。综上所述，二维数组 s 可以看成由 s[0]、s[1]、s[2] 3 个元素组成的一维数组，而每个元素 s[0]、s[1]、s[2]本身又是一个包含 5 个元素的一维数组。因此，我们可以把二维数组看成一种特殊的一维数组，它的元素又是一个一维数组。

> **注意**
>
> 必须强调的是：s[0],s[1],s[2]不能作为下标变量使用，它们是数组名，不是一个单纯的下标变量。

(3)二维数组在概念上是二维的，而不像一维数组只是一个向量。但是，实际的硬件存储器却是连续编址的，也就是说存储器单元是按一维线性排列的。因此在 C 语言中，二维数组与一维数组一样，在被说明为一个数组后，系统会在内存中分配一段连续的空间用于存放数组元素，并且数组名代表首地址。数组元素存放时是按行优先排列的，即先存放第 1 行，再存放第 2 行，依此类推。假设定义一个 2 行 3 列的整型数组 int a[2][3](int 类型在 Visual C++ 6.0 软件中占 4 字节的内存空间，所以每个元素均占有 4 字节)。数组 a 在内存中的存放形式如图 5-6 所示，它在内存中所占用的总字节数为行数×列数×sizeof(基类型)，即 2×3×4=24(字节)。

5.2.2 二维数组的初始化

二维数组初始化也是在类型说明时给各下标变量赋以初值。二维数组可按行分段赋值，也可按行连续赋值。

例如，对于数组 float s[3][5]：

(1)按行分段赋值可写为：

```
float s[3][5]={{80,75,92,61,65},{71,59,63,70,85},{87,90,76,77,85}};
```

(2)按行连续赋值可写为：

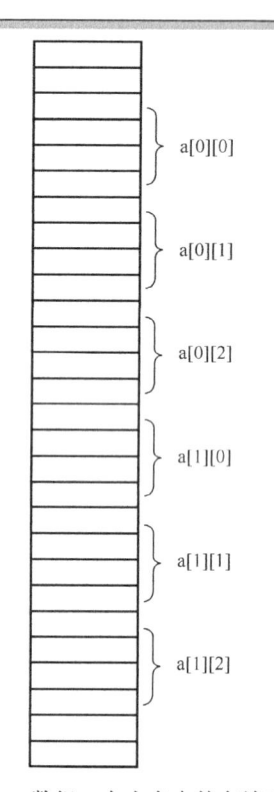

图 5-6 数组 a 在内存中的存放形式

```
float s[3][5]={80,75,92,61,65,71,59,63,70,85,87,90,76,77,85};
```

这两种赋初值的结果是完全相同的。

对于二维数组初始化赋值还可采用下列方式。

(1) 可以只对部分元素赋初值，未赋初值的元素自动取 0 值。

例如：

```
int a[3][3]={{1},{2},{3}};
```

是对每行的第 1 列元素赋值，未赋值的元素取 0 值。赋值后各元素的值为：

```
1 0 0
2 0 0
3 0 0
```

而对于 int a[3][3]={{0,1},{0,0,2},{3}};赋值后的元素值为：

```
0 1 0
0 0 2
3 0 0
```

(2) 如对全部元素赋初值，则可以不给出第 1 维的长度。

例如：

```
int a[3][3]={1,2,3,4,5,6,7,8,9};
```

可以写为：

```
int a[][3]={1,2,3,4,5,6,7,8,9};
```

> **注意**
> 不能出现省略第 2 维长度的情况。

5.2.3 二维数组元素的引用

二维数组的元素也称为双下标变量，其表示的形式为：

数组名[行下标][列下标]

其中，下标应为整型常量或整型表达式，其取值范围从 0 开始，分别到行数–1 和列数–1。

例如：

a[3][4]

表示 a 数组中行标为 3 列标为 4 的元素。

与一维数组相同，给二维数组元素赋值的方法有很多种，除前面介绍过的数组初始化外，还可以像普通变量一样采用赋值语句或采用键盘输入的方式。

如果想引用数组中的全部元素，只要利用循环语句即可实现，这是对数组中元素进行操作的基本算法。对于一维数组，已知只需用单重循环就可完成；而对于二维数组则需要使用

两重循环来完成,外循环控制行标变化,内循环控制列标变化。下列程序段实现对数组 float s[3][5]的动态赋值:

```
for(i=0; i<=2; i++)              /*行标 i 从 0 开始变化到 2*/
    for(j=0; j<=4; j++)          /*列标 j 从 0 开始变化到 4*/
        scanf("%f", &s[i][j]);   /*二维数组元素如同普通浮点型变量操作*/
```

> **多学一点**
>
> 可以模仿二维数组的使用方法来实现多维数组等各种数据容器。例如,可用如下方法定义三维数组:
>
> ```
> float a[2][3][4];
> ```
>
> 多维数组元素在内存中的排列顺序为:第一维的下标变化最慢,最右边的下标变化最快。请读者自己画出上述三维数组元素在内存中的存放情况。

5.2.4 二维数组程序举例

【案例 5.3】 调用随机函数产生一个 5 行 5 列的矩阵 a,要求每个元素值均为整数,并且 $10 \leqslant a_{ij} \leqslant 99$,输出该矩阵。然后把矩阵 a 转置(行、列互换),再输出转置后的矩阵。

分析:在 C 语言中,主要提供两个用于产生随机数的函数,它们的原型声明在 stdlib.h 头文件中。

(1)函数原型:void srand(unsigned int seed);其功能是初始化随机数发生器。

(2)函数原型:int rand();其功能是产生一个介于 0~RAND_MAX 之间的随机整数,RAND_MAX 的具体值由编译器决定,至少为 32767。

5 行 5 列的矩阵可以存放在一个二维数组中,数组元素值由上述两个随机函数产生。矩阵转置(行、列互换)主要通过对数组元素的行标和列标的控制来实现。

源程序如下:

```c
#include <stdio.h>
#include <stdlib.h>
#define N 5
#define MAX 99
#define MIN 10
int main()
{
    int i, j, a[N][N], temp;
    srand(time(NULL));          /*利用系统时间来为函数 rand 设置随机数种子*/
    for(i=0; i<N; i++)
        for(j=0; j<N; j++)
            a[i][j]=MIN+rand()%(MAX-MIN+1);  /*随机产生 10≤a[i][j]≤99*/
    printf("随机产生的 a 矩阵如下:\n");
    for(i=0; i<N; i++)
    {
        for(j=0; j<N; j++)
```

```
                printf("%5d", a[i][j]);
            printf("\n");
        }
        for(i=0; i<N; i++)
            for(j=i+1; j<N; j++)           /*只扫描右上半部*/
            {
                temp=a[i][j]; a[i][j]=a[j][i]; a[j][i]=temp;
                                            /*交换相应位置上的元素*/
            }
        printf("a 矩阵转置后如下:\n");
        for(i=0; i<N; i++)
        {
            for(j=0; j<N; j++)
                printf("%5d", a[i][j]);
            printf("\n");
        }
        return 0;
    }
```

运行结果如图 5-7 所示。

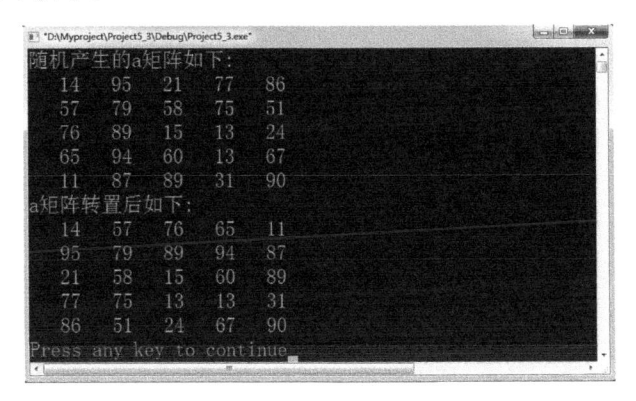

图 5-7 【案例 5.3】运行结果

注意

思考：为什么在矩阵转置(行、列互换)时内循环用语句 for(j=i+1; j<N; j++)来扫描其右上半部？是否可用语句 for(j=0; j<N; j++)替换？

多学一点

在本例中，由于利用了随机数发生器，因此每次运行的结果也具随机性。其中必须利用 srand()来初始化随机数发生器，否则每次运行程序时，产生的随机数是同一个整数序列。

在编写程序中，经常希望采用一些随机数运行程序，便于模拟实际问题中出现的随机状况。另外，在程序调试中若需要较大数据量时，也可考虑使用随机数发生器来产生数据，以免去重复输入数据的麻烦。

【案例 5.4】 一个学习小组有 5 个人，每个人有 3 门课的考试成绩（如图 5-8 所示）。求全组各科的平均成绩和每人的总成绩。

	张	王	李	赵	周
Math	80	61	59	85	76
C	75	65	63	87	77
Foxpro	92	71	70	90	85

图 5-8 5 个人各 3 门课的考试成绩

分析：要存放 5 个人 3 门课的成绩，显然只要设一个二维数组 s[3][5]（或 s1[5][3]）即可。接下来要计算全组各科的平均成绩和每人的总成绩，需要对上述的二维数组的每一行及每一列分别扫描计算，对所得结果的存放有两种方法：

（1）再设 2 个一维数组 ave[3]（用于存放各科平均成绩）及 sum[5]（用于存放每人的总成绩）。

（2）直接对上述二维表格进行扩充：增加一行用于存放每人的总成绩，再增加一列用于存放各科平均成绩，对应的二维数组改为 s[4][6]（或 s1[6][4]）即可。

比较上面两种方法，后者更为合适，也更利于对程序功能的扩展，如要在前面的基础上增加按 5 个人的总分进行排序等功能。

源程序如下：

```c
#include <stdio.h>
#define M 4
#define N 6
int main()
{
    int i, j;
    float s[M][N]={{80, 75, 92, 61, 65},{71, 59, 63, 70, 85},{87, 90, 76, 77, 85}};
          /*以上用表中成绩对 s 数组部分初始化(前 3 行和前 5 列)*/

/*下面统计每门课程的平均成绩并填入二维数组中的最后一列*/
    for(i=0; i<M-1; i++)
    {
        for(j=0; j<N-1; j++)
            s[i][5]+=s[i][j];    /*对同一行元素扫描要保持行标不变、列标变化*/
        s[i][5]/=N-1;
    }
/*下面统计每个人的总成绩并填入二维数组中的最后一行*/
    for(j=0; j<N-1; j++)
    {
        for(i=0; i<M-1; i++)
            s[3][j]+=s[i][j];    /*对同一列元素扫描要保持列标不变、行标变化*/
    }
    printf("\n         张      王      李      赵      周    平均成绩");
    for(i=0; i<M-1;i++)
    {
        printf("\n 课程%d         ", i+1);
```

```
            for(j=0; j<N; j++)
                printf("%-7.1f", s[i][j]);
        }
        printf("\n总成绩    ");
        for(j=0; j<N-1; j++)
            printf("%-7.1f", s[3][j]);
        printf("\n");
        return 0;
    }
```

运行结果如图 5-9 所示。

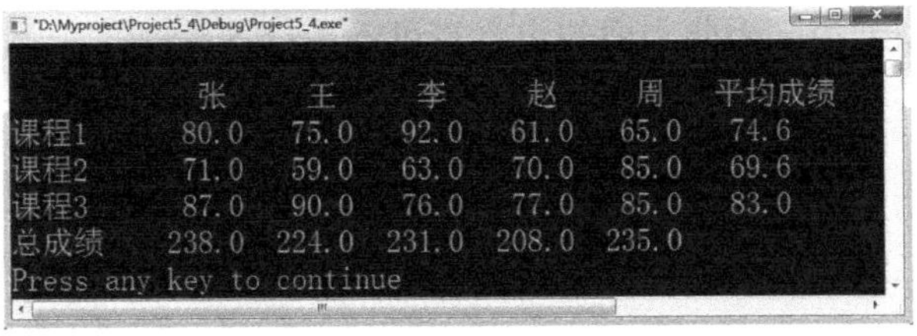

图 5-9 【案例 5.4】运行结果

在程序的运行结果中，可以发现第 1 列只输出了很有规律的"课程 1、课程 2、课程 3"，而要输出具体课程名，则要利用下面介绍的字符数组与字符串。

5.3 戴帽成串：字符数组和字符串

前面已经介绍过字符串(常量)的概念：字符串是指一个有限长度的字符序列。它是一种常用的数据形式，在程序中为用户提供的众多信息都是以字符串形式提供的：学生姓名、部门名称、图书名称、通信地址和在很多场合用于验证身份的密码等也都是用字符串的形式描述的，甚至程序源代码本身也是一个字符序列。既然字符串的用途如此广泛，很有必要研究它的组织方式及操作特点。但是在 C 语言中，并没有设置专门的字符串数据类型，通常用一个一维字符数组来存放一个字符串；而二维字符数组则可以用来存放多个字符串，也称为字符串数组。

5.3.1 字符数组与字符串的关系

字符串是由若干有效字符构成且以字符'\0'作为结束标志的一个字符序列，其中可以包括字母、数字、专用字符和转义字符等，并且用双引号括起来，如"China"。'\0'作为字符串结束标志，在这里可不显式写出，C 编译程序自动在其尾部添加字符'\0'。该字符串的实际长度为 5，但在内存中却占 6 个存储单元(此时包括'\0')。

当一个数组的基类型为字符型时，数组称为字符数组，它主要用来存放字符数据，其中每个元素均存放一个字符。对于字符数组的定义、初始化及引用等可采用与前面介绍的数值型数组的操作方法类似地进行。但当一维字符数组中的最后一个元素存放空字符'\0'时，该字符数组就是字符串，作为字符串的字符数组的初始化及引用等方法又可以不同于前面介绍的数值型数组，特别是此时的字符数组可以利用 C 编译系统中提供的字符串库函数进行操作，比较方便。

5.3.2 字符数组的定义

定义形式与前面介绍的数值数组相同，只不过数组的基类型为字符类型。
例如：

```
char c[10];
```

定义 c 为一维字符数组，包含 10 个元素，可以存放 10 个字符型的数据，也可以存放实际长度最大为 9 个字符的字符串。因为串结束符'\0'需占用一个位置，所以为了用一个字符数组来存储实际长度为 N 的字符串，要求字符数组的大小至少为 $N+1$。

由于字符型和整型通用，因此上面的定义也可改为：

```
int c[10];
```

但这时每个数组元素占 4 字节的内存单元，浪费空间。
类似地可以定义二维或多维字符数组。
例如：

```
char c[5][10];
```

定义了一个 5 行 10 列的二维字符数组，可以用来存放 5 个字符串，每个字符串实际长度最大为 9 个字符。

5.3.3 字符数组的初始化

对字符数组初始化，通常可采用以下两种方式。

1. 对字符数组的各元素分别赋值

例如：

```
char c[12]={'H','e','l','l','o',' ','W','o','r','l','d','!'};
```

把 12 个字符分别赋给从 c[0]到 c[11]的 12 个元素。
说明：
(1) 如果"{ }"中提供的初值个数(即字符个数)大于数组长度，则做语法错误处理。
(2) 如果"{ }"中提供的初值个数小于数组长度，则只将这些字符赋给数组中前面那些元素，其余的元素自动定为空字符(即'\0')，这时字符数组就变成了字符串。
例如下面定义中 c[12]的值为'\0'：

```
char c[13]={'H','e','l','l','o',' ','W','o','r','l','d','!'};
```

(3) 如果"{ }"中提供的初值个数与预定的数组长度相同，在定义时可以省略数组长度，系统会自动根据初值个数确定数组长度。例如：

```
char c[ ]={'H','e','l','l','o',' ','W','o','r','l','d','!'};
```

数组 c 的长度自动定为 12。用这种方式可以不必去数字符的个数，尤其在赋初值的字符个数较多时，比较方便。

2. 用字符串常量初始化字符数组

例如：

```
char c[ ]={"Hello World!"};
```

也可以省略花括号，直接写成：

```
char c[ ]= "Hello World!";
```

此时，不是用单个字符作为初值，而是用一个字符串(注意字符串的两端是用双引号而不是单引号括起来的)作为初值。显然，这种方法直观、方便，符合人们习惯，数组 c 的长度不是 12，而是 13。因为字符串常量的最后由系统加上一个'\0'。因此，上面的初始化与下面的初始化等价。

```
char c[13]={'H','e','l','l','o',' ','W','o','r','l','d','!','\0'};
```

而不与下面的等价：

```
char c[ ]={'H','e','l','l','o',' ','W','o','r','l','d','!'};
```

前者的长度为 13，后者的长度为 12。

说明：

(1) 字符数组最后一个字符是否为'\0'完全根据需要决定。例如：

```
char  c[12]={'H','e','l','l','o',' ','W','o','r','l','d','!'};
```

与

```
char  a[13]={'H','e','l','l','o',' ','W','o','r','l','d','!','\0'};
```

都是合法的，前者长度为 12，后者长度为 13；前者为普通字符数组，后者为字符串。但为了与字符串处理一致，通常在字符数组的后面加上一个'\0'。

(2) 由于采用了'\0'标志，所以在用字符串赋初值时一般无须指定数组的长度，而由系统自行处理。

5.3.4 字符数组的引用

对是否含有结束标志符'\0'的字符数组的引用方法是不同的。对不加结束标志符'\0'的普通字符数组，在程序中只可以逐个引用字符数组中的各字符，而不能一次性引用整个字符数组。而加结束标志符'\0'的字符数组是字符串，既可以逐个引用数组元素，也可以引用整个数组(此时使用数组名)。

1. 逐个引用字符数组中的各字符

设已定义字符数组：

```
char ch[6]={ 'H','e','l','l','o','!'};        /*普通字符数组*/
char str[ ]="Hello!";                          /*字符串*/
```

现要把它们所包含的字符全部输出所对应的代码段分别如下。

输出字符数组 ch：

```
        for(i=0;i<=5;i++)                    /*循环结束依赖于整个数组的长度*/
            printf("%c",ch[i]);
```

输出字符串 str:

```
        for(i=0;str[i]!='\0';i++)            /*循环结束依赖于'\0'的位置*/
            printf("%c",str[i]);
```

输出结果皆为：Hello!

比较上面两种方法可以看出：字符串有了结束标志'\0'后，在程序中往往依靠检测'\0'的位置来判断字符串是否结束，就不必再用字符数组的长度来决定字符串的长度了。

2. 作为字符串的字符数组可以一次性整体引用

此时只需使用数组名即可，在遇到字符'\0'时，表示整个字符数组(字符串)结束。例如：

```
        char str[ ]="Hello!";
        printf("%s",str);
```

输出结果与"1. 逐个引用字符数组中的各字符"中相同。

说明：

(1) '\0'代表 ASCII 码为 0 的字符，因此要输出字符串 str 时用到的语句 for(i=0; str[i]!='\0';i++) printf("%c", str[i]);中的条件(str[i]!='\0')也可以写成：(str[i]!=0) 或 (str[i]) 。

(2) 从 ASCII 码表中可以查到，ASCII 码为 0 的字符不是一个可以显示的字符，而是一个"空操作符"，即它什么也不干。用它作为字符串结束标志不会产生附加的操作或增加有效字符，它只是一个供辨别的标志。

5.3.5 字符数组的输入/输出

类似于字符数组的引用，通常有以下两种方法。

1. 逐个输入/输出字符数组中的各个字符

可以使用 scanf()/printf() 与 getchar()/putchar() 这两组库函数来完成。
例如：char ch[6];
(1)用格式输入/输出函数 scanf() 及 printf() 配合格式符"%c"。

```
        scanf("%c",&ch[1]);
        printf("%c",ch[1]);
```

(2)用字符输入/输出函数 getchar() 及 putchar()。

```
        ch[1]=getchar();
        putchar(ch[1]);
```

2. 输入/输出作为字符串的整个字符数组

可以使用 scanf()/printf() 与 gets()/puts() 这两组库函数来完成。
例如：char ch[6];
(1)用格式输入/输出函数 scanf() 及 printf() 配合格式符"%s"。

```
scanf("%s", ch);
printf("%s",ch);
```

(2) 用字符串输入/输出函数 gets() 及 puts()，使用时需在程序开头加上#include "stdio.h"。
① 输入函数 gets() 的一般形式：

```
gets(字符数组);
```

作用：从终端输入一个字符串到字符数组，并且得到一个函数值，该函数值是字符数组的起始地址。例如：gets(ch);。

② 输出函数 puts() 的一般形式：

```
puts(字符数组);
```

作用：将一个字符串(以'\0'结束的字符序列)输出到终端。例如：puts(ch);。

说明：
(1) 使用 scanf()函数和 gets()函数来输入字符串时，函数中的输入项是字符数组名，它本身就是地址，因此在引用 ch 时不能加地址符&。但用 scanf()函数来输入一个字符时，则必须加上&取其地址，如&ch[1]。

(2) 使用 scanf()函数和 gets()函数来输入字符串时，系统自动在后面加一个'\0'字符，因此从键盘输入的字符最多不超过"数组长度-1"个字符。

(3) 注意：利用一个 scanf()函数可输入多个字符串，此时不同的字符串以空格来分隔。
例如：

```
char str1[5], str2[5], str3[5];
scanf("%s%s%s", str1, str2, str3);
```

输入数据：

```
How are you?
```

输入后，str1 接收"How"，str2 接收"are"，str3 接收"you?"。
如果改为：

```
char str[13];
scanf("%s",str);
```

依然输入以下 12 个字符：

```
How are you?
```

实际上并不是把这 12 个字符加上'\0'送到数组 str 中，而只将空格前的字符"How"送到 str 中，由于把"How"作为一个字符串处理，因此在其后加'\0'。

从上可知，无法利用 scanf()函数来接收带有空格的字符串。

此时可利用 gets()函数接收带有空格的字符串，因为 gets()函数所接收的字符串以回车为结束标志。例如：

```
char str[13];
gets(str);
```

输入：How are you?(回车)就可把此字符串赋值给 str。

但利用 gets()函数一次只能输入一个字符串，如不能写成 gets(str1, str2);。

(4) 用 printf() 和 puts() 函数来输出字符串时，函数中的输出项是字符数组名，而不是数组元素名。写成下面这样是不正确的：printf("%s", ch[0]);。

(5) printf() 和 puts() 函数在输出字符串时将不显示结束标志'\0'，编译系统自动将'\0'转换成'\n'，即输出完字符串后换行。

(6) 如果数组长度大于字符串实际长度，printf() 和 puts() 函数在输出时也只输出到第一个'\0'结束(即使一个字符数组中包含一个以上'\0')。例如：

```
char c[10]={"China"};
printf("%s",c);
```

也只输出 "China" 5 个字符，而不是输出 10 个字符。这就是用字符串结束标志的好处。

(7) 用 printf() 和 puts() 函数输出的字符串中可以包含转义字符。例如：

```
char str[ ]={"China\nBeijing"};
puts(str);   或 printf("%s",str);
```

输出：

```
China
Beijing
```

(8) 用 puts() 函数一次只能输出一个字符串，不能写成 puts(str1, str2);而用 printf() 函数一次能输出多个字符串，如 printf("%s%s%s", str1, str2, str3);。

(9) 由于 C 语言用一维字符数组存放字符串，而且允许用数组名进行输入/输出一个字符串，因此一维字符数组相当于"字符串变量"。

5.3.6 字符串处理函数

在 C 语言的标准函数库中提供了多个用来处理字符串的函数，从而大大提高了字符串处理能力，降低了字符串处理的复杂程度。几乎所有版本的 C 都提供这些函数。除前面用到的字符串输入/输出函数 gets() 和 puts() 外，再介绍一些常用且具有一定代表性的函数。

1. 将字符串转换成数值类型

在编写程序时，经常需要将以字符串形式表示的数据转换成相应的数值类型，在 C 语言的标准函数中提供了几个与之相关的标准函数，其中 atof()、atoi() 和 atol() 函数经常使用，它们的原型声明在 stdlib.h 中，调用格式分别为：

```
atof(str);      /*将字符串 str 转换成一个双精度的数值，返回类型是 double*/
atoi(str);      /*将字符串 str 转换成普通整型，返回类型是 int*/
atol(str);      /*将字符串 str 转换成长整型，返回类型是 long*/
```

例如一个学生具有以下信息：姓名(char name[20])、学号(long num)、年龄(int age)、总分(float score)。若想对此学生信息进行赋值，可以考虑使用一个 scanf() 函数来输入这一组不同类型的数据，或拆成 4 个 scanf() 函数来进行。但有时可能会出现预料不到的情况，有关细节不详述。为了避免出现以上情况，可以将各种数据都用 gets()函数输入，把它们都作为字符串处理，然后再用上面几个函数来进行转化。请看下面程序段：

```
char numstr[20];
gets(name);                  /*输入姓名*/
gets(mumstr);                /*以字符串形式输入学号*/
num=atol(mumstr);            /*将字符串形式的学号转化为长整型学号*/
gets(mumstr);                /*以字符串形式输入年龄*/
age=atoi(mumstr);            /*将字符串形式的年龄转化为整型年龄*/
gets(mumstr);                /*以字符串形式输入总分*/
score=atof(mumstr);          /*将字符串形式的总分转化为浮点型总分*/
```

可按下列形式输入数据：

```
Li Ping(回车)
200805112(回车)
18(回车)
578.5(回车)
```

上述情况在后面的结构体类型数据的赋值中经常用到。

2．将数值类型转换成字符串

与将字符串转换成数值类型的操作对应，在有些场合，有时需要将数值类型转换成字符串形式。在 C 语言的标准函数中提供了两个用来实现这项操作的标准函数。它们分别是 itoa()、ltoa()函数，原型声明在 stdlib.h 中，调用格式分别为：

```
itoa(num, str, radix);
ltoa(num, str, radix);
```

其中，str 是一个用于存放结果的字符串，radix 是用户指定的进制数，它的取值必须介于 2～16。在 itoa()函数中的 num 是一个 int 类型的数值；在 ltoa()函数中的 num 是一个 long 类型的数值。例如：

```
long value;
printf("Enter a long numer:");
scanf("%ld", &value);              /*输入一个长整型数值*/
ltoa(value, str, 16);              /*转换成用字符串形式表示的十六进制数值*/
printf("The hexadecimal of %ld is %s\n", value, str);
```

运行情况如下：

```
Enter a long numer: 7654328
The hexadecimal of 7654328 is 74cbb8
```

> **注意**
> 使用下列字符串函数均应包含头文件<string.h>。

3．字符串连接函数 strcat()

格式：strcat (字符数组 1,字符数组 2)

功能：把字符数组 2 中的字符串连接到字符数组 1 中字符串的后面，并删去字符串 1 后的串标志'\0'，函数返回值是字符数组 1 的首地址。例如：

```
char str1[30]="My name is";
char str2[10]="Li Ping.";
printf("%s", strcat(str1, str2));
```

输出：

```
My name is Li Ping.
```

> **注意**
>
> 字符数组 1 必须足够大，以便容纳连接后的新字符串。本案例中定义 str1 的长度为 30，是足够大的，如果在定义时改用：
>
> ```
> char str1[15]="My name is";
> ```
>
> 就会出问题，因为长度不够。

4. 字符串拷贝函数 strcpy()

格式：strcpy (字符数组 1,字符数组 2)
功能：把字符数组 2 中的字符串复制到字符数组 1 中，串结束标志'\0'也一同复制。
例如：

```
char str1[20],str2[ ]="C Language";
strcpy(str1,str2);
```

> **注意**
>
> (1)字符数组 1 必须定义得足够大，以便容纳被复制的字符串。字符数组 1 的长度不应小于字符串 2 的长度。
>
> (2)字符数组 1 必须写成数组名形式(如 str1)，字符数组 2 既可以是字符数组名，也可以是一个字符串常量，此时相当于把一个字符串赋给一个字符数组。例如 strcpy(str1, "C Language");的作用与前相同。
>
> (3)不能用赋值语句将一个字符串常量或字符数组直接赋给一个字符数组，而只能用 strcpy()函数处理。例如，下面程序是不合法的：
>
> ```
> char str1[20],str2[ ]="C Language";
> str1=str2;
> ```
>
> 用赋值语句只能将一个字符赋给一个字符型变量或字符数组元素。
> 例如,下面程序是合法的：
>
> ```
> char  a[5],c1,c2;
> c1='A';c2='B';a[0]='C';a[1]='h';a[2]='i',a[3]='n';a[4]='a';
> ```

> **多学一点**
>
> 可以用 strncpy()函数将字符串 2 中前面 *n* 个字符复制到字符数组 1 中。例如：
>
> ```
> strncpy(str1,str2,2);
> ```

作用是将 str2 中前面 2 个字符复制到 str1 中，取代 str1 中原有的最前面 2 个字符。但复制的字符个数 n 不应多于 str1 中原有的字符(不包括'\0')。

5. 字符串比较函数 strcmp()

格式：strcmp(字符数组 1,字符数组 2)
功能：按照 ASCII 码顺序比较两个数组中的字符串，比较的结果由函数值带回。
① 如果字符串 1=字符串 2，函数值为 0。
② 如果字符串 1＞字符串 2，函数值为一正整数。
③ 如果字符串 1＜字符串 2，函数值为一负整数。
本函数也可用于比较两个字符串常量，或比较数组和字符串常量。例如：

```
char str1[]="China", str2[]="Canada";
strcmp(str1,str2);                /*比较结果为一正整数*/
strcmp(str1, "Canada");
strcmp("Canada", "Korea");        /*比较结果为一负整数*/
```

字符串比较的具体规则与其他语言中相同，即对两个字符串自左至右逐个字符相比(按 ASCII 码值大小比较)，直到出现不同的字符或遇到'\0'为止。若全部字符相同，则认为相等；若出现不相同的字符，则以第一个不相同的字符的比较结果为准。

> **注意**
>
> 对两个字符串比较，不能采用以下形式：
>
> ```
> if(str1==str2)  printf("yes");
> ```
>
> 而只能采用：
>
> ```
> if(strcmp(str1,str2)==0) printf("yes");
> ```

【案例 5.5】 检测用户密码。假如预设的用户密码是"administrators"，下面这个程序将用于检测用户输入的密码是否正确。如果不正确，给出相应的提示信息，并请求用户重新输入，每个用户有 3 次的输入机会。

分析：用户输入的密码可用一个字符数组来存放，用循环来控制每个用户的 3 次输入密码机会。当输入的密码正确或输入的密码次数超过 3 次时，循环结束。

源程序如下：

```
#include <stdio.h>
#include <string.h>
int main()
{
    int i, k;
    char password[20];        /*存放用户输入的密码*/
    i=0;                      /*控制循环的变量初始化*/
    while(1)                  /*进入循环，只有遇到程序员设定的 break 才退出循环*/
```

```
            {
                k=1;                    /*定义预设密码与用户输入密码是否相等的标志*/
                printf("Please input your password:");
                gets(password);         /*输入密码*/
                if(strcmp(password, "administrators")!=0)  k=0;
                                        /*密码不对,令k=0*/
                i++;                    /*尝试次数i加1*/
                if(k==0)
                    printf("Invalid password!\n");
                else                    /*用户输入密码正确,输出欢迎信息,退出循环*/
                    { printf("OK! Welcome!\n");  break; }
                if(i>=3)        /*如果试了3次都不正确,那么输出提示信息,退出循环*/
                    { printf("Exit!\n");  break; }
            }
        return 0;
    }
```

运行结果如图 5-10 所示。

图 5-10 【案例 5.5】运行结果

6. 求字符串长度函数 strlen()

格式：strlen(字符数组名)

功能：求字符串的实际长度(不含字符串结束标志'\0')并作为函数返回值。例如：

```
    char  str[10]={"China"};
    printf("%d",strlen(str));
```

输出结果不是 10，也不是 6，而是 5。

也可以直接求字符串常量的长度，如 strlen("China")。

7. strlwr(字符串)

将字符串中大写字母转换成小写字母。lwr 是 lowercase(小写)的缩写。

8. strupr(字符串)

将字符串中的小写字母转换成大写字母。upr 是 uppercase(大写)的缩写。

5.3.7 字符串的输入/输出

1. 字符串的输入

在 C 语言中，字符串转化成字符数组来处理，那么如何存储一个字符串？如定义：

```
        char c[80];
```
则不能用赋值语句 c="about"来存储字符串。可用以下几种方法来存储。

(1)利用初始化：char c[80]="about"。

(2)利用 strcpy()函数：(加#include <string.h>)。

例如：strcpy(c,"about"); (自动为 c 加'\0')。

(3)利用循环结构。

例如：

```
    for(i=0;i<5;i++)
        scanf("%c",&c[i]);          /*或用 c[i]=getchar()*/
    c[i]='\0'                       /*或用 c[i]=0,人为加上串结束标志'\0'*/
```

注：字符串以'\0'为结束标志，是 ASCII 值为 0 的转义字符。

(4)利用格式输出函数 scanf()配合格式符"%s"。

(5)利用 gets()函数。

2．字符串的输出

(1)利用循环结构(与上述第(3)种方法对应)。

```
    for(i=0;c[i]!='\0';i++)         /*或用 c[i]!=0*/
        printf("%c",c[i]);          /*或用 putchar(c[i]);*/
```

(2)利用格式输出函数 printf()配合格式符"%s"。

(3)利用 puts()函数。

5.3.8 程序举例

【案例 5.6】把字符串 2 插入字符串 1 中第 i 个开始的位置上。例如：字符串 1 为"abcde"，字符串 2 为"4k3y"，i=3，则插入后，字符串 1 变成"ab4k3ycde"。

分析：先求出字符串 2 的长度 len2，然后把字符串 1 从最后一个字符开始一直到第 i 个字符依次后移 len2 个位置，这样字符串 1 就留出 len2 个元素的空间，然后把字符串 2 插入该空间中，并在最后加上字符串结束标志'\0'，如图 5-11 所示。

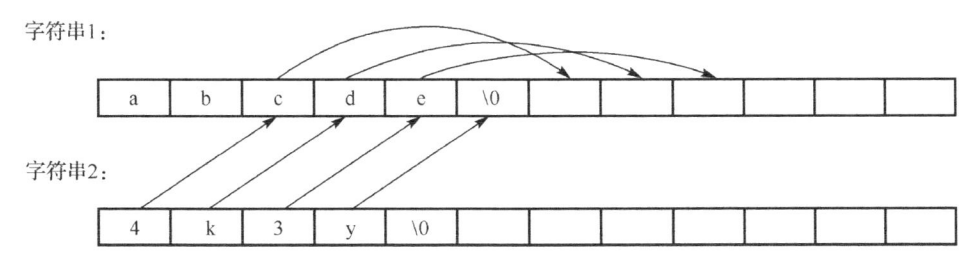

字符串1：

| a | b | c | d | e | \0 | | | | | |

字符串2：

| 4 | k | 3 | y | \0 | | | | | | |

插入后，字符串1变成：

| a | b | 4 | k | 3 | y | c | d | e | \0 | |

图 5-11 求解过程示意图

源程序如下：

```c
#include <stdio.h>
#include <string.h>
#define N 100
int main()
{
    char s1[N], s2[N];
    int i, pos, len1=0, len2=0;
    printf("Please input string1,string2 and the position to insert!\n");
    scanf("%s%s%d", s1, s2, &pos);
    while(s1[len1]) len1++;              /*或者 len1=strlen(s1);*/
    while(s2[len2]) len2++;              /*或者while(s2[len2++]); len2--;*/
    if(pos<1 || pos>len1+1 || len1+len2>N)
        printf("can't do insert!");
    else
    {
        for(i=len1-1; i>=pos-1; i--)/*思考：其中的 i=len1-1;能否改为 i=len1;*/
            s1[len2+i]=s1[i];
        for(i=0; i<len2; i++)
            s1[pos-1+i]=s2[i];
        s1[len1+len2]='\0';              /*若上面有修改，此句可省*/
        printf("The string1 after insert is :%s\n", s1);
    }
    return 0;
}
```

运行结果如图 5-12 所示。

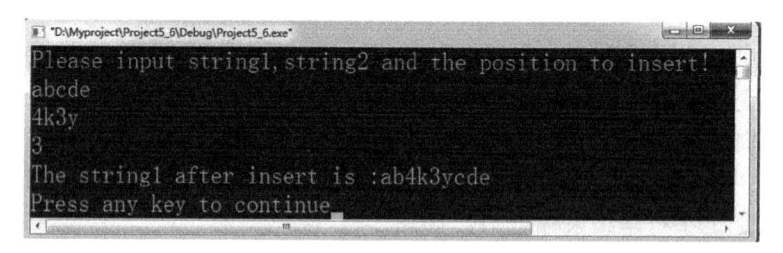

图 5-12 【案例 5.6】运行结果

多学一点

本案例也可以通过引入其他字符数组，再利用库函数来完成。例如：

```c
for(i=0; i<pos-1; i++)  s1f[i]=s1[i];
for(i=pos-1; i<=len1; i++)  s1b[i-pos+1]=s1[i];
strcat(s1f, s2);
strcat(s1f, s1b);
strcpy(s1, s1f);
printf("The string1 after insertis :%s\n", s1);
```

> **试一试**
>
> 在本案例的基础上可完成如下问题：
> 从键盘输入两个字符串 s1 与 s2，并在 s1 串中的最大字符后面插入 s2 串。

5.4 思维训练：几种重要的算法

5.4.1 排序算法

排序和查找是在计算机应用中经常用到的两种操作，几乎在所有的数据库程序、编译程序、解释程序和操作系统中都可以见到它们的应用。所谓排序就是将一组无序的数列重新排列成升序或降序的过程。现有的排序算法有很多种，如快速排序法、选择法、归并法、插入法、基数法等。

【案例 5.7】 某电视台举办青年歌手大奖赛。假设有 12 位歌手参加决赛，经过评委评分工作，得到每位歌手最终得分。希望编写一个程序，帮助工作人员对 12 位歌手的最终得分按从大到小排列。

分析：本例需要使用排序算法。先采用交换法来进行排序（从大到小），虽然此法执行效率较低，但其算法简单易懂，并且对理解选择法很有帮助。

交换法排序借鉴了求最大值（降序时）、最小值（升序时）的思想。对 n 个数降序（或升序）排序可以分解为 $n-1$ 趟（轮）比较来进行。

第一趟：把第一个数依次和后面的数比较，如果后面的某数大于（小于）第一个数，则两个数交换，比较结束后，第一个数则是最大（最小）的数。

第二趟：把第二个数依次和后面的数比较，如果后面的某数大于（小于）第二个数，则两个数交换，比较结束后，第二个数则是次大（次小）的数。

……

第 $n-1$ 趟：从剩下的两个数中找出较大（小）的数，并将它交换到第 $n-1$ 个位置。至此，整个排序结束。为简单起见，假如现有 6 个整数（88、89、95、91、94、86），则利用交换法从大到小排序的过程如图 5-13 所示（阴影部门为有序部分，请读者自己认真理解）。

初始状态	88	89	95	91	94	86
第一趟	95	88	89	91	94	86
第二趟	95	94	88	89	91	86
第三趟	95	94	91	88	89	86
第四趟	95	94	91	89	88	86
第五趟	95	94	91	89	88	86

图 5-13 交换法排序示意图

其 N-S 结构图如图 5-14 所示。

```
                 ┌──────────────────────────────────────────┐
                 │         for(i=0;i<N;i++)                 │
                 │  ┌────────────────────────────────────┐  │
                 │  │            输入a[i]                │  │
                 │  └────────────────────────────────────┘  │
                 │        for(i=0;i<N-1;i++)                │
                 │     ┌──────────────────────────────┐     │
                 │     │      for(j=i+1;j<N;j++)      │     │
                 │     │  ┌────────────────────────┐  │     │
                 │     │  │        a[i]<a[j]       │  │     │
                 │     │  │   T  ╲          ╱  F   │  │     │
                 │     │  │       ╲        ╱      │  │     │
                 │     │  ├────────╳──────────────┤  │     │
                 │     │  │ a[i]与a[j]交换 │      │  │     │
                 │     │  └────────────────────────┘  │     │
                 │         输出a[0]~a[N-1]                   │
                 └──────────────────────────────────────────┘
```

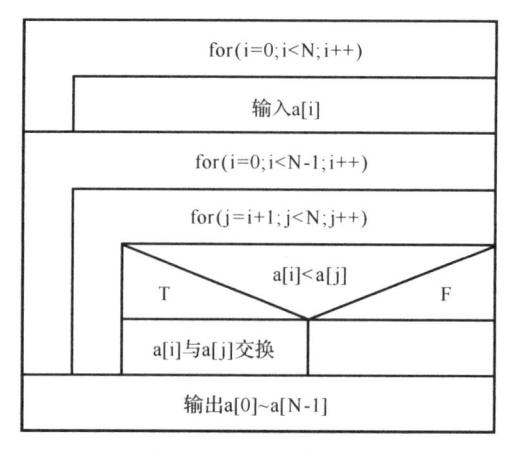

图 5-14 N-S 结构图

源程序如下：

```c
#include <stdio.h>
#define N 12
int main()
{
    float a[N], temp;
    int i, j;
    printf("Please input numbers:\n");
    for(i=0; i<N; i++)
        scanf("%f", &a[i]);                    /*从键盘输入所有歌手最终得分*/
    printf("\n");
    for(i=0; i<N-1; i++)                        /*确定基准位置*/
        for(j=i+1; j<N; j++)
            if(a[i]<a[j])                       /*按得分从高到低排序*/
                { temp=a[i]; a[i]=a[j]; a[j]=temp; }    /*交换得分*/
    printf("The sorted numbers:\n");
    for(i=0; i<N; i++)
        printf("%6.2f", a[i]);
    printf("\n");
    return 0;
}
```

运行结果如图 5-15 所示。

图 5-15 【案例 5.7】运行结果

> **注意**
>
> 思考：排序中的外循环 for(i=0; i<N-1; i++) 中的 i 起什么作用？能否改为从 1 开始？

仔细研究上述算法可以发现，在每趟的比较中，若发现后面的数大就要交换位置，则在整个算法中需要交换的次数太多，导致效率较低。其实完全可以在每趟的比较中先求出此趟中的最大值，再交换到相应位置，从而使每趟最多做一次交换。虽然比较操作未能减少，但交换操作可以总体上减少，效率提高。这种改进的算法称为选择法排序。

【案例 5.8】 用选择排序法改写【案例 5.7】。

分析：对 n 个数降序(或升序)排序可以分解为 $n-1$ 趟(轮)比较来进行。

第一趟：通过 $n-1$ 次的比较，从 n 个数中找出最大(小)数的下标，通过下标找到相应的元素即最大(小)数，并将它交换到第一个位置。这样最大(小)数的数被安置在第一个位置上。

第二趟：再通过 $n-2$ 次的比较，从剩余的 $n-1$ 个数中找出次大(小)数的下标，并将次大(小)数交换到第二个位置上。

……

经过 $n-1$ 趟排序后，排序结束。

为简单起见，假如现有 6 个整数(88、89、95、91、94、86)，则利用选择法从大到小排序的过程如图 5-16 所示(请读者认真理解)。

初始状态	88	89	95	91	94	86
第一趟	95	89	88	91	94	86
第二趟	95	94	88	91	89	86
第三趟	95	94	91	88	89	86
第四趟	95	94	91	89	88	86
第五趟	95	94	91	89	88	86

图 5-16 选择法排序示意图

源程序如下：

```
#include <stdio.h>
#define N 12
int main()
{
    float a[N], temp;
    int i, j, k;                         /*k用来记录得分最高元素的下标*/
    printf("Please input numbers:");
    for(i=0; i<N; i++)
        scanf("%f", &a[i]);              /*从键盘输入所有选手最终得分*/
    printf("\n");
    for(i=0; i<N-1; i++)                 /*确定基准位置*/
    {
        k=i;            /*在每一趟的排序中k的初值取参与排序的第一个元素的下标*/
        for(j=i+1; j<N; j++)
            if(a[k]<a[j]) k=j;           /*若发现更高得分，则用k记住其下标*/
        if(k!=i)        /*如果最高得分不是某趟参与排序的第一个得分，就交换*/
            { temp=a[i]; a[i]=a[k]; a[k]=temp; }   /*交换得分*/
    }
    printf("The sorted numbers: ");
```

```
            for(i=0; i<N; i++)
                printf("%6.2f", a[i]);
            return 0;
        }
```

> **注意**
>
> 在本程序每趟选择最高得分时，记录的是最高得分的下标，而不是最高得分本身，这样便于将最高得分交换到前面的位置。这是一个经常使用的编程技巧。

【案例 5.9】 输入 N 个学生的姓名，然后按字母顺序排列输出。

分析：N 个学生的姓名应由一个二维字符数组处理。然而，C 语言规定可以把一个二维数组当成多个一维数组处理，因此本题又可以按 N 个一维字符数组处理，而每个一维字符数组就是一个学生姓名字符串。用字符串比较函数比较 N 个一维字符数组的大小，并排序，输出结果即可。

本案例采用冒泡法（也称为起泡法）进行从小到大排序，基本思路是不断将需排序的相邻元素进行比较，如果前面的元素大于后面的元素(a[j]>a[j+1])，则交换这两个元素，从而使得较小的元素像水泡一样"上升"（向前），较大的元素"下沉"（向后）。

对所需排序的元素的扫描比较方向可以分为从前往后与从后往前两种。现以 6 个数(3、7、5、6、8、0)为例，从前往后进行扫描。

第一趟排序情况如下：

　　　　　　　　　　　　　　3 7 5 6 8 0
第一次　3 和 7 比较，不交换　　3 7 5 6 8 0
第二次　7 和 5 比较，交换　　　3 5 7 6 8 0
第三次　7 和 6 比较，交换　　　3 5 6 7 8 0
第四次　7 和 8 比较，不交换　　3 5 6 7 8 0
第五次　8 和 0 比较，交换　　　3 5 6 7 0 8

在第一趟排序中，6 个数比较了 5 次，把 6 个数中的最大数 8 排在最后。

第二趟排序情况如下：

　　　　　　　　　　　　　　3 5 6 7 0 8
第一次　3 和 5 比较，不交换　　3 5 6 7 0 8
第二次　5 和 6 比较，不交换　　3 5 6 7 0 8
第三次　6 和 7 比较，不交换　　3 5 6 7 0 8
第四次　7 和 0 比较，交换　　　3 5 6 0 7 8

在第二趟排序中，最大数 8 不用参加比较，其余的 5 个数比较了 4 次，把其中的最大数 7 排在最后，排出 7 8。

以此类推：

第三趟比较 3 次，排出 6 7 8
第四趟比较 2 次，排出 5 6 7 8
第五趟比较 1 次，排出 3 5 6 7 8

最后还剩下 1 个数 0, 不需再比较, 得到排序结果: 0 3 5 6 7 8。

从上述过程可以看到: N 个数要比较 N–1 趟, 而在第 j 趟比较中, 要进行 N–j 次两两比较, 其流程图如图 5-17 所示。

```
┌─────────────────────────────────────────┐
│  for(i=0;i<N;i++)                       │
│  ┌───────────────────────────────────┐  │
│  │         输入a[i]                  │  │
│  └───────────────────────────────────┘  │
│  for(i=0;i<N-1;i++)                     │
│  ┌───────────────────────────────────┐  │
│  │  for(j=0;j<N-i-1;j++)             │  │
│  │  ┌─────────────────────────────┐  │  │
│  │  │         a[j]>a[j+1]          │  │  │
│  │  │   T                    F     │  │  │
│  │  ├─────────────────────────────┤  │  │
│  │  │     a[j]与a[j+1]交换         │  │  │
│  │  └─────────────────────────────┘  │  │
│  └───────────────────────────────────┘  │
│           输出a[0]~a[N-1]                │
└─────────────────────────────────────────┘
```

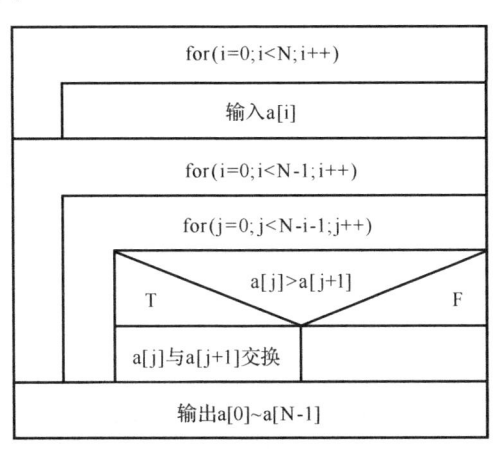

图 5-17 冒泡排序法流程图

认真研究上述算法还可以发现,排序所需交换的次数依赖于原始数据的排列状态。如果原始数据排列基本有序,交换次数就少;反之,交换次数就多。在比较特殊的情况下,如原来 6 个数的顺序变为 3 0 5 6 7 8 时,只要经过第一趟的冒泡比较后,数据就已全部按照升序排列,通过在第二趟冒泡比较中不需要做任何交换就可断定,冒泡排序也可以提前完成。于是可以得到一种改进的算法,即通过引入一个标志变量来判断所有数据是否已全部按照升序排列完毕,以提高冒泡排序方法的运行效率。

类似地,设 N 个学生的姓名用一个二维字符数组 char name[N][20] 来存放,可利用上面方法对以下 N 个一维字符数组(name[0], name[1], name[2], …, name[N-1])进行冒泡排序。

源程序如下:

```c
#include <stdio.h>
#include <string.h>
#define N 6
int main()
{
    int i, j, swap;                    /*变量swap用于判定本趟冒泡是否交换了元素值*/
    char name[N][20], temp[20];
    for(i=0; i<N; i++)
    {
        printf("请输入第%d 名学生的姓名: \n",i+1);
        gets(name[i]);
    }
    for(i=0; i<N-1; i++)               /*控制比较的趟数*/
    {
        swap=0;                        /*默认没有交换元素值*/
        for(j=0; j<N-i-1; j++)         /*控制每趟两两比较的次数*/
            if(strcmp(name[j], name[j+1])>0)
            {
```

```
                    swap=1;
                    strcpy(temp, name[j]);        /*交换name[j],name[j+1]两个元素的值*/
                    strcpy(name[j], name[j+1]);
                    strcpy(name[j+1], temp);
                }
            if(!swap) break;
        }
    printf("%d名学生的姓名按字母顺序排列结果为：\n",N);
    for(i=0; i<N; i++)
        printf("%s\n", name[i]);
    return 0;
}
```

运行结果如图 5-18 所示。

图 5-18 【案例 5.9】运行结果

> **注意**
> 注意例子中对两个字符串比较大小及交换操作不能直接使用关系运算符 ">" 及赋值运算符 "="，而要使用字符串比较函数 strcmp() 与字符串复制函数 strcpy()。

> **多学一点**
> 若要对参与排序的 N 个字符串从后往前进行扫描冒泡，则原程序中控制冒泡排序的两重循环中的内循环语句 for(j=0;j<N-i-1;j++) 改为 for(j=N-2;j>=i;j--) 即可，其他代码保持不变。

从上面的几个例子可以看到，用数组来表示一组性质相同且需共同参与某项操作的批量数据是很方便的。通常，用下标表示批量数据中的不同个体，用数组元素记录批量数据中的每个数值。

5.4.2 查找算法

所谓查找是指在一些(有序的/无序的)数据元素中，通过一定的方法找出与给定关键字相同的数据元素的过程。查找的算法有很多种，其中顺序查找和二分查找(也称为折半查找)较为常见。顺序查找是对序列元素从头到尾地进行遍历，一旦序列元素量很大，其查找的效率就不高。二分查找是查找效率较高的一种，但前提是序列元素必须是有序的。

【案例 5.10】 有 15 个数按从小到大的顺序存放在一个数组中，输入一个数，要求用二分查找法找出该数是数组中第几个元素的值。如果该数不在数组中，则输出"无此数"。

分析：二分查找算法可以描述成针对一个已经从小到大排序的数据序列，用给定数据 key 与查找区间中央位置的数据比较，如果相等则表明查找成功；否则，如果 key 比中央位置的数据小，则在前半个区间用同样的方法继续查找；否则在后半个区间用同样的方法继续查找。当查找区间的长度为 0 时，说明查找不成功。

源程序如下：

```c
#include <stdio.h>
#define N 15
int main()
{
    int i,key,top,bott,min,loca,a[N],flag;
            /*top、bott 为查找区间两端点的下标;loca 为查找成功与否的开关变量*/
    char c;
    printf("输入 15 个数 a[i]>a[i-1]:\n");
    scanf("%d",&a[0]);
    i=1;
    while (i<N)
    {
        scanf("%d",&a[i]);
        if(a[i]>=a[i-1])
            i++;
        else
        {
            printf("请重输入 a[i]");
            printf("必须大于%d\n",a[i-1]);
        }
    }
    printf("\n");
    for(i=0;i<N;i++)
        printf("%4d",a[i]);
    printf("\n");
    flag=1;
    while (flag)
    {
        printf("请输入查找数据:");
        scanf("%d",&key);
        loca=0;
```

```c
            top=0;
            bott=N-1;
            if((key<a[0])||(key>a[N-1]))
                loca=-1;
            while((loca==0)&&(top<=bott))
            {
                min=(bott+top)/2;
                if(key==a[min])
                {
                    loca=min;
                    printf("%d 位于表中第%d 个数\n",key,loca+1);
                }
                else if(key<a[min])
                    bott=min-1;
                else
                    top=min+1;
            }
            if(loca==0 || loca==-1)
                printf("%d 不在表中.\n",key);
            getchar();
            printf("是否继续查找？Y/N!\n");
            c=getchar();
            if(c=='N'||c=='n')
                flag=0;
        }
        return 0;
    }
```

运行结果如图 5-19 所示。

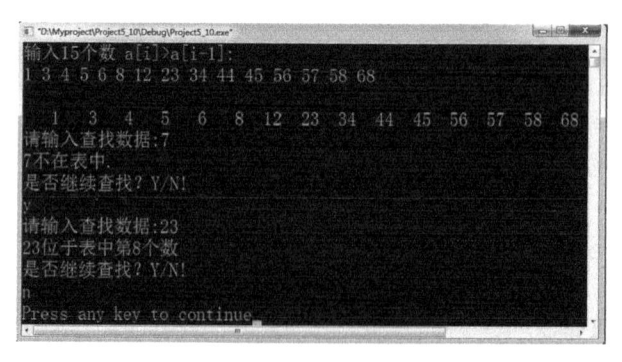

图 5-19 【案例 5.10】运行结果

多学一点

二分查找是一种常用的查找算法，为了提高这个算法的重用性，单独设置一个函数来实现该算法是适当的。并且，从上面对该算法的分析可知，二分查找过程也是一个递归的过程，因此二分查找算法也可以用一个递归函数来实现。当读者学完递归的相关知识后，自己可以编程实现。

5.5 知识拓展：向函数传递数组

通过第 4 章的学习可知，在调用有参函数时，需要传入实参，并将传入的实参赋值给形参，然后在被调函数中执行相应的操作，实现相应的功能。此时，实参以实参列表形式出现，其中的参数可以是常量、变量或表达式，多个参数之间使用逗号分隔。在学习完数组这一数据类型后，数组也可以作为函数的参数使用，从而实现向函数传递数组。

数组用作函数参数有两种形式：一种是把数组元素（下标变量）作为实参使用；另一种是把数组名作为函数的形参和实参使用。在这两种形式下，都是遵循实参向形参的单向数据传递，不过把数组元素（下标变量）作为实参时等价于同类型的简单变量作为实参，是传值调用；而数组名作为函数的实参时，C 语言规定：数组名代表数组的首地址，此时要求形参也必须是同类型的数组（或相匹配的指针变量）。当函数调用时，将实参组首地址传给形参数组，二者共用存储空间，这种传递称为传址调用。由于二者首地址及类型相同，因此可以认为形参数组与实参数组就是同一个数组，对形参数组元素的操作就是对实参组中相对应元素的操作。

【案例 5.11】 输入若干个整数（少于 50 个），以-1 结束输入，把这些数存入数组 a 中，并输出。另外，找出 a 数组中的所有素数存入数组 b，并按每行 5 个元素的格式由大到小地输出这些素数。

分析：本程序中要求完成的功能个数相对较多，但每个功能又相对简单容易实现。考虑使用第 4 章的函数来编程，总共可设计以下 4 个函数：一是用于输入数组的函数 input()；二是用于按格式输出数组的函数 output()；三和四是用于判断素数的函数 prime()和对数组排序的函数 sort()。每个函数担负一个相对独立的任务，使得程序更加符合结构化程序设计思想，更能体现模块化的设计理念。

源程序如下：

```
#include <stdio.h>
#define N 50
#include <math.h>
int input(int c[ ])              /*输入数组*/
{
   int i;
   for(i=0; i<N-1; i++)
   {
      scanf("%d",&c[i]);
      if(c[i]==-1) break;
   }
    return i;                    /*i 为所输入的数据个数*/
}
void output(int c[ ], int n)     /*输出数组*/
{
   int j;
   for(j=0; j<n; j++)
```

```c
        {
            if(j%5==0)  printf("\n");
            printf("%d ",c[j]);
        }
}
int prime(int m)                    /*判断素数*/
{
    int k, p;
    k=sqrt(m+1);
    for(p=2; p<=k; p++)
        if(m%p==0)  return 0;
    return 1;
}
void sort(int c[ ], int n)          /*对数组排序*/
{
    int i, j, k;
    for(i=0; i<n-1; i++)
        for(j=i+1; j<=n-1; j++)
            if(c[i]<c[j])
                {k=c[i]; c[i]=c[j]; c[j]=k;}
}
int main()
{
    int a[N], b[N], i, j, m=0;
    printf ("Please input numbers:\n");
    i=input(a);
    printf("output  array a:");
    output(a, i);
    for(j=0; j<i; j++)
        if(a[j]>1 && prime(a[j]))
            {b[m]=a[j];  m++;}
    sort(b, m);
    printf("\noutput  array b after sorted:");
    output(b, m);
    printf("\n");
    return 0;
}
```

运行结果如图 5-20 所示。

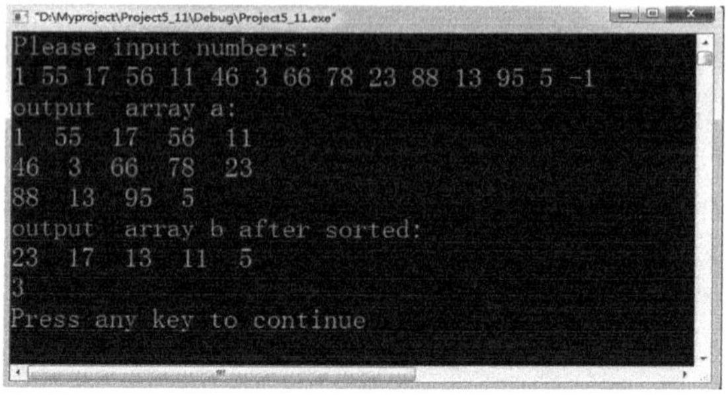

图 5-20 【案例 5.11】运行结果

由此可见，如果想通过调用一个自定义函数来改变主调函数中的某些变量值，函数调用完毕后可以在主调函数使用这些改变后的值，可以把要改变值的这些变量作为某数组中的元素，然后把这个数组名作为实参传递到自定义函数中的形参，在自定义函数中再改变形参数组中对应元素的值。

> **多学一点**
>
> (1) 在函数形参表中，允许不给出形参数组的长度，如 int input(int c[ ])，或用一个变量来表示数组元素的个数，如 void output(int c[ ], int n)。因为 C 语言编译系统对形参数组大小不再做检查，只是将实参数组的首地址传给形参数组，形参数组与实参数组共用存储空间。
>
> (2) 在本案例中，数组可以作为函数的参数来实现向函数传递数组，在后面的学习中还会把结构体变量和指针变量等作为函数参数以实现不同的功能和要求。因为只要是合法的表达式都可以作为函数的参数。

5.6 本章小结

在本章中，我们学习了数组这种构造数据类型，它是程序设计中最常用的数据结构。数组是一批同类型数据的有序集合。数组名代表数组首地址，是一个常量，可以通过数组名配合下标来访问每个数组元素。数组可以是一维的、二维的或多维的。我们可以认为单个变量描述了空间中"点"的概念，一维数组是对单个变量的扩展，它描述了空间中"线"的概念，而二维数组又对一维数组做了扩展（一个二维数组可理解为是由多个一维数组组成的），它描述了空间中"平面"的概念。

在数组应用中，最常见的是用字符数组存取字符串（此时，一维字符数组的最后一个有效字符是'\0'）。在实际应用中使用字符数组的情况很多，例如，数据库的交互处理程序需要接收用户输入的口令，而口令就存放在字符数组中，等等。在对字符串进行处理时，复制、比较、连接等操作不能直接使用关系运算符和赋值运算符，而必须使用字符串处理函数。因此，读者对这些字符串处理函数的使用也应熟练掌握。

5.7 本章常见的编程错误

1．使用圆括号引用数组元素，如 a(1)、a(1)(2)。
2．没有认识到数组下标从 0 开始，导致越界访问内存错误。
3．在引用二维数组的元素时，将行下标和列下标写在一个括号里，如 a[2,3]。
4．使用数组名接收对数组的整体赋值，如 a={1,2,3,4};。
5．对数组元素初始化的初值个数多于数组元素的个数，如 int a[3]={1,2,3,4};。
6．使用变量来定义数组长度，如 int a[n];。
7．对需要进行元素初始化的数组忘记进行初始化，导致运行结果错误。

8. 用一对单引号将字符串引起来。

9. 误以为由单个字符构成的字符串只占 1 字节，如"x"。

10. 没有定义足够大的字符数组来保存字符串，如 char str[3]= "abc";。

11. 用 scanf()函数读取字符串时，代表地址值的数组名前面添加了取地址符"&"，如 scanf("%s",&a);。

12. 使用 scanf()函数而非 gets()函数输入带空格的字符串。

13. 直接使用关系运算符"==、<、>"等符号而未使用 strcmp()函数进行字符串的比较操作。

14. 直接使用赋值运算符"="而未使用 strcpy()函数进行字符串的复制操作。

5.8 本章习题

1. 有一个 3×4 的矩阵，要求编程序求出其中值最大的那个元素的值，以及其所在的行号和列号。

2. 输入 5×5 阶的矩阵，编程实现：
(1)求两条对角线上的各元素之和。
(2)求两条对角线上行、列下标均为偶数的各元素之积。

3. 现有一个已排好序的数组，要求输入一个数后，按原来排序的规律将它插入数组中。

4. 有 n 个人围成一圈，顺序排号。从第一个人开始报数(从 1 到 3 报数)，凡报到 3 的人退出圈子，求最后留下的是原来第几号的那位。

5. 假设有 40 个学生被邀请来给自助餐厅的食品和服务质量打分，分数为 1~10 的 10 个等级(1 表示最低分，10 表示最高分)，试统计调查结果，并用"*"打印出如下形式的统计结果直方图。

```
Grade    Count    Histogram
  1        5      *****
  2       10      **********
  3        7      *******
```

6. 输出以下的杨辉三角形(要求输出 10 行)。

```
1
1   1
1   2   1
1   3   3   1
1   4   6   4   1
1   5  10  10   5   1
..............................
```

7. 找出一个二维数组中的鞍点，即该位置上的元素在该行上最大，在该列上最小。也可能没有鞍点。

8. 某班期中考试科目为数学(MT)、英语(EN)和物理(PH)，有最多不超过 30 人参加考试。为评定奖学金，要求按如下格式输出学号、各科分数、总分和平均分，并标出 3 门课均在 90 分以上者(在该栏内输出"Y",否则输出"N")。

NO.	MT	EN	PH	SUM	AVER	>90
1	97	87	92	276	92	N
2	92	91	90	273	91	Y
3	91	81	80	252	84	N

9. 输入一行字符,要求编程序统计其中有多少个单词,单词之间用空格分隔开。

10. 有 3 个字符串,要求编程序找出其中最大者。

11. 有一篇文章,共有 3 行文字,每行有 80 个字符。要求分别统计出其中英文大写字母、小写字母、数字、空格以及其他字符的个数。

12. 编一程序,将两个字符串连接起来,不要用 strcat()函数。

13. 编一程序,将两个字符串 s1 和 s2 比较,若 s1>s2,输出一个正数;若 s1=s2,则输出 0;若 s1<s2,则输出一个负数。不要用 strcmp()函数。两个字符串用 gets()函数读入。输出的正数或负数的绝对值应是相比较的两个字符串相应字符的 ASCII 码的差值。例如,"A"与"C"相比,由于"A"<"C",应输出负数,同时由于"A"与"C"的 ASCII 码的差值为 2,因此应输出"-2"。同理:"And"和"Aid"比较,根据第 2 个字符比较结果,"n"比"i"大 5,因此应输出"5"。

14. 编一程序,将字符数组 s2 中的全部字符复制到字符数组 s1 中。不要用 strcpy()函数。复制时,'\0'也要复制过去,'\0'后面的字符不复制。

15. 有一行文字,要求删去某个字符。此行文字和要删去的字符均由键盘输入,要删去的字符以字符形式输入(如输入 a 表示要删去所有的字符 a)。

第 6 章 指 针

本章导引

指针是 C 语言中最具有特色的数据类型，是 C 语言的精华。可以说，没有学懂指针、用通指针就相当于没有学到 C 语言的本质。正确而灵活地使用指针，可以有效地表示复杂的数据结构、动态地对内存进行快速灵活的处理，也为函数间各类数据的传递提供了便利的方法，从而编写出简洁明快、紧凑高效的程序。

指针能够揭示系统底层的一些"秘密"，让我们进一步体会 C 语言的美妙。但是，指针也是最有风险的，它和之前学过的"强制类型转换"犹如屠龙刀和倚天剑，用好了可呼风唤雨，使用不当则会损兵折将，造成无可挽回的损失。例如，未初始化的指针可能造成系统的错误乃至崩溃。因此，本章的学习需要读者十分细心，多加比较、多加实践。下面从数据在内存中的存储开始介绍。

6.1 寻觅芳踪：初识指针

6.1.1 内存地址和指针

之前经常使用类似 scanf("%d",&x);这样的输入语句，这是从键盘输入变量 x 的值。编译器是如何将用户输入的值给 x 的呢？正如快递送货需要按照门牌地址，变量 x 也有一个它自身的"地址"，系统正是根据这一地址找到了 x。

在计算机世界中，每个变量都有存放的内存地址，例如"int x=3;"，由于 x 是整型，那么在 Visual C++平台中，编译器会为其变量分配 4 字节的连续内存空间，假设这一连续内存空间的首地址是 0x0013CABC，那么 0x0013CABC 就是变量 x 的地址，而 3 就是这块内存空间中存放的值。这就好比酒店的房间，每个房间都可以看作内存空间，房间号是该内存空间的地址。在日常生活中，通过房间号可以找到某位旅客。同样，通过一个变量的地址可以找到该变量所在的内存空间，这种"找到"可以形象地描述成"指向"，因此，一个变量的地址"指向"该变量的内存空间。

在 C 语言中，一个变量的地址称为该变量的指针，它指向该变量所在的内存空间。如果有一个变量，它专门用来存放其他变量的指针（地址），那么这个变量就是指针变量。

每个变量有两个属性：变量的地址（存在哪里）和变量的存储形式（怎么存）。指针变量既然是变量，自然也有它的地址；变量存储形式即该变量是怎么存储在内存中的。指针变量也需要占据一块内存空间，该空间在 32 位程序里，被统一为 4 字节（32 位）。

指针和指针变量是两个不太相同的概念：指针是一个地址，而指针变量是存放地址（指针）的变量。

图 6-1 揭示了指针和指针变量之间的关系，变量 i 存储的值为 0，它的内存地址为 0x804a020，也就是说地址（指针）0x804a020 指向了变量 i。变量 p 是一个指针变量，它自身也有一个内存地址为 0x804a120。由于 p 是指针变量，因此可以在 p 中存入变量 i 的地址 0x804a020，此时指针变量 p 就成为指向变量 i 的指针，可以简单描述成"指针 p 指向变量 i[①]"。

```
变量i的地址：0x804a020  →  变量值：0

变量p的地址：0x804a120     变量值：0x804a020
```

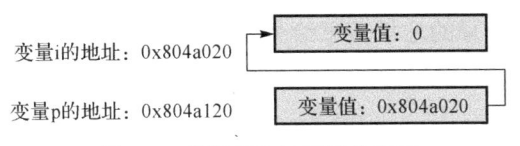

图 6-1　指针和指针变量的关系

6.1.2　指针变量的定义、初始化与引用

和普通变量类似，指针变量也要遵循"先定义后使用"的原则。那么，指针变量是什么类型的呢？不管指针变量是什么类型，都是 4 字节大小，这说明指针变量本身的类型对于指针变量本身没有任何意义，但是它指向的存储单元的类型就很重要了。在 C 语言中，将指针变量所指向变量的数据类型称为**"基类型"**。指针所指向的内存区域的长度可以使用 sizeof(基类型)求得。

定义指针变量的格式是：

> 基类型 * 变量名

其中，变量名前的符号"*"表示该变量是个指针型变量，这是指针的特有符号，正如中括号"[ ]"是数组的独有符号一样。

例如：

> int * p;

定义了一个基类型为整型的指针变量 p，该指针变量指向的变量必须是整型，否则会出错。

那么，这样的 p 如何进行初始化？它能够接收什么样的赋值呢？很显然，指针变量只能存放指针（地址），因此，必须使用其他变量的地址作为其值。在此处可使用取地址运算符"&"赋给指向变量 p。

> int * p;
> int i;
> p=&i;

在上述代码中，先定义指针变量 p，然后定义 int 型变量 i，最后将变量 i 的地址赋给 p（请注意此处是地址的赋值），这几行代码执行完毕后，指针 p 指向变量 i，如图 6-1 所示。

当然，可以简洁地写成：

> int i;
> int * p=&i;

先定义 int 型变量 i，然后定义指针变量 p，同时将变量 i 的地址赋给 p。

[①] 在本书后续的章节中，为了描述的方便，"指针"一词均是指存放内存地址的指针变量。

除直接接收地址的赋值外，指针变量还可以接收其他指针变量的赋值，这样两个指针变量均指向同一变量。例如：

```
int i, * p1=&i, * p2;
p2=p1;
```

执行后，指针变量p1与p2都指向整型变量i，可见指针变量间的赋值是地址的"共享"。

注意，当把一个指针变量的地址值赋给另一个指针变量时，赋值号两边指针变量所指的数据类型必须相同。例如：

```
int i, * pi=&i;
float * pf;
```

则语句pf=pi；是非法的，因为pf只能指向浮点型变量，而不能指向整型变量。

如果要定义多个指针变量，则在每个指针变量前都要加上"*"号，如"int * p1,* p2;"，就像函数中的各形参都要分别声明数据类型一样。

不妨进一步探究，对于定义"int * p;"，此处的指针变量p究竟是什么类型呢？语句"int i;"中的i是int型，很自然，int * p中的p就是int *类型，即指向整型数据的指针类型，或简称"int指针"类型。当然，还可以有char *、float *、double *等指针类型。

> **注意**
>
> 指针变量中只能存放地址(指针)，除非知道某整数是哪个变量的地址，否则不要随便将一个整数赋给指针变量，如int * p = 10;是不合法的赋值语句。
>
> 此外，在为指针变量赋值时，千万不能写成如下形式：
>
> ```
> int * p;
> * p=&x;
> ```
>
> 这是因为变量x的地址是赋给指针变量p本身的，而不是赋给"* p"的。当回答此时的指针变量是什么时，也只能回答是p，而不是* p。

【**案例6.1**】 打印普通变量的地址值和指针变量的值。

```
#include <stdio.h>
int main()
{
    int x, y;
    int * pX=&x;           /*定义指针变量pX，并将其赋值为变量x的地址*/
    int * pY, * pZ;        /*定义指针变量pY与pZ*/
    pY=&y;                 /*将变量y的地址赋给指针变量pY*/
    pZ=pY;
                           /*将指针pY的值赋给指针pZ，让pZ指向pY，二者指向同一内存空间*/
    printf("&x=%p, pX=%p\n", &x, pX); /*打印变量x的地址和指针变量pX的值*/
    printf("&y=%p, pY=%p\n", &y, pY); /*打印变量y的地址和指针变量pY的值*/
    printf("pZ=%p\n", pZ);            /*打印指针变量pZ的值*/
    return 0;
}
```

运行结果如图 6-2 所示。

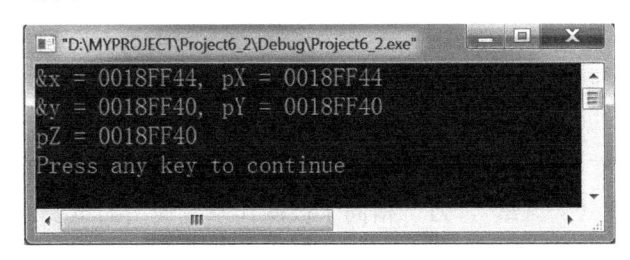

图 6-2 【案例 6.1】运行结果

从运行结果可以看出，变量 x 的地址和指针变量 pX 的值相等，变量 y 的地址和指针变量 pY 的值也相等，这也证明了指针变量 pX 指向变量 x，指针变量 pY 指向变量 y。而指针变量 pZ 与 pY 指向同一个内存空间，由此二者的地址值相等。此外，当需要输出取地址运算的十六进制结果时，可使用"%p"作为格式输出符。

> **多学一点　空类型指针、空指针与野指针**
>
> 之前介绍过 int 型指针、char 型指针等指针类型，还有一个使用"void *"修饰的指针类型，即**空类型指针**。这类指针虽然指向一块内存，却没有告诉应用程序按什么具体的类型去"解读"这块内存。因此，空类型指针不能直接进行数据的存取操作，必须先转换成具体类型的指针才能正常地使用。
>
> ```
>         void * p;
>         (int *)p;
> ```
>
> 在上述代码中，只有将空类型指针变量 p 强制转换成 int 类型指针变量后，才可以将内存中的数据使用整型类型加以解读。
>
> 在没有对指针变量赋值时，指针变量的值是不确定的，可能系统会分配一个未知的地址。此时，当使用此指针变量时可能会导致不可预料的后果，甚至是系统崩溃。为了避免出现该问题，通常给指针变量赋初始值为 0，并把值为 0 的指针变量称为**空指针变量**(或称为零指针变量)。
>
> 构造空指针时，需要将指针赋值为 0，如 int * p = 0;。需要注意的是，空指针是指指针指向地址为 0 的单元，系统保证该单元不作他用，表示此时指针变量处于闲置状态，不指向任何有效数据。因此，"0"也是唯一一个对任何指针类型都合法的指针值。但是，这种写法的可读性不好，容易使人产生赋值的误解，因此标准库定义了一个与 0 等价的更常用的符号常量 NULL(在 ASCII 码中，编号为 0 的字符代表空)。int * p = 0 与 int * p = NULL 是等价的。
>
> 在实际编程中，定义一个指针变量后，如果没有对它进行显式的地址赋值，都要将该指针初始化为 NULL。例如：
>
> ```
>         int i=0;
>         int * p=NULL;
>         p=&i;
> ```

> 之前介绍过，如果没有这样做，就会导致不可预料的后果，甚至是系统崩溃，其根本原因就是产生了**野指针**。所谓野指针是指向系统不可用内存区域的指针，它是一种最有风险的指针。对野指针进行操作，通常会发生不可预知的错误，一定要小心谨慎。
>
> 一般来说，以下两种原因容易形成野指针。
>
> (1) 指针变量没有被初始化。定义一个指针后，没有立即进行正确的初始化，那么，它就会随便乱指、到处"流窜"，万一指向了被操作系统使用的重要内存区域，一旦通过指针对该区域进行操作(如赋值)，那么极有可能造成系统崩溃。所以，在定义指针时要初始化指针为 NULL 或让指针指向合法的内存。
>
> (2) 指针与内存使用完毕之后，调用相应函数将内存释放，但是指针却没有被置为 NULL。此时，指针就变为野指针，其指向无法控制。因此，必要时需对指针是否为 NULL 进行检测，如利用 if(p==NULL)。但很多时候，对野指针是无法进行检测的。因此，在编程时要避免野指针的出现。

数组的使用包含了定义、初始化、引用等过程，指针变量也是如此。介绍完定义和初始化指针变量后，下面讨论如何引用指针变量所指向的变量，也就是根据指针变量中存放的地址，访问该地址所对应的变量。

访问指针变量指向变量的方式非常简单，只需在指针变量前加一个"*"(取值运算符)，其格式如下：

```
*指针表达式
```

例如：
```
int i=0;              /*定义并初始化变量i*/
int * p=&i;           /*定义指针变量p，将变量i的地址赋给变量p，此时p指向变量i*/
printf("%d", *p);     /*打印指针变量p所指向内存空间中存放的值，也就是打印i的值*/
```

此时的*p就相当于i，如果再有一句赋值"*p=1;"就相当于完成赋值"i=1;"。

之前介绍过的另一个运算符&(取地址运算符)和"*"互为逆运算，很显然，若定义指针变量p，则&(*p)与p是等价的。

在学习指针之前，我们对变量的访问都是直接通过变量名来进行的，如"int i=0;"定义变量i并直接进行赋值访问，这种方式称为"**直接访问**"。而通过取值运算符"*"进行变量访问的方式则是一种"**间接访问**"，是先获得变量的地址，然后访问该地址指向的内存空间，最后获得该内存空间存放的值。这就好比你去小区找某个人，如果你已经知道他的住处，大可以"直奔主题"，这相当于是直接访问。但如果你并不知晓他的具体地址，则只能通过门卫，由于小区各住户的地址都在门卫那里登记过，门卫就相当于一个指向小区各住户的指针变量，你完全可以通过门卫这一指针变量中的地址间接地找到某人，这就是一种间接访问。

和直接访问相比，间接访问对变量的访问绕了一个弯，似乎显得有点"多此一举"，但在某些场合却非常有用。比如，当用户申请一块内存空间时，由于该内存空间没有任何变量名，所以无法进行直接操作，此时就可以通过间接访问的方式来操作这一块内存空间。此外，如果结合函数则还可以看到间接访问的更多好处，读者在随后的介绍中就能体会到。

6.1.3 指针变量的移动和比较

指针变量可以加上或减去一个整数(常量或变量)，达到改变地址值的目的。在这一过程中，可以认为是指针变量发生了移动。

若 p 是一个指针变量，则 p+1 表示指向下一个内存空间。需要注意的是，执行 p+1 时，并不是将 p 的值(地址)进行简单的加 1，而是加上 p 的基类型占用的字节数。例如，如果 p 的基类型是 int 类型，占 4 字节，则 p+1 意味着 p 的值加 4 字节，p-1 意味着 p 的值减 4 字节。如图 6-3 所示，变量 a 的地址是 0001，p 的值也是 0001，当执行 "p = p+1" 时，由于 p 的基类型是 int 型，在内存中占 4 字节，因此执行后，p 就指向了 "0001+4 字节"后面的位置，即地址 0005 的位置。

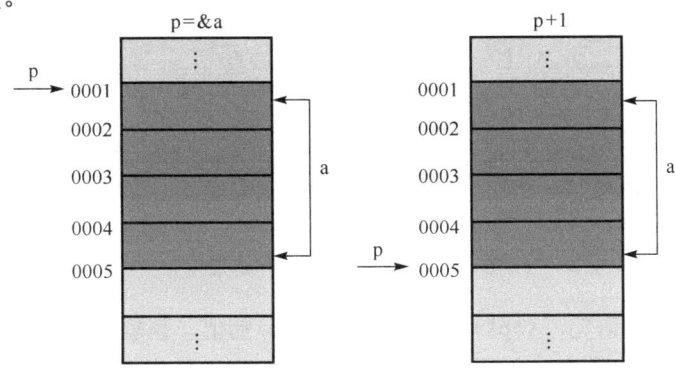

图 6-3 指针变量的移动(p+1)

因此，若 y 是整数，p 是一个指针变量，如果它所指向的数据类型在内存中占据 x 字节的存储空间，则 p+y 表示在 p 的地址值基础上向后移动 x*y 字节。反之，p-y 表示在 p 的地址值基础上向前移动 x*y 字节。因此，不同基类型的指针变量 p，在同样执行 p+1 后，其结果也是不同的。

> **注意**
>
> 指针的自增/自减运算类似于普通变量的自增自减运算。例如 "p++" 与 "++p" 就相当于 "p=p+1"，"--p" 与 "p--" 相当于 "p=p-1"。此外，结合运算优先级，*p++ 等价于 *(p++)，作用是先得到 p 所指向的变量的值(即 *p)，然后使 p 加 1。要注意的是，它与 * ++p 不同，*++p 等价于 *(++p)，它是先使 p 加 1，再取得 *p 的值。类似地，*(p--) 与 *(--p) 的含义也是不同的。

请看下面的案例。

【案例 6.2】 利用指针实现变量值的变化。

```
01  #include <stdio.h>
02  int main()
03  {
04      int a=5,* p;           /*定义指针变量p*/
05      p=&a;                  /*让指针p指向a*/
06      printf("a=%d,*p=%d\n",a,*p);     /*输出a的值和p所指向变量的值*/
07      *p=8;                  /*对p所指向的变量赋值，就相当于对a赋值*/
```

```
08      printf("a=%d,*p=%d\n",a,*p);
09      printf("Enter a:");
10      scanf("%d",&a);
11      printf("a=%d,*p=%d\n",a,*p);
12      (*p)++;                  /*将p所指向的变量值加1,也就是将a的值加1*/
13      printf("a=%d,*p=%d\n",a,*p);
14      return 0;
15  }
```

运行结果如图6-4所示。

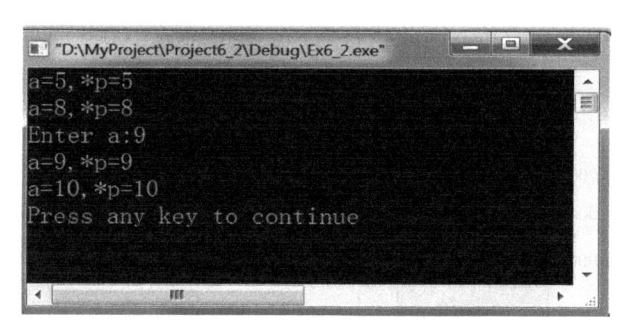

图6-4 【案例6.2】运行结果

在【案例6.2】中，语句"(*p)++;"是先取得(*p)的值，也就是a的值，然后进行自增，最终是进行a+1的运算。那么，如果有语句"(*p)--;"则也是类似的。

此外，程序中04行的"*p"和之后的"*p"尽管在形式上相同，但含义却完全不同：前者的"*"用来定义指针变量p，p是指针变量名，这是固定的格式；而后者的"*"则是进行间接访问的取值运算符，用于表示p所指向的变量。

所以，一定要正确理解"*"运算符在不同的场景下可能会有完全不同的含义，这既是C语言灵活性的体现，也是初学者最容易出错的地方。

如果是同类的指针进行相减运算，其结果是两个指针的地址之差除以指针基类型所占字节数。例如，整型指针变量p1指向的变量的地址为20000，整型指针变量p2指向的变量的地址为20016，那么，p2-p1的结果是"(20016-20000)/4=4"，表示指针变量p2所指的元素与p1所指的元素之间相隔4个同类型元素。

既然指针可以移动，也就相应地存在大小比较，存在着关系运算。常用的关系运算符如"=="、"!="、"<"、">"、"<="和">="等都适用于指针。

在实际编程时，对单独零散的变量的指针进行加减运算和比较的意义不是太大，但与批量数据的处理(如数组等)结合使用时，指针这些的运算就有很大的作用了，有关这部分内容将在6.3节中深入介绍。

> **注意**
>
> 只有同类指针之间才可以进行关系运算，对两个毫无关联的指针比较大小是没有意义的，如指向两个毫不相干内存空间(如两个不同的数组)的指针之间无法比较大小。此外，不能对同类指针进行相加运算，若存在指针变量p1与p2，则p1+p2没有任何意义。

6.2 强强联合：指针和函数

6.2.1 指针变量作为函数参数

【案例 6.3】 有张三和李四两位小朋友，张三手上拿着"书"，李四手上拿着"画"，由于张三非常喜欢李四的画，而李四也十分喜欢张三的书，因此他们决定"换一换"，试利用程序实现这一交换的场景。

为了解决这一问题，不妨先进行宏定义，定义符号常量 BOOK 与 PICTURE，以增强程序的可读性。

```
#define BOOK 0        /*定义书为0*/
#define PICTURE 1     /*定义画为1*/
```

接着定义 swap() 函数，利用中间变量 temp，采用"交换三部曲"完成数据的交换。

```
swap(int x, int y)
{
    int temp;
    temp=x;
    x=y;
    y=temp;
}
```

最后定义主函数进行测试：

```
#include <stdio.h>
int main()
{
    int a=BOOK, b=PICTURE;
    swap(a,b);
    if((a==PICTURE)&&(b==BOOK))
        printf("SUCCESS\n");
    else printf("FAILURE\n");
    return 0;
}
```

运行结果如图 6-5 所示。

图 6-5 【案例 6.3】运行结果

发现交换失败，这是什么原因造成的呢？这与【案例 4.11 改造】后【试一试】中的那个程序非常类似，都是使用普通变量作为函数参数进行参数的传递。如图 6-6 所示，当 swap()

函数被调用时，将实参 a 和 b 的值传递给形参 x 和 y，在被调函数中通过中间变量 temp 实现了 x 和 y 的交换。但是，由于 swap() 函数中定义的 x 和 y 是局部变量，当返回到主函数后就会被销毁，而主函数中的 a 和 b 的值没有任何变化，因此没有实现交换的功能。由此可见，普通变量作为参数的函数传递是单向的按数值传递，形参的任何变化都不能影响到实参。

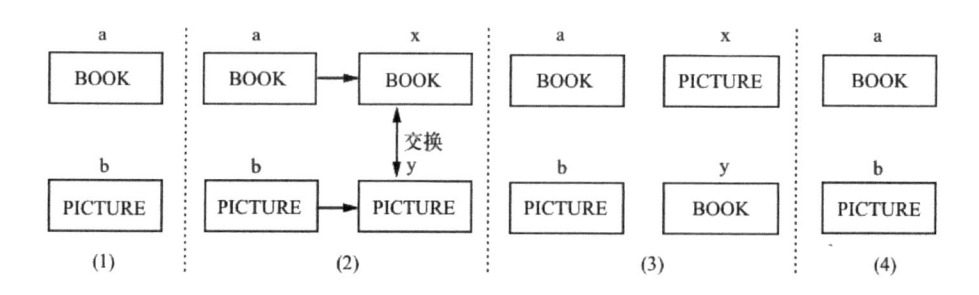

图 6-6 普通变量作为函数参数的传递

下面换一种思路：如果按地址值进行传递，能否使问题得到解决呢？尝试主调函数中使用 swap(&a,&b);让变量 a 和 b 的地址值作为函数的实参，那么被调函数的参数应如何设置？肯定也需要一个地址值接收这一实参的传入，我们很自然地想到了定义指针变量，采用指针变量(代表地址) x 和 y 作为函数的参数，将 a 和 b 的地址传递给 x 和 y。这样，x 就指向变量 a，y 指向变量 b。由于 * x 与 a 代表了同一个内存空间，只要在函数中改变 * x 的值，就必然会改变 a 的值。因此，我们就可以在 swap() 函数中让 * x 与 * y 交换，当返回主函数并释放 swap() 函数的空间后，实参 a 和 b 的值也相应地改变成交换后的结果，如图 6-7 所示。

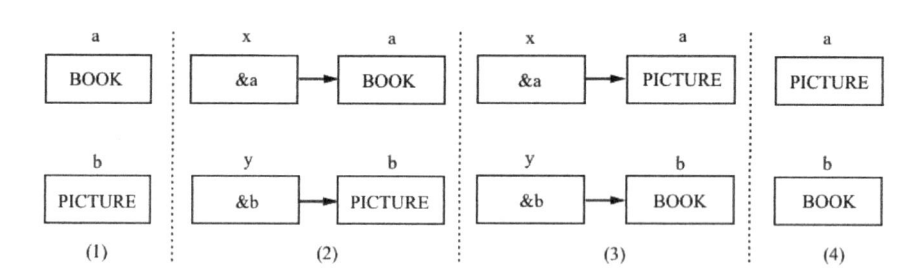

图 6-7 指针变量作为函数参数的传递(1)

在编程时，可定义函数头为 swap(int * x, int * y)，在该函数中，让 * x 与 * y 交换。由于 * x 和 * y 代表的是指针所指变量的值，所以依然可以设置一个中间变量 temp 完成交换三部曲，具体代码可实现为【案例 6.3 改造 1】。

【案例 6.3 改造 1】 利用指针变量做参数，实现交换的正确代码。

```
#include <stdio.h>
#define BOOK 0      /*定义书为0*/
#define PICTURE 1   /*定义画为1*/
swap(int * x, int * y)
{
    int temp;
    temp=*x;
```

```
        *x=*y;
        *y=temp;
    }
    int main()
    {
        int a=BOOK, b=PICTURE;
        swap(&a,&b);
        if((a==PICTURE)&&(b==BOOK))
            printf("SUCCESS\n");
        else printf("FAILURE\n");
        return 0;
    }
```

运行结果如图 6-8 所示。

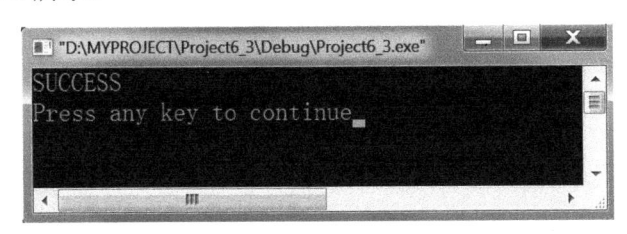

图 6-8 【案例 6.3 改造 1】运行结果

说明交换成功。可见，指针变量作为参数依然符合"值传递"的原则，此时函数传递是变量的地址值，按地址值的传递相当于将某人家里的钥匙直接复制给别人，别人自然就可能在那个人的家里"胡作非为"了。而之前按数值传递相当于复制出一份新文件，别人的任何修改都不会破坏自身的源文件。

此外，利用指针变量做函数参数可以得到多个变化了的值，在【案例 6.3 改造 1】中，我们通过改变形参指针 x 和 y 所指向变量的值，从而带来了主函数中 a 和 b 这两个值的变化。

请进一步思考：如果在 swap()函数中也定义一个指针 temp，将*temp 的值作为中间变量是否也能完成相同的功能呢？

【案例 6.3 改造 2】有风险的交换代码。

```
01  #include <stdio.h>
02  #define BOOK 0       /*定义书为0*/
03  #define PICTURE 1    /*定义画为1*/
04  swap(int *x, int *y)
05  {
06     int * temp;
07     *temp=*x;
08     *x=*y;
09     *y=*temp;
10  }
    ...
```

表面上，这一改造和【案例 6.3 改造 1】非常相似，但是这其中却暗藏着"危机"。原因就在于之前介绍过的野指针问题。在 06 行语句"int * temp;"后没有立即对指针变量 temp 初始化，它可能指向系统重要数据的区域，而后在 07 行马上执行一句赋值"*temp=*x;"，就会将系统重要区域的值覆盖，从而导致系统崩溃。因此，这种对未知单元写操作是很危险的。可将 06 行的"int * temp;"修改为"int * temp,t; temp=&t;"，其中新定义的 t 一定被分配在空闲的内存空间中，这就比较安全了。

因此再次强调，在进行指针的使用时，要时刻注意以下三大原则。

(1) 永远要清楚每个指针指向了哪里。

(2) 永远要明确指针所指向单元的内容是什么。

(3) 永远不要使用未初始化的指针变量。

若进一步将程序改写成【案例 6.3 改造 3】，能正确实现交换功能吗？

【案例 6.3 改造 3】 错误的交换代码。

```
#include <stdio.h>
#define BOOK 0      /*定义书为0*/
#define PICTURE 1   /*定义画为1*/
swap(int * x, int * y)
{
    int *temp;
    temp=x;
    x=y;
    y=temp;
}
...
```

不难看出，【案例 6.3 改造 3】与【案例 6.3 改造 2】相比， swap()函数中的形参是一样的。但是，此时在函数中只是通过指针 temp 交换了形参指针本身的值，不是指针所指向单元的内容，形参 x 与 y 的改变不会影响到实参 a 和 b，达不到交换的目的，如图 6-9 所示。

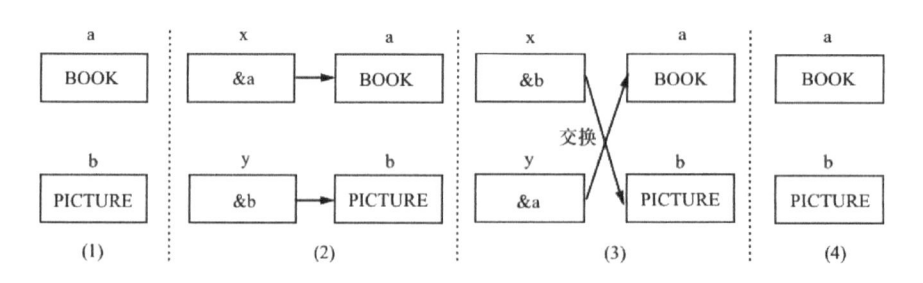

图 6-9 指针变量作为函数参数的传递(2)

可见，要通过函数的调用改变主调函数中某个变量的值，正确的做法是使用指针作为函数的参数。在主调函数的一方，将该变量的地址或指向该变量的指针作为实参；在被调函数的一方，使用指针变量作为形参接收该变量的地址，并改变形参所指向变量的值。

试一试

利用指针变量作为参数，要求对三个整数从小到大地进行升序排列。

6.2.2 返回指针值的函数

一个函数不但可以返回 int 型、float 型、char 型等基本数据类型，还可以返回指针类型的数据。返回指针类型的函数定义格式为：

```
类型标识符 * 函数名([参数列表])
{
    函数体;
}
```

例如：

```
int * func()
{
    int * p;
    …
    return p;
}
```

它说明了 func() 函数的返回值是一个指向整型变量的指针，是一个地址。这也说明在 C 语言中，函数的返回值类型可以非常灵活。

【案例 6.4】 输出变量 a、b 中较大值的地址。

```
#include <stdio.h>
int * fp(int x,int y)          /*定义返回指针值的函数*/
{
    if(x>y)  return &x;        /*返回变量 x 的地址值*/
    else  return &y;           /*返回变量 y 的地址值*/
}
int main()
{
    int a=2,b=3;
    int * p;
    p=fp(a,b);                 /*接收变量 a、b 中较大值的地址，并赋值给指针变量 p*/
    printf("%p\n",p);
    return 0;
}
```

运行结果如图 6-10 所示。

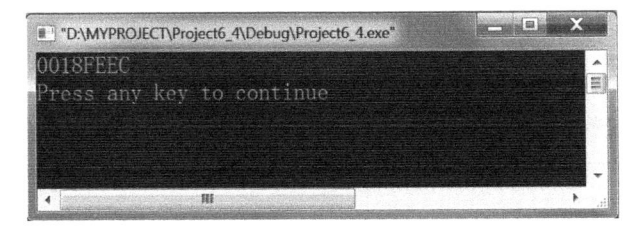

图 6-10 【案例 6.4】运行结果

在本案例中,变量 a 和 b 中较大值的地址被返回并打印,由于 a 与 b 的内存空间随机分配,因此输出的结果在不同的机器中是不一样的。

6.2.3 函数指针

如果有若干个整型数,要利用函数求出这些数的最大值、最小值及相加后的和,可定义函数 max()、min()、add()分别实现。在这一过程中,对主调函数也必须进行 3 次调用,这种程序的通用性和简洁性都不好。如果我们能够提供一个类似统一的"模板",在实际调用时可以根据需要动态地指向某一个函数,实现在同一点调用不同的函数,就会减少重复的代码。这种想法利用本节的"函数指针"就能实现。

函数指针就是指向函数的指针,该指针中存储的是一个函数在内存中的入口地址。由于程序和数据共同存储在内存中,而函数作为子程序也必然被存储在内存中,某一个函数第一条指令的地址,就是该函数的入口地址。正如数组名代表了数组的首地址,函数名也可以代表函数源代码在内存中的起始地址,因此,编译器将不带"()"的函数名(如 max、min、add 等)解释为函数的入口地址。

使用函数指针一般有以下 3 个步骤。

(1)定义一个指向函数的指针变量。

函数指针定义的一般形式如下:

> 类型标识符 (* 指针变量名)([参数列表]);

其中,"类型标识符"是指针变量所指向的函数的返回值类型,"参数列表"是所指向的函数的形式参数的列表。

> **注意**
>
> 在该格式中,"* 指针变量名"外的括号不能少,否则就会变成"返回指针值的函数"。例如:
>
> ```
>     int (* fp)();
> ```
>
> 定义了一个指向无参整型函数的指针变量 fp。

(2)将一个函数名(函数入口地址)赋值给指针变量。

对函数指针进行定义后,可以为它赋一个函数的入口地址,即只有使它指向一个函数,才能使用该指针。格式为:

> 函数指针=函数名;

> **注意**
>
> 函数名后不能带括号和参数。

(3)用指针变量实现函数的调用。

通过函数指针来调用函数的一般格式是:

```
(*函数指针)(实参列表);
```

> **注意**
>
> 对于函数指针,进行 p+i、p++或 p—等运算是没有意义的。

【案例 6.5】 利用函数指针求两个整数的最大值、最小值与两数之和。

```c
#include <stdio.h>
int main()
{
    int a,b,max(int,int),min(int,int),add(int,int);    /*变量和函数的声明*/
    void process(int,int,int (* fun)());               /*函数的声明*/
    printf("Input two integers: ");
    scanf("%d,%d",&a,&b);                              /*输入两个整型数*/
    process(a,b,max);
    process(a,b,min);
    process(a,b,add);
    return 0;
}
void process(int x,int y,int (* fun)())
        /*定义函数指针(* fun)()并通过参数的传递实现入口地址的赋值*/
{
    int result;
    result=(*fun)(x,y);
        /*利用函数指针实现函数的调用,若调用了max(),等价于result=max(x,y);*/
    printf("%d\n",result);
}
int max(int x,int y)            /*求两个整型数的最大值*/
{
    printf("max=");
    return(x>y?x:y);
}
int min(int x,int y)            /*求两个整型数的最小值*/
{
    printf("min=");
    return(x<y?x:y);
}
int add(int x,int y)            /*求两个整型数的和*/
{
    printf("sum=");
    return(x+y);
}
```

运行结果如图 6-11 所示。

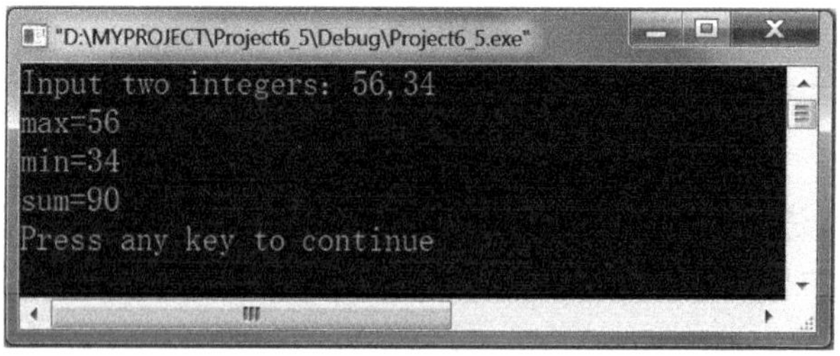

高级语言程序设计

图 6-11 【案例 6.5】运行结果

本案例使用函数指针变量作为参数，求出了两个整数的最大值、最小值与两数之和。不难想象，要对两个数进行排序，也可利用函数指针，将升序排列和降序排列这两个函数抽象为一个独立的通用的排序函数加以实现。这种函数指针的方法减少了重复的代码，提高了程序的通用性。

6.3 灵活高效：指针和数组

我们在前一章中介绍过：一旦定义了数组，编译系统就会为其在内存中分配一片连续的固定的存储单元，相应地，数组的首地址也就确定了。而数组名正是代表这一片连续空间的首地址，是指向数组中第一个元素的常量指针。因此，数组和指针便建立了密切的联系，对数组元素的访问除可以使用之前的索引下标来进行外，也可以通过使用指针的移动来进行。

6.3.1 指针和一维数组

例如，定义整型数组 data 和整型指针变量 p：

```
int data[6], * p;
```

如图 6-12 所示，假设 int 型变量的长度是 4 字节，系统分别将编号为 5000，5004，5008，…的内存字节作为 data[0]，data[1]，data[2]，…的地址，那么其中内存位置为 5000 是数组 data 的首地址，也是 data[0]的地址。又由于数组名 data 是数组首地址的地址常量，因此不难有：

```
p=data;
```

请注意此句是地址的赋值，其作用是把数组 data 的首地址赋给指针变量 p，而不是把数组 data 的各元素值赋给指针变量 p。这句话等价于：

```
p=&data[0];
```

它们均表示将地址 5000 赋值给指针 p，也就是让指针 p 指向该数组的首地址。

若再定义整型 i，则 p+i 表示距地址 p 的第 i 个偏移。但是请注意，在数组中这种偏移是以"元素"为单位的，具体的偏移量与指针的基类型有关(如整型是每个元素 4 字节，字符型是每个元素 1 字节)，p+1 代表指向同一个数组中的下一个元素，而不是简单地将 p 的地址值加 1。类似地，data+i 表示距数组 data 首地址的第 i 个元素级别的偏移。若 data 代表地址 5000，data+1 则代表地址 5004。

由此不难看出，

```
p=data+1;
p=&data[1];
```

这两句也是等价的。

推广到一般，data+i 其实就是 data[i]的首地址(i=0，1，2，…)，即 data+i 与&data[i]等价。

与简单变量类似，数组元素 data[i]的首地址(&data[i])就称为 data[i]的指针。既然 data+i 与&data[i]等价，则 data+i 也是 data[i]的指针，即 data+i 指向 data[i]。因而要引用一维数组中的各元素时，除可以使用之前 data[i]的方式外，还可以使用*(data+i)的方式。

正如表达式*(data+i)与 data[i]等价一样，表达式*(p+i)与 p[i]也等价。

指针变量与一维数组间的关系如图 6-12 所示。

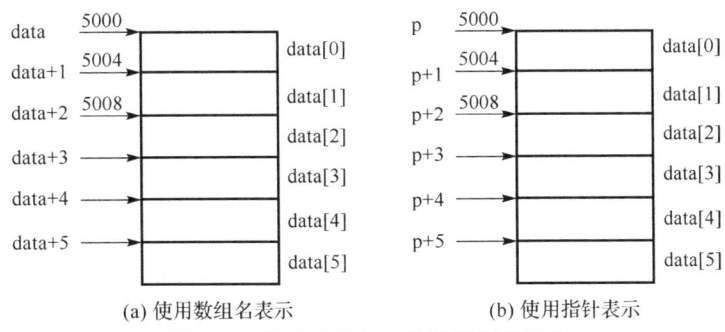

图 6-12　指针变量与一维数组间的关系

若整型数组名为 data，整型指针名为 p 且初始时指向数组的首地址，要引用数组 data 中的元素，可以通过下列两种方法(其中，i=0,1,2，…)：

```
data[i]或p[i]              /*下标法*/
*(data+i)或*(p+i)          /*指针法*/
```

此外，指针和一维数组之间存在如下恒等式。

地址恒等式：data+i==&data[i]==p+i。

元素值恒等式：*(data+i) == data[i] ==*(p+i)==p[i]。

> **注意**
>
> p=data+1 是合法的语句，但是 data=data+1 或 data++等形式都是不正确的，因为 data 是地址常量。此外，表达式 p+1 和 p++不同，虽然都是在对指针变量 p 做加 1 的运算，但是前者指针 p 保持在原处不动，后者则表明将指针 p 的位置向前移动了一个元素，即指向了下一个元素，具体的偏移量是 1*sizeof(基类型)字节。

> **多学一点**
>
> 由于指针的效率高、灵活性好，指针法的处理效率要高于下标法。但是，在 C 语言的编译器中，对数组的操作都是自动转换为指针进行的，因此下标法和指针法在本质上都是一样的。数组中常用的"[ ]"其实是一个"变址运算符"，data[i]被编译器重新计算地址，变址解释为*(data+i)，而&data[i]则被解释为指针表达式 data+i 执行。

若 p1、p2 分别表示指向数组 data 的指针变量，则 p2-p1 表示两指针之间所间隔的数组元素个数，而不是指针的地址之差，如图 6-13 所示，p2-p1 为 4。需要再次强调的是，指针的算术运算只包括两个相同类型指针相减及指针加上或减去一个整数，其他的操作（如指针相加、相乘、相除，或指针加上和减去一个浮点数等）都是非法的。

此外，两指针之间还可以进行关系运算，如果在同一个数组 data 中，p1 指向 data[i]，p2 指向 data[j]，并且 i<j，则 p1<p2。如图 6-13 中，表达式 p1<p2 为真。

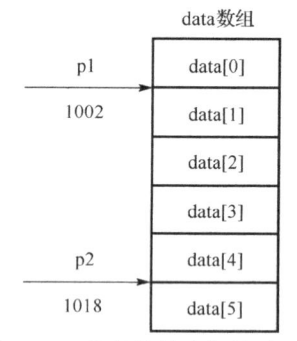

图 6-13 指针的算术与关系运算

【案例 6.6】 利用指针输出数组中各元素的值，并计算元素个数。

```c
#include <stdio.h>
#define N 8
int main()
{
    int i,* p,a[N];
    printf("Please input integer numbers:");
    p=a;                    /*让指针变量p指向数组的首地址*/
    for(i=0;i<N;i++)
      scanf("%d",p++);      /*伴随着指针p的移动，逐个将值输入数组a*/
    p=a;                    /*让指针p重新回到数组的首地址*/
    for(i=0;i<N;i++,p++)
      printf("%2d",*p);
                /*i控制循环次数，伴随着指针p的移动，逐个输出数组中各元素的值*/
    printf("\n");
    printf("%d\n",p-&a[0]); /*计算指针变量p所历经的元素个数*/
    return 0;
}
```

运行结果如图 6-14 所示。

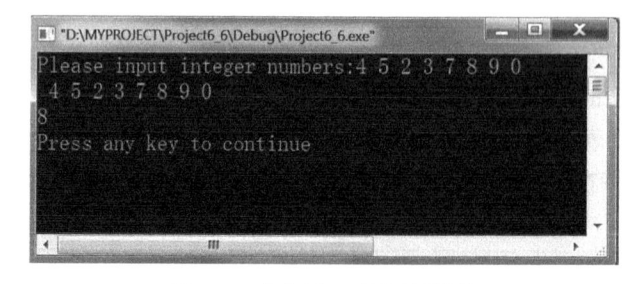

图 6-14 【案例 6.6】运行结果

【案例 6.6】定义了一个指向数组元素的指针 p，通过它的移动，依次指向不同的数组元素，从而实现对数组中各元素的访问。需要注意的是，当输入完全部元素后，指针 p 移动到数组末尾，必须使用语句 "p=a;" 让指针重新回到数组的首地址，该语句非常重要，否则往后输出的数组元素值将会出现非法结果。因此再次提醒：使用指针时，要时刻关注其当前位置和当前指向的值。

6.3.2 函数参数的多样性

在 6.2.1 节中，学习了使用指针变量作为函数参数，本质上说，传递的是变量的地址值，而数组名是表示数组首地址的常量。因此，与指针变量类似，数组名完全也可以作为函数的参数。

【案例 6.7】 利用数组名作为实参与形参，输出数组中各元素的值。

```c
#include <stdio.h>
void data_put(int str[], int n)        /*数组名 str 作为函数形参*/
{
    int i;
    printf("str的地址是：%p\n",str);    /*打印 str 的地址*/
    for(i=0; i<n; i++)
        str[i]=i;                      /*用数组下标号为数组元素赋值*/
}
int main()
{
    int a[6],i;
    printf("a的地址是：%p\n",a);        /*打印 a 的地址*/
    data_put(a, 6);                    /*数组名 a 作为函数实参*/
    for(i=0; i<6; i++)
        printf("%2d", a[i]);           /*输出数组 a 中各元素的值*/
    return 0;
}
```

运行结果如图 6-15 所示。

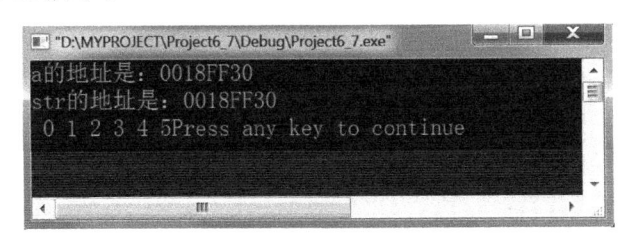

图 6-15 【案例 6.7】运行结果

在【案例 6.7】中，从运行结果中可以看出，实参 a 和形参 str 的地址值是相同的，说明将数组作为函数参数其实是将数组的首地址作为函数参数进行传递，而数组元素本身不被复制。如图 6-16 所示，当实参 a 传递给形参 str 时，它们共享了同一个内存空间，该数组在主调函数中是 a，在被调函数的作用域中被称为 str，它们指的都是同一个数组。很显然，对 str 的任何变化实质上就是对 a 数组的改变。本案例在 data_put() 函数中将数组 str 中的各元素赋为下标值，一旦被调函数的空间被释放后，最终得到的 a 数组是变化后的结果，即也被赋值成了下标值。

需要说明的是，形参数组 int str[]不必给出数组长度，写成 int str[6]。这是由于传递的是数组首地址而不是数组元素值，编译系统并不关心数组元素的个数等具体细节，数组长度和传递本身无任何关系。而且，写成 int str[]，通用性也好，让人一眼就看出是数组名作为函数参数。

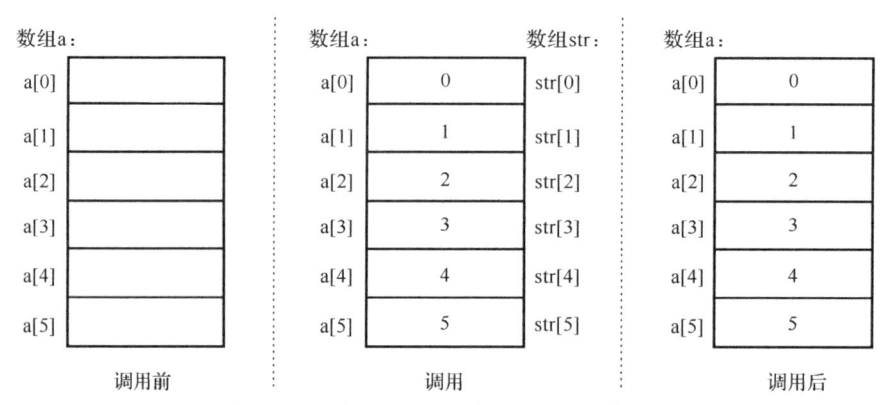

图6-16 【案例6.7】函数调用过程示意图

类似地，在使用多维数组名作为函数参数时，从实参传送来的是依然是数组的起始地址，在被调用函数中对形参数组定义时也可以省略第一维的大小说明，具体的案例将在6.3.4节中讨论。

不难看出，数组名作函数参数与"指针变量作函数参数"十分类似，因此【案例6.7】中的形参部分也可以改造成指针变量，运行结果不变。

【案例6.7 改造1】 利用数组名作为实参，指针变量作为形参，输出数组中各元素的值。

```c
#include <stdio.h>
void data_put(int * str, int n)      /*指针变量str作为函数形参*/
{
    int i;
    printf("str 的地址是：%p\n",str);
    for(i=0; i<n; i++)
       *(str+i)=i;                   /*此句若采用"下标法"，等价于写成 str[i]=i;*/
}
int main()
{
    int a[6],i;
    printf("a 的地址是：%p\n",a);
    data_put(a, 6);                   /*数组名a作为函数实参*/
    for(i=0; i<6; i++)
        printf("%2d", a[i]);
    return 0;
}
```

下面将用普通变量名作为函数参数和用数组名作为函数参数做一个简单的比较，如表6-1所示。

表6-1 不同类型函数参数的比较

函数实参类型	所要求的函数形参类型	传递的信息	传递的结果
普通变量名	普通变量名	变量的数值	不能改变实参变量的值
数组名	数组名或指针变量名	数组的首地址	能改变实参数组的值

当然，如果结合之前所学的"指针变量作为函数参数"，本案例还可以改造成使用指针变量作为实参，数组名或指针变量作为形参的形式，它们在本质上都是一致的，如【案例6.7 改造2】与【案例6.7 改造3】所示。

【案例 6.7 改造 2】 利用指针变量作为实参，数组名作为形参，输出数组中各元素的值。

```c
#include <stdio.h>
void data_put(int str[], int n)  /*数组名 str 作为函数形参*/
{
   int i;
   printf("str 的地址是: %p\n",str);
   for(i=0; i<n; i++)
      str[i]=i;
}
int main()
{
   int a[6],i,* p=a;              /*定义指针变量 p 并指向数组 a*/
   printf("a 的地址是: %p\n",a);
   data_put(p, 6);                /*指针变量 p 作为函数实参*/
   for(i=0; i<6; i++)
      printf("%2d", *(p+i));      /*"*(p+i)"若采用"下标法"，等价于写成 p[i]*/
   return 0;
}
```

【案例 6.7 改造 3】 利用指针变量作为实参与形参，输出数组中各元素的值。

```c
#include <stdio.h>
void data_put(int * str, int n)  /*指针变量 str 作为函数形参*/
{
   int i;
   printf("str 的地址是: %p\n",str);
   for(i=0; i<n; i++)
      *(str+i)=i;                 /*此句若采用"下标法"，等价于写成 str[i]=i;*/
}
int main()
{
   int a[6],i,* p=a;              /*定义指针变量 p 并指向数组 a*/
   printf("a 的地址是: %p\n",a);
   data_put(p, 6);                /*指针变量 p 作为函数实参*/
   for(i=0; i<6; i++)
      printf("%2d", *(p+i));      /*"*(p+i)"若采用"下标法"，等价于写成 p[i]*/
   return 0;
}
```

6.3.3 指针和字符串

在 C 语言中没有单独的字符串类型。字符串是以字符数组的形式存储的，在最后有一个 "\0" 的标志。由于数组可以使用指针进行访问，因此字符串也可以用指针进行访问。

系统在存储一个字符串常量时首先要给出一个起始地址，从该地址开始连续存放字符串中的各字符。那么，该起始地址就代表了字符串首字符的存储位置。由此可见，字符串常量实质上是一个指向该字符串首字符的指针常量。例如，字符串 "China" 的值本身就是一个地址，从它指定的存储单元开始连续存放往后的 6 个字符，如图 6-17 所示。

如果定义一个字符指针接收字符串常量的值，则该指针就指向字符串的首地址。这样，我们就找到了除字符数组外，另一种更为方便灵活的处理字符串的办法——利用字符指针。例如：

```
char * sp;    /*定义字符指针变量sp*/
```

和普通的指针一样，定义字符指针后，也必须让它有所指向，以避免野指针的出现。

```
sp="China";
/*将字符串的首元素地址赋给sp,注意不是将整个字符串赋给sp,如图6-17所示*/
```

当然，这两句可以合并为：

```
char sp="China";
```

若要进行打印输出，可使用：

| C | h | i | n | a | \0 |

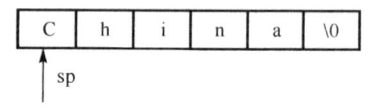

↑sp

图 6-17 字符串"China"的存储

```
printf("%s",sp);        /*打印字符串"China"*/
printf("%s",sp+2);      /*指针sp移动到字符'i'处,可打印原串的子串"ina"*/
```

> **注意**
>
> 由于字符串保存在只读的常量存储区中，我们不能对 sp 所指向的存储单元进行写操作。下面的语句是非法的：
>
> ```
> *sp='Z';
> ```
>
> 但是，如果将字符串"China"存储在数组中，然后再用一个字符指针进行指向，例如：
>
> ```
> char sa[10]= "China";
> char * sp=sa;
> ```
>
> 那么，此时 sp 指向该字符串"China"。因为数组名是一个地址常量，所以 sa 的值不可修改，但指针 sp 的值（sp 的指向）可以被修改，sp 所指向的字符串也可以被修改，例如，要将 sp 所指向的字符串的第一个字符修改为'Z'，可使用：
>
> ```
> *sp='Z';  /*相当于sp[0]= 'Z', sa[0]= 'Z'*/
> ```
>
> 而且，指针 sp 还可以通过移动，输出该字符串的子串值。

【案例 6.8】 利用不同方法输出字符串："Chinese Dream"。

```
#include <stdio.h>
int main()
{
  int i;
  char * sp="Chinese Dream";
  printf("%s\n", sp);              /*整体引用输出*/
  for(i=0;sp[i]!='\0'; i++)
     printf("%c", sp[i]);          /*下标法逐个引用输出*/
  printf("\n");
  for(;*sp!='\0'; sp++)
```

```
        printf("%c", *sp);           /*指针法逐个引用输出*/
    printf("\n");
    return 0;
}
```

运行结果如图 6-18 所示。

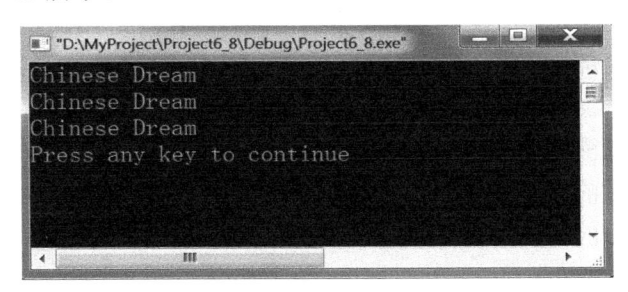

图 6-18 【案例 6.8】运行结果

【案例 6.8】使用不同的方法都输出了相同的结果，请读者从中体会字符串的两种处理方式。

【案例 6.9】 编写一个函数 mystrcat()，实现合并两个字符串的功能。

```
#include <stdio.h>
void mystrcat(char * str1, char * str2)       /*字符指针作为函数形参*/
{
    while(*str1!='\0')  str1++;        /*此句结束后指针 str1 指向源串的末端*/
    while(*str2!='\0')
    {
        *str1=*str2;
        str1++;
        str2++;
    }
 /*将指针 str2 所指的内容逐一复制到指针 str1 所指的空间中，实现字符串的拼接*/
    *str1='\0';                        /*添加拼接后的新字符串的结束符*/
}
int main()
{
    char source[80]="Chinese ", object[20]="Dream";
                                /*分别初始化需要拼接的源串和目标串*/
    mystrcat(source, object);        /*字符数组名作为函数实参*/
    printf("str1+str2=%s\n",source);
    return 0;
}
```

运行结果如图 6-19 所示。

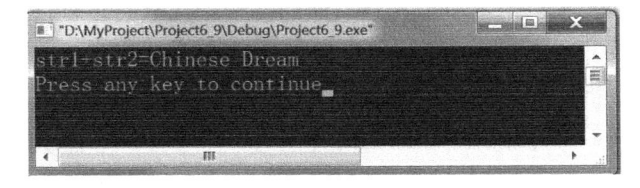

图 6-19 【案例 6.9】运行结果

在【案例 6.9】的被调函数 mystrcat()中,指针 str1 指向源串"China"的首地址,指针 str2 指向目标串"dream"的首地址,其中 while 的循环体还可以更简洁地写成:

```
*str1++=*str2++;      /*请注意执行的优先级*/
```

也就是说,伴随着指针 str2 指针的向后移动,指针 str1 也在向后移动。在这一过程中,逐一地取出 str2 所指的字符,赋值给 str1 所指的空间,一直做到 str2 所指的目标串结束为止,此时表示已将目标串全部拼接到了源串之后。

虽然在系统库的头文件<string.h>中已经有了现成的 strcat()函数,用于实现两字符串的拼接,但是我们依然可以重新编写并定义自己的 mystrcat()函数,实现同样的功能。希望读者从中体会出:系统库函数的内部就是类似这样的实现代码,只是 C 系统为方便程序员们使用,预先定义成一个封装好的函数而已。

> **试一试**
>
> 【案例 6.9】使用了字符数组名(代表地址)作为函数实参,传递给函数的是数组的首地址,并使用字符指针作为函数形参,从而在函数体中通过指针存取或改变数组中的元素。当然,根据在上一节学过的知识,我们还可以使用字符数组名作为形参,乃至使用字符指针作为实参,请读者自行完成。

6.3.4 指针和二维数组

C 语言的二维数组由若干个一维数组构成。例如,定义一个二维数组:

```
int d[3][5];
```

二维数组 d 的逻辑结构如图 6-20 所示。

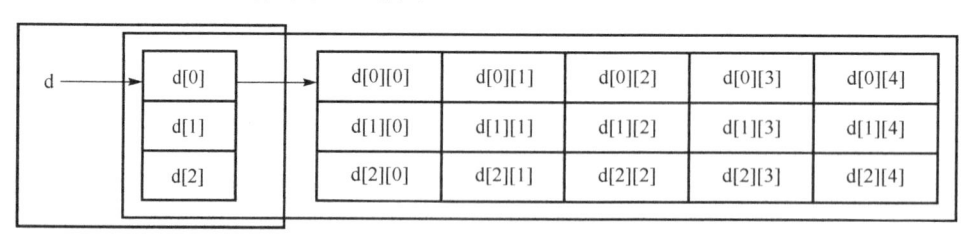

d →	d[0]	→	d[0][0]	d[0][1]	d[0][2]	d[0][3]	d[0][4]
	d[1]		d[1][0]	d[1][1]	d[1][2]	d[1][3]	d[1][4]
	d[2]		d[2][0]	d[2][1]	d[2][2]	d[2][3]	d[2][4]

图 6-20　二维数组 d 的逻辑结构

先观察图 6-20 左边的方框,我们可将二维数组看成由 d[0]、d[1]、d[2]三个元素组成的一维数组,d 是该一维数组的数组名,它代表该一维数组的首地址,即第一个元素 d[0]的地址(&d[0])。表达式 d+1 则表示首地址所指元素后面的第一个元素的地址,即 d[1]的地址(&d[1]),d+2 表示 d[2]的地址(&d[2]),依此类推。

接着观察右边的方框,可将 d[0]、d[1]和 d[2]三个元素分别看成由 5 个 int 型元素组成的一维数组的数组名。例如,d[0]可看成由元素 d[0][0]、d[0][1]、d[0][2]、d[0][3]和 d[0][4]这 5 个整型元素组成的一维数组,d[0]是这个一维数组的数组名,代表该一维数组的首地址,即第一个元素 d[0][0]的地址(&d[0][0])。表达式 d[0]+1 则表示下一个元素 d[0][1]的地址(&d[0][1]),

d[0]+2 表示 d[0][2]的地址(&d[0][2])，依此类推。请注意：d[0]、d[1]和 d[2]元素本质上依然是一个地址，而不是真正具体的数值。

为了更好地揭示二维数组和指针的内在联系，将图 6-20 进一步扩展成图 6-21，不难得出：

可以将二维数组的数组名 d 看成一个"**行指针**"，它代表了行地址(即第 0 行的地址)。行地址 d 每加上 1 就表示指向下一行，d+i 代表二维数组第 i 行的地址。

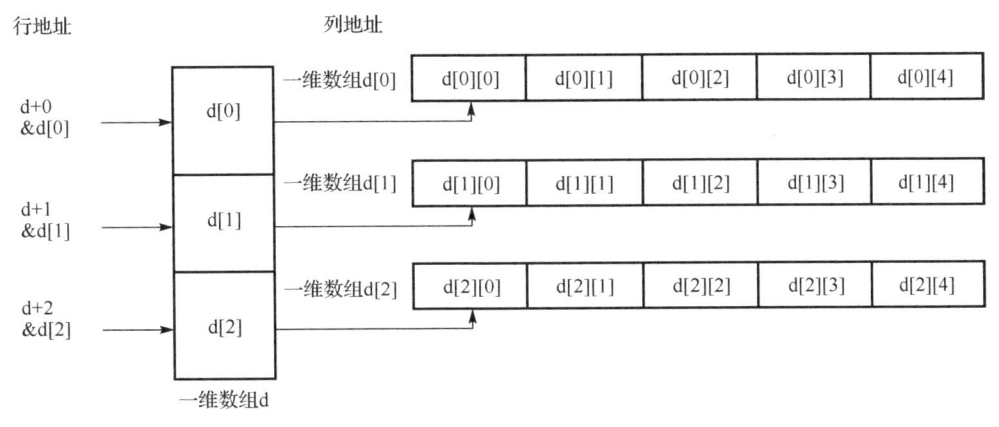

图 6-21 行指针和列指针示意图

此外，可以将 d[i]看成一个"**列指针**"，它代表了行中的列地址(即第 i 行第 0 列的地址)。列地址 d[i]每加上 1，表示指向该行的下一个元素。d[i]+j 代表二维数组第 i 行第 j 列的地址，即元素 d[i][j]的地址。

可以举个生活中的例子，宾馆就相当于是有行有列的二维数组。其中楼层号可以认为是行指针，指向宾馆中的每层，而每层的房间号可以看成列指针，指向具体的每个房间。例如用 206 就代表该宾馆第 2 层(行指针)的第 6 个房间(列指针)。很自然，要找到这个房间中的人，我们必须先上第 2 层楼，再在第 2 层楼中寻找第 6 个房间。

通过上述的分析可以得出：

(1) d[i](即*(d+i))既可以看成一维数组 d 的下标为 i 的元素，同时又可以看成由 d[i][0]、d[i][1]、d[i][2]、d[i][3]和 d[i][4]这 5 个元素组成的一维数组的数组名，代表这个一维数组的首地址，即第 i 行第一个元素 d[i][0]的地址(&d[i][0])。也就是说，d[i] <=> *(d+i) <=> &d[i][0]。

(2) d[i]+j(即*(d+i)+j)表示二维数组 d 的第 i 行中，下标为 j 的元素地址，即&d[i][j]。也就是说，d[i]+j<=> *(d+i)+j<=>&d[i][j]。请注意：对于表达式*(d+i)+j，不要加错括号，否则就变成含义完全不同的表达式*(d+i+j)了。

(3) *(d[i]+j)(即*(*(d+i)+j))，表示二维数组 d 的第 i 行中，下标为 j 的元素值，即 d[i][j]。

将上述的(1)与(2)结合，不难看出，要表示二维数组 d 中的某一个元素 d[i][j]，可以有多种方法，它们之间是等价的：

d[i][j] <=>*(d[i]+j) <=>*(*(d+i)+j) <=> (*(d+i))[j]

其中，最为复杂的表达式要数*(*(d+i)+j)了，下面从优先级和结合性的角度逐步地进行剖析。

第 1 步，找到数组 d 中第 0 行的地址(相当于走到宾馆的底楼)。

第 2 步，执行 d+i 取得第 i 行的地址(相当于走到宾馆第 i 层的头位置)。

第 3 步，执行*(d+i)(即 d[i])找到第 i 行第 0 列的地址(相当于走到宾馆第 i 层的第 1 个房间外)。

第 4 步，执行*(d+i)+j(即&d[i][j])找到第 i 行第 j 列的地址(相当于走到宾馆第 i 层的第 j 个房间外)。

第 5 步，执行*(*(d+i)+j) (即 d[i][j])取得第 i 行第 j 列的值(相当于走到宾馆第 i 层的第 j 个房间内，访问住着的人)。

要引用二维数组中的元素：一种是行指针，使用二维数组的行地址进行初始化；另一种是列指针，使用二维数组的列地址进行初始化。

(1)通过行指针引用二维数组的元素。

行指针用于指向一维数组，定义行指针变量的语法格式如下：

```
基类型 (*指针变量名)[常量]
```

其中，"常量"规定了行指针所指向的一维数组的长度(即二维数组的列数)，不可省略；基类型代表行指针所指一维数组的元素类型。

例如，对于本节中的二维数组 d，因其每行有 5 个元素，所以可定义行指针变量 p 为：

```
int (*p)[5];
```

表明定义了一个指向含有 5 个整型元素的一维数组的指针变量 p。

行指针 p 可以使用两种方法初始化：

```
p=d;              /*使用二维数组名进行初始化*/
p=&d[0];          /*使用一维数组的首地址进行初始化*/
```

正如之前介绍过的，数组 a 的定义 int a[5];表示定义了一个整型数组 a，内有 5 个元素，分别为 a[0]，…，a[4]。类似地，int (*p)[5]表示将指针 p 指向一个一维数组，是该数组的起始地址(请注意它不指向一维数组中的某一个元素)，数组内有 5 个元素，分别为(*p)[0]，…，(*p)[4]。实际上，该指针 p 正好可以作为一个指向二维数组的行指针，它所指向的二维数组的每一行有 5 个元素。

通过行指针 p 引用二维数组元素 d[i][j]的方法与通过数组名 d 引用二维数组元素 d[i][j]的方法是一样的，也有 4 种等价的形式：

```
p[i][j] <=>*(p[i]+j) <=>*(*(p+i)+j) <=> (*(p+i))[j]
```

【案例 6.10】 利用行指针(指向一维数组的指针)输出二维数组中的各元素。

```
#include <stdio.h>
int main()
{
    int a[3][4]={1, 3, 5, 7, 9, 11, 13, 15, 17, 19, 21, 23};
    int i=0,j=0;
    int (*p)[4]=a;    /*定义行指针 p 并初始化,让它指向包含 4 个整型元素的一维数组*/
    for(i=0;i<3;i++)
    {
        for(j=0;j<4;j++)
```

```
            {
                printf("%3d",*(*(p+i)+j));
                            /*表达式*(*(p+i)+j)还可以写成p[i][j]等其他等价式*/
            }
            printf("\n");
        }
        return 0;
    }
```

运行结果如图 6-22 所示。

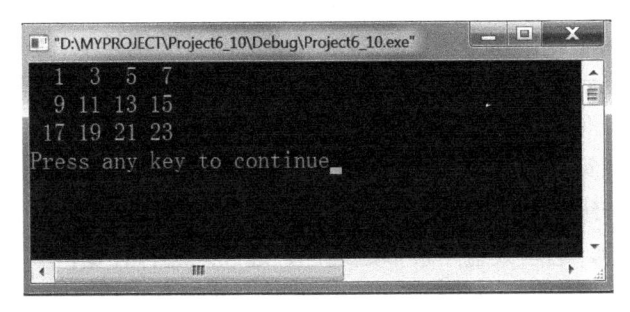

图 6-22 【案例 6.10】运行结果

本案例通过移动行指针 p 来引用二维数组各元素的值。

> **注意**
>
> 在【案例 6.10】中，尤其要注意行指针 p 的定义语句"int (*p)[4]=a;"，小括号不可省略：由于 p 先和运算符"*"结合，因此 p 是指向一维数组的指针变量。如果是"int * p[4]"则由于 p 先与方括号结合，p 是个包含 4 个元素的数组，该数组中的元素都是整型指针类型的，它们都会指向整型元素，此时的 p 就变成后面将介绍的"指针数组"。因此要区分这两种形式，以免混淆。

(2) 通过列指针引用二维数组的元素。

列指针是指向二维数组中具体元素的指针，因此它的定义方法和指向同类型简单变量的指针的定义方法是一样的。针对本节的场景，可定义：

```
    int * p;
```

此时的 p 就是列指针。

列指针可以使用三种等价的方法进行初始化：

```
    p=&d[0][0];        /*使用具体元素的地址进行初始化*/
```

或者

```
    p=*d;
```

或者

```
    p=d[0];
```

由于列指针是指向每个具体元素的，要注意的是此时并未将数组看成二维数组，因此在本节的案例中，定义了列指针 p，不能直接使用 p[i][j] 表示二维数组的元素，而应该将二维数组看成由 m 行×n 列个元素组成的一维数组。由于 p 代表数组的第 0 行第 0 列的元素地址，而从数组的第 0 行第 0 列到数组的第 i 行第 j 列之间共有"i*n+j"个元素，因此，"p+i*n+j"代表数组的第 i 行第 j 列的地址，即"&d[i][j]"。于是，通过列指针变量 p 引用二维数组元素 d[i][j] 的方法有以下两种等价的形式：

```
*(p+i*n+j)      /*指针法*/
p[i*n+j]        /*下标法*/
```

正如我们要在宾馆中找到某个房间，如果知道房间号的编排规律，就可以像前面所说的一样，使用类似"行指针"的方法，直接登上某层，找到某个房间。但是，如果不知道房间号的编排规律，就只能使用"列指针"的方式，在每个楼层逐一寻找，先在第一层找遍所有房间，若没找到就走到第二层继续寻找，这就相当于将二维数组等同于一维数组进行处理。

实际上，无论是一维数组、二维数组、…，还是多维数组，都只是人为划分的逻辑结构，如果从内存的角度来看，这些数组元素都是线性、连续地进行存储，其本质上都是一样的。

通过上面的分析不难看出，若定义 p 是行指针，必须显式地指定其所指向的一维数组的长度（即二维数组的列数），对 p 自增时，p 的移动是沿着二维数组的"逻辑行"的方向进行的，每次移动的字节数为：二维数组的列数*sizeof(基类型)。

若定义 p 是列指针，就没有必要指定二维数组的列数。对 p 自增时，p 的移动是沿着二维数组的"逻辑列"的方向进行的，是逐个元素地移动，每次移动的字节数为 sizeof(基类型)，与二维数组的列数无关。也就是说，即使不指定列数，也能计算出指针移动的字节数。

【案例 6.10 改造 1】 利用列指针（指向数组元素的指针）输出二维数组中的各元素。

```c
#include <stdio.h>
int main()
{
    int a[3][4]={1, 3, 5, 7, 9, 11, 13, 15, 17, 19, 21, 23},i,j;
    int * p=*a;        /*定义列指针 p 并初始化*/
    for(i=0; i<3; i++)
    {
        for(j=0; j<4; j++)
        {
            printf("%3d", *(p+i*4+j));   /*通过移动指针引用二维数组元素*/
        }
        printf("\n");
    }
    return 0;
}
```

运行结果和【案例 6.10】是一样的，如图 6-22 所示。

【案例 6.10 改造 2】 利用列指针（指向数组元素的指针）输出二维数组中的部分元素。

```c
#include <stdio.h>
int main()
```

```
{
    int a[3][4]={1, 3, 5, 7, 9, 11, 13, 15, 17, 19, 21, 23},i;
    int * p=&a[1][1];          /*定义列指针p并初始化,请注意此时p的位置*/
    for(i=0; i<5; i+=2)
    {
        printf("%3d", p[i]);    /*表达式p[i]也可以写成*(p+i)*/
    }
    printf("\n");
    return 0;
}
```

运行结果如图 6-23 所示。

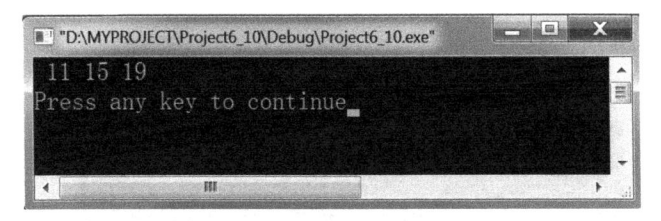

图 6-23 【案例 6.10 改造 2】运行结果

在【案例 6.10 改造 2】中,指针 p 在初始阶段指向元素 a[1][1],将二维数组看成线性的一维数组后,a[1][1]元素值是 11(第 6 个元素)。而后通过 3 次的 for 循环,利用 p[i]引用特定的元素,分别是 p[0]、p[2]和 p[4]。要注意的是,p 是从 a[1][1]的位置开始往后移动的,分别移动了 0 个元素、2 个元素和 4 个元素的位置,因此输出的值分别是 11、15(第 8 个元素)和 19(第 10 个元素)。本案例利用列指针只输出二维数组的部分元素,既体现了列指针的灵活性,也再次提醒我们要时刻关注指针变量瞬时指向的位置和指向的内容。

(3)二维数组的指针与函数。

行指针和列指针如果和"函数"结合,又可以产生更广泛的应用。函数的参数可以十分灵活,在二维数组的场景下也不例外,既可以使用数组名,也可以利用指针(行指针与列指针)。

【案例 6.11】 编写程序,输出 4 位同学 3 门课程的成绩。

4 位同学 3 门课程,很显然可以形成一个 4 行 3 列的二维数组逻辑结构,假设数组名为 score。为简单起见,直接给出整型初值,并定义函数 OutputScore(),利用循环完成对成绩数据的输出。

```
#include <stdio.h>
#define N 3
void OutputArray(int score[][N], int m, int n);
int main()
{
    int score[4][3]={{89,78,74},{90,80,92},{88,86,79},{72,76,80}};
                    /*对4位同学3门课程的成绩数组score进行初始化*/
    OutputArray(score, 4, 3);
                    /*向函数OutputArray()传递二维数组score第0行的地址*/
    return 0;
}
```

```
void OutputArray(int score[][N], int m, int n)   /*形参声明为给定列数的二维数组*/
{
    int i, j;
    for(i=0; i<m; i++)
    {
        for(j=0; j<n; j++)
        {
            printf("%4d", score[i][j]);
        }
        printf("\n");
    }
}
```

运行结果如图 6-24 所示。

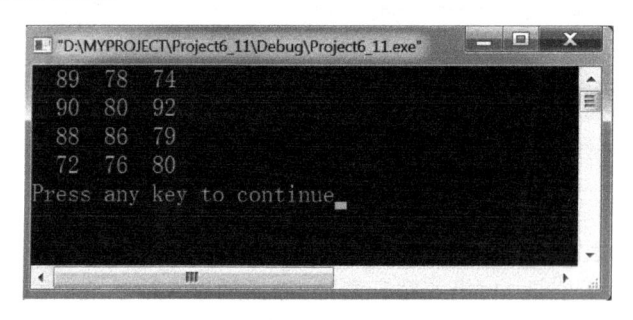

图 6-24 【案例 6.11】运行结果

【案例 6.11】是使用数组名作为函数参数，传递的是数组首行的地址，可以省略第一维的长度。但是，第二维(列)的长度必须给定，也就是说，形参"int score[][N]"中的 N 不但需要给出，而且要与数组的列数"3"一致。这是由于二维数组在内存中按排列规则线性存放(一般按行优先存放)。如果在形参中不说明列数，则系统无法决定在逻辑上该数组是多少行多少列。

当然，也可以定义指向列数已知的二维数组的行指针 int (*score)[N](N 为列数)，并用数组名为其赋值进行函数参数的传递，从而实现相同的功能，如【案例 6.11 改造 1】。

【案例 6.11 改造 1】 利用行指针，输出 4 位同学 3 门课程的成绩。

```
#include <stdio.h>
#define N 3
void OutputArray(int (*score)[N], int m, int n);
int main()
{
    int score[4][3]={{89,78,74},{90,80,92},{88,86,79},{72,76,80}};
    OutputArray(score, 4, 3);
    return 0;
}
void OutputArray(int (*score)[N], int m, int n)   /*形参声明为行指针 score*/
{
    int i, j;
    for(i=0; i<m; i++)
    {
```

```
        for(j=0; j<n; j++)
        {
            printf("%4d", *(*(score+i)+j));
        }
        printf("\n");
    }
}
```

进一步探究，若某学期的课程数增加或减少，此时二维数组 score 中的列数 N 也在动态地发生变化，不得不每次修改对 N 的定义。为避免出现这个问题，可以使用二维数组的列指针作为函数参数，如【案例 6.11 改造 2】，在主函数中向该数组传递第 0 行第 0 列的地址，从而使程序能够适应二维数组列数的变化，增强程序的灵活性。一般来说，遇到二维数组的行列数需要动态指定的场合时，常使用列指针作为函数参数。

【案例 6.11 改造 2】 利用列指针，输出 4 位同学 3 门课程的成绩。

```
#include <stdio.h>
#define N 3
void OutputArray(int * score, int m, int n);
int main()
{
    int  score[4][3]={{89,78,74},{90,80,92},{88,86,79},{72,76,80}};
    OutputArray(*score, 4, 3);         /*向二维数组传递第 0 行第 0 列的地址*/
    return 0;
}
void OutputArray(int * score, int m, int n)      /*形参声明为列指针 score*/
{
    int i, j;
    for(i=0; i<m; i++)
    {
        for(j=0; j<n; j++)
        {
            printf("%4d", score[i*n+j]);
        }
        printf("\n");
    }
}
```

从效率上看，利用指针变量作为函数参数存取元素速度快、效率高、程序灵活，还能够使得需处理的数组大小动态地变化。因此，指针常常和数组、函数紧密联系，是 C 语言的技术重点和难点，需要在理解的同时多加练习并综合应用。

6.3.5 指针数组

应用场景 1：多字符串的存储和处理

【案例 6.12】 国名的排序。

每次奥运会的开幕式都有一个重要的环节，即参赛的领队、教练员、运动员等遵循英文字母的排列顺序入场。如何利用 C 程序实现对国名的管理呢？

首先要解决的问题是，国家的名称可以采用什么方式进行存储。由于国名都是字符串，又存在着多个国家，因此可以定义二维字符数组 name 进行存储：

```
char name[N][MAX]    /*最多 N 个国家, 每个国家的国名长度小于 MAX*/
```

此时，数组的每行存储一个国名，且数组的列数需要按照最长的国名字符数进行定义。
假设现有 5 个国家，分别是 China（中国）、America（美国）、Russia（俄罗斯）、England（英国）、Australia（澳大利亚），其存储结构如图 6-25 所示。

C	h	i	n	a	\0			
A	m	e	r	i	c	a	\0	
R	u	s	s	i	a	\0		
E	n	g	l	a	n	d	\0	
A	u	s	t	r	a	l	i	a	\0

图 6-25　使用二维数组表示 5 个国名（排序前）

由于二维数组在内存中连续线性地存放，存完第一行再存第二行，以此类推，因此无论国名字符串的长度是否一样，在内存中都占据相同的存储大小，都要按照最长的国名字符串来为每个字符串分配内存空间。可想而知，若国家数很多，则会造成存储空间的严重浪费。

再考虑排序，若要按国名的字典顺序进行升序排列（如图 6-26 所示），则需要交换字符串的排列顺序，也就是需要移动整个字符串的存储位置，涉及很多字符的移动，时间和空间效率都很差。

A	m	e	r	i	c	a	\0	
A	u	s	t	r	a	l	i	a	\0
C	h	i	n	a	\0			
E	n	g	l	a	n	d	\0	
R	u	s	s	i	a	\0		

图 6-26　使用二维数组表示 5 个国名（排序后）

由此可见，对多字符串问题的处理如果利用纯粹的字符数组，无论是从存储角度还是从操作角度看，都不是很完美。那么，有没有更好的解决方案呢？这就需要引入"指针数组"。

数组中的元素可以是整型、浮点型、字符型等基本数据类型，类似地，如果一个数组的每个元素都是指针类型的数据，则这种数组称为**指针数组**（Pointer Array）。指针数组中的元素都指向相同类型的变量，其定义的一般形式为：

```
类型标识符 * 数组名[常量表达式];
```

例如：

```
char * name[3];
```

表示 name 是一个指针数组，包含 3 个元素，每个元素都是字符型指针。

在使用指针数组前，必须对各数组元素进行初始化，否则任由它们随意指向是很危险的。初始化的方法和普通的数组类似，但要注意是指针（地址）的赋值，例如：

```
char * name[3];
char a[ ]="China";
char b[ ]="America";
char c[ ]="Russia";
name[0]=a; name[1]=b; name[2]=c;
```

等价于：

```
char * name[3];
name[0]="China";
name[1]="America";
name[2]="Russia";
```

也等价于：

```
char * name[ ]={"China", "America", "Russia"};
```

此时，指针数组 name 中共有 3 个元素，每个元素都是一个字符型的指针，分别指向 3 个字符串，name[0]指向字符串"China"，name[1]指向字符串"America"，name[2]指向字符串"Russia"，如图 6-27 所示。

若有语句：

```
printf("%s, %s, %s\n",name[0], name[1], name[2]);
```

将显示字符串：

```
China, America, Russia
```

图 6-27 指针数组初始化

> **注意**
>
> 请注意区分 char * name[10];与 char (*name)[10];，前者是指针数组，而后者是之前介绍过的指向数组的指针（行指针），是单个指针变量。

回到【案例 6.12】，若采用指针数组完成，如图 6-28 所示，name 为指针数组，5 个国家国名字符串的存储单元的首地址被存放在从 name[0]到 name[4]中。虽然各字符串存放在某些存储单元中，但是编译器只需将各个串的首地址值赋值给 name 数组，而不需知晓存储这些字符串数组的名字是什么。而且，这 5 个国名字符串不占用连续的存储单元，且所占空间大小与其实际长度相同，不会造成空间的浪费。

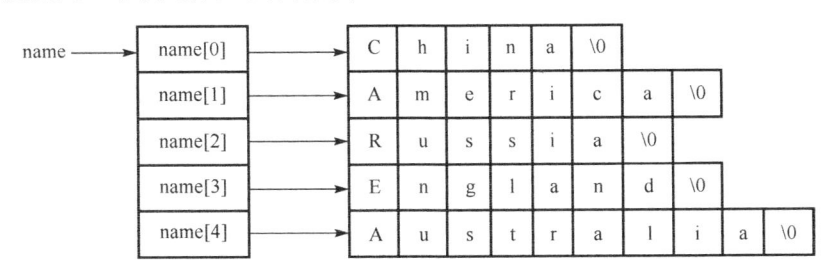

图 6-28 使用指针数组表示 5 个国名（排序前）

讨论完指针数组在多字符串存储方面的优势后，继续探究排序操作。由于字符数组 name 中的值都是地址变量，所以可以随着排序的进行让数组的元素值发生变化，也就是让指针 name[0]，name[1]，…的指向发生变化，当排序结束时，通过这些字符指针引用出有序的字符串。下面使用效率较高的选择交换法，完成对这 5 个国名的升序排列，代码如下。

```c
#include <stdio.h>
#include <string.h>
void sort(char * name[],int n);
void print(char * name[],int n);
int main()
{
    char * name[]={"China", "America", "Russia", "England", "Australia"};
                                    /*定义字符指针数组 name 并初始化*/
    int n=5;
    sort(name,n);            /*对国名按字典顺序进行排列*/
    print(name,n);           /*输出排序后的结果*/
    return 0;
}
void sort(char * name[],int n)   /*选择交换法完成对国名的升序排列*/
{
    char * temp;     /*因交换的是字符串地址值，所以定义的是指针变量 temp*/
    int i,j,k;
    for(i=0;i<n-1;i++){
      k=i;
      for(j=i+1;j<n;j++)
          if(strcmp(name[k],name[j])>0)    k=j;
        /*请注意：若替换为"if(*name[k]>*name[j])"，只是对每个字符串的第一个
          字母进行比较，达不到对整个串比较的目的*/
      if(k!=i)
      {
          temp=name[i]; name[i]=name[k]; name[k]=temp;
                              /*交换指向字符串的指针值*/
      }
    }
}
```

在本案例中，利用指针变量 name 作为函数 sort()的参数，通过选择交换法实现字符串的字典顺序排列，如图 6-29 所示，排序的结果只改变指针数组 name 的元素指向，而原先 5 个国名字符串的存储位置没有发生任何变化。这种处理方法省去了字符串排序过程中大量反复的移动过程，时间和空间效率很高。

接下来，需要对排序后的结果进行输出。最简单的方法是定义循环变量 i 后使用函数 puts()。

```c
int i;
for(i=0; i<n; i++)
{
    puts(name[i]);
}
```

图 6-29 使用指针数组表示 5 个国名(排序后)

如果采用指针完成，就需要在输出函数 print()中定义字符指针变量 p，并初始化为指针数组中的 name[0]元素，之后，随着循环的进行，p 在该指针数组中移动。逐个输出其所指向的字符串。

```
void print(char * name[],int n){
    int i=0;
    char * p;
    p=name[0];
    while (i<n){
      p=*(name + i ++);          /*等价于p=name[i++];*/
      printf("%s\n", p);
    }
}
```

运行结果如图 6-30 所示。

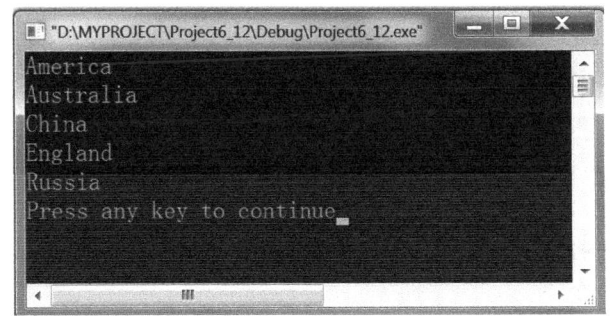

图 6-30 【案例 6.12】运行结果

通过移动字符串在实际物理空间的存放位置而实现的排序称为**物理排序**，一般利用二维数组实现。而通过移动字符串的索引地址实现的排序称为**索引排序**，一般利用指针数组实现。

在本案例中，使用指针数组存储每个字符串的首地址，排序时不需改变字符串在内存中的存储位置，只要改变指针数组中各元素的指向，是一种索引排序。显然，移动指针的指向比移动字符串快得多，因此索引排序的程序执行效率相对更高一些，并且这种排序在数据库、搜索引擎等领域中有着广泛的应用。

应用场景 2：带参数的主函数

在之前的程序中，对 main()函数都是采用最一般的写法，即函数的参数都为空(void)，因此调用主函数时不必给出实参。实际上，main()的函数头还可以带上两个参数，其形式为：

```
int main(int argc,char * argv[ ])
```

形参名 argc 和 argv 是**命令行参数**。其中，第一个参数是整型，用于指定命令行参数的个数。第二个参数是一个指针数组，该数组中的元素(实际上是指针)指向命令行中的字符串，作为 main()函数的形参是指针数组的一个重要应用。

那么，这两个参数如何得到具体的值呢？对 C 源程序进行编译、链接和运行后，可以得到可执行文件(后缀名为.exe)。假如要进行文件的复制，其功能已使用 C 程序实现并生成为 copy.exe 文件。那么，在 Windows 中的"开始-运行"窗口中输入"cmd"命令，进入命令行窗口。在该窗口中输入命令"copy oldfile newfile"实现将旧文件 oldfile 复制出一份新文件 newfile。在这样的场景下，对于 main()函数而言，相应的整型变量 argc 得到参数的个数(含可执行程序名)，故 argc 的值为 3。指针数组 argv 中的元素 argv[0]、argv[1]、argv[2]则分别指向三个字符串("copy"、"oldfile"和"newfile")，如图 6-31 所示。

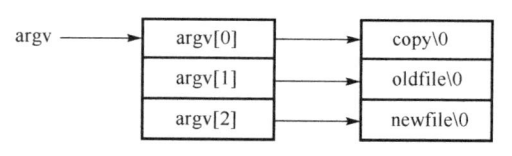

图 6-31 命令行参数

【案例 6.13】 使用命令行参数打印字符串。

```
/*工程名: Project6_13*/
#include <stdio.h>
int main(int argc, char * argv[])
{
  int i;
  for(i=1; i<argc; i++)
     printf("%s\n", argv[i]);
  return 0;
}
```

该程序编译运行后将形成可执行文件"Project6_13.exe"，打开 cmd 窗口，在该可执行文件所在的目录下输入命令：

```
Project6_13.exe Chinese Dream
```

即可运行。其中，命令中的 Project6_13.exe 是可执行文件名，可以认为是字符串。后面还有两个字符串参数"Chinese"与"Dream"，它们和"Project6_13.exe"一样，都会被 argv 指针数组逐一指向，此时 argc 的值是 3，这些信息都被传给主函数，在主函数中利用 for 循环将命令后的字符串进行分行回显。

此外，在 Visual C++平台下，对程序编译和链接后，选择"工程"→"设置"→"调试"→"程序变量"，输入"Chinese Dream"再运行程序后，也可以得到同样的结果，如图 6-32 所示。

由此可见，利用指针数组作为 main()函数的形参，可以在程序中接收并使用命令行传来的字符串参数。由于命令行参数在不同场景下，其长度与内容各不相同，因此指针数组是解决这一问题的有力工具。

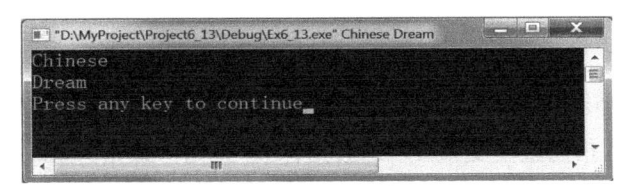

图 6-32 【案例 6.13】运行结果

6.3.6 二级指针

到目前为止，所学到的知识都是在指针变量中存放一个目标变量的地址，从而对目标变量进行间接访问，这是**一级指针**，一级指针采用单级间址，如图 6-33(a)所示。更进一步，如果目标变量还是一个指针，那么这种指针就是一种指向指针的指针，称为**二级指针**，二级指针采用二级间址访问变量，如图 6-33(b)所示。从理论上说，间址方法可以延伸到更多的级，如图 6-33(c)所示。但实际上在程序中很少有超过二级间址，因为级数越多越难理解，容易产生混乱，程序的可读性也不好，所以下面重点讨论二级指针。

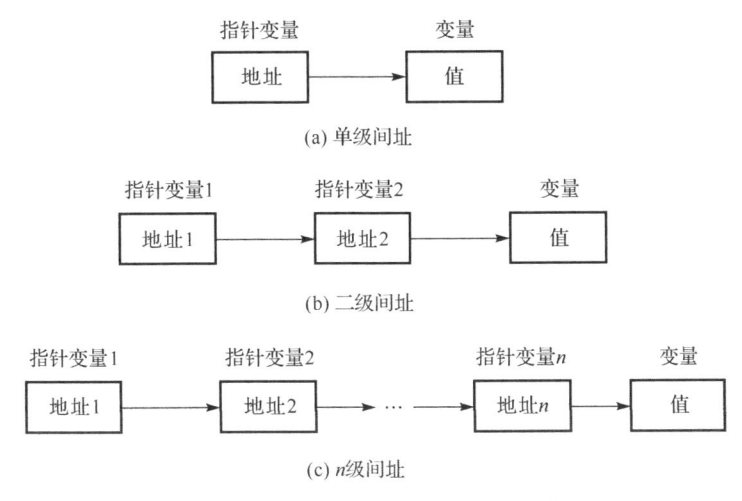

(a) 单级间址

(b) 二级间址

(c) n级间址

图 6-33 通过指针变量存取变量的值

定义二级指针变量的形式为：

```
类型名 ** 指针变量名;
```

此处，类型名是该指针变量经过二级间址后所存取变量的数据类型。由于运算符"*"的结合性是"从右到左"的，因此"**指针变量名"等价于"*(*指针变量名)"，表示该指针变量的值存放的是另一个指针变量的地址，要经过两次间接存取后才能存取到变量的值。例如语句：

```
int ** p;
```

定义 p 为指向指针的指针变量，它要经过两次间接存取后才能存取到变量的值，该变量的数据类型为 int。

二级指针的初始化方法类似于一级指针，也是地址的赋值，例如：

```
    int x=5;
    int * p=&x;
    int ** pp=&p;
```

此时，一级指针 p 指向整型变量 x，二级指针 pp 指向一级指针 p，如图 6-34 所示。

由于指针 p 指向 x，因此 p 中存放的是 x 的地址(&x)，且*p 与 x 等价，都是同一个内存单元，该单元存储的变量值是 5。由于二级指针 pp 被初始化为 p 的地址，因此 pp 指向一级指针 p，&&x、&p 与 pp 等价，p 与*pp 等价，**pp、*p、x 代表同一个内存单元。对于二级指针的问题，初学时可画画图，以避免出错。

又如，有如下代码：

```
int a[5]={1,2,3,4,5};
int * num[5],i;        /*定义指针数组num*/
int ** p;              /*定义二级指针p*/
for(i=0; i<5; i++)
    num[i]=&a[i];      /*指针数组赋值，使数组中的各指针分别指向二维数组中的各元素*/
```

代码效果如图 6-35 所示，此时若要引用变量 a[3]的值 4，需要将 p=num+3，然后输出**p。由于*p 的值是 name[3]（元素 a[3]的地址），因此此时需要使用**p 输出 a[3]的值。

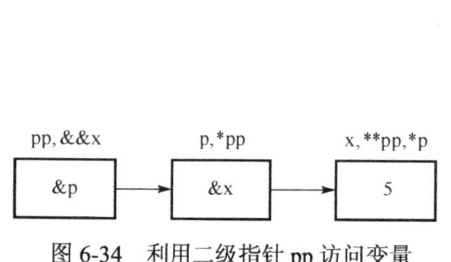

图 6-34　利用二级指针 pp 访问变量

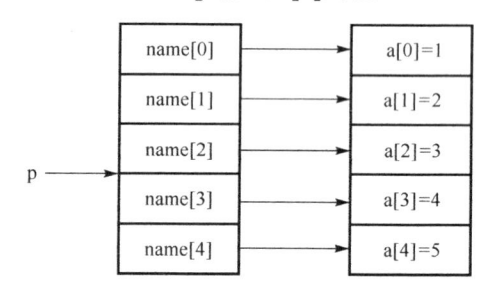

图 6-35　二级指针 p 引用变量 a[3]

进一步思考：如果指针数组中的元素不是指向普通的变量数据，而是指向字符串，如何利用二级指针进行引用呢？

在【案例 6.12】中，name 是一个指针数组，它的每个值都是指针变量，数组名 name 是该指针数组首元素的地址。如果该地址也使用一个指针存放，就可以使用现在介绍的二级指针对字符串进行输出，不妨定义二级指针 p 并使其指向 name，之后，依然利用循环，通过 p 的移动，逐一输出各字符串的值，于是得到了对 print()函数的改造，代码如下，请读者仔细地与先前的实现方法加以比较。

【案例 6.12 改造】　使用二级指针实现国名排序。

```
void print(char * name[],int n){
    int i=0;
    char ** p;           /*定义二级指针p*/
    p=name;              /*p指向指针数组name，等价于p=&name[0];*/
    while (i<n){
        p=name+i++;
        printf("%s\n", *p);
    }
}
```

当二级指针 p 指向指针数组 name 后，也就意味着它指向了数组的首元素 name[0]，此时 *p 与 name[0]代表同一个存储空间，都指向字符串"America"。因此，**p 与*name[0]都表示字符'A'，*(p+i)与 name[i]代表同一存储空间。

6.3.7 内存的动态分配和动态数组的建立

在 C 程序中，各种数据与状态信息需要使用变量进行保存。当程序编译运行时，操作系统会为变量分配内存空间，这一空间可分为四个区域，分别是栈区、堆区、数据区和代码区，称为"内存四区"，如图 6-36 所示。

栈区和数据区在第 4 章中已经介绍过。局部自动变量存储在"栈区"，在发生函数调用时，系统在栈区为函数中的局部自动变量分配存储单元，函数执行结束时自动释放这些内存空间，栈区向低端地址延展，使用时要避免栈内存溢出。而对于全局变量、静态局部变量，它们的存储都是在编译时确定的，其内存空间的实际分配在程序执行开始前就已完成，在程序运行期间始终占据这些内存，仅在程序终止前才被操作系统回收。因此它们与字符串常量和其他常量都被分配在"数据区"。

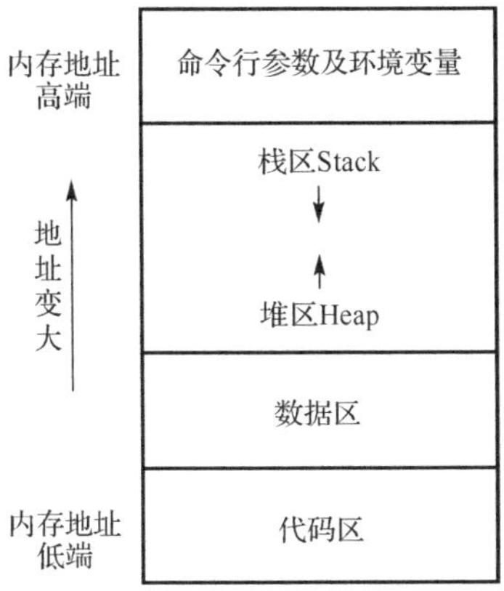

位于内存地址低端的"代码区"用于存放函数体的二进制代码。程序中每定义一个函数，代码区都会添加该函数的二进制代码，用于描述如何运行函数。当程序调用函数时，就会在代码区寻找该函数的二进制代码并运行。

图 6-36　C 程序"内存四区"结构图

堆区的作用是什么呢？若有这样一种场景：要定义一个数组，但对该数组的大小事先无法确定，利用现有知识很难解决，因为之前所有的内存空间都是由编译系统静态确定的，如果写成如下代码：

```
int n;
int a[n];    /*定义整型一维数组 a*/
```

显然是错误的，因为在 ANSI C 中，不允许使用变量来定义数组大小。但是，如果使用常量，例如：

```
define N 20
int a[N];
```

则要求事先按照最大情况定义出常量 N，必然会陷入"N 太小了无法容纳元素，N 太大了又浪费空间"的两难窘境。那么，能否在程序运行的过程中根据用户的需要申请内存空间，生成长度可变的动态数组呢？答案是肯定的，这就需要引入动态内存分配函数。C 语言的动态内存分配函数就是从"堆区"中分配内存，而且将这些函数与指针配合，使上述问题得到很好的解决。

在进行动态内存分配时，一般需要遵循以下 4 个步骤：
(1)思考需要多大的内存空间大小。
(2)利用动态内存分配函数进行内存空间的分配。

(3) 让指针指向获得的空间，以便利用指针的移动在空间内实现运算或操作。
(4) 使用完毕后，释放该内存空间。

C 语言主要提供了 malloc()、calloc()、realloc()、free() 等标准函数用于动态内存的分配和回收，这些函数使用时要包含头文件"stdlib.h"。

(1) 动态存储分配函数 malloc()。

malloc() 函数用于向内存申请指定字节的空间，其函数原型是：

```
void * malloc(unsigned int size);
```

在上述函数声明中，参数 size 为要求分配的连续字节数。若分配成功，则返回所分配的内存空间的起始地址的指针。由于堆内存的空间是有限的，有可能会分配不成功，若不成功则返回 NULL（值为 0）。该函数返回类型是空类型指针（void *），在具体使用时要转换为特定指针类型，并赋给一个指针。

在调用 malloc() 函数时，一般使用 sizeof 计算存储单元的大小，因为对于同一数据类型，不同平台占用的空间大小有可能不一样，这种处理方法有助于提高程序的可移植性。

> **注意**
>
> malloc() 函数虽然是动态分配内存的，但是一旦分配结束，其大小就是固定的，在使用时要避免越界。此外，每次内存分配都要检查是否成功，以防止出现意外。

> **多学一点**
>
> 如果要对指定的内存空间进行初始化操作，可使用内存操作函数 memset()，其原型是：
>
> ```
> void * memset(void * memory, int val, unsigned int size);
> ```
>
> 参数 memory 为需要进行初始化操作的内存空间的首地址，参数 val 为初始化的内容，参数 size 为初始化的字节数。该函数可以把指针 memory 所指内存区域的前 size 个字节设置成值为 val 的 ASCII 码，一般用于给数组、字符串等类型赋值。

【案例 6.14】 利用动态内存分配函数，实现数组的操作。

```c
#include <stdio.h>
#include <stdlib.h>
int main()
{
    int arr_len=10,i;          /*变量arr_len用于指定生成的数组长度*/
    int * arr;
    /*为整型数组申请内存空间,大小是sizeof(int)*arr_len个字节,若申请不成功,*/
    /*就打印提示信息"Not able to allocate memory."并退出*/
    if((arr=(int *)malloc(sizeof(int)*arr_len))==NULL)
    {
```

```
        printf("Not able to allocate memory.\n");
        exit(1);
    }
    memset(arr, 0, sizeof(int)*arr_len);  /*将分配的这块内存空间全部初始化为0*/
    for(i=0; i<arr_len; i++)              /*为整型数组元素赋为下标加2的值*/
    {
        arr[i]=i+2;
    }
    for(i=0; i<arr_len; i++)              /*打印整型数组的元素的值*/
    {
        printf("%d", arr[i]);
    }
    printf("\n");
    free(arr);                            /*释放内存空间*/
    return 0;
}
```

运行结果如图 6-37 所示。

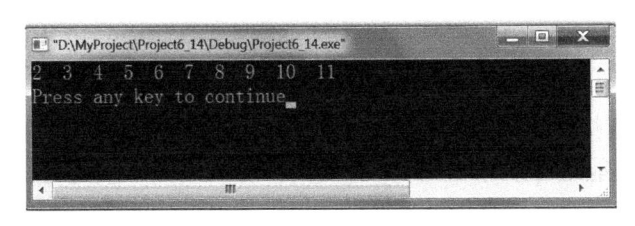

图 6-37 【案例 6.14】运行结果

【案例 6.14】使用 malloc()函数申请了一块 10 个整型元素(40 字节)大小的内存空间,并向该空间中存储了 10 个整型数据,最后以数组的形式将存放的数据打印出来。其中,负责检查内存分配是否成功的 if 分支:

```
if((arr=(int *)malloc(sizeof(int)*arr_len))==NULL)
{
    printf("Not able to allocate memory.\n");
    exit(1);
}
```

可谓"一箭双雕",若分配成功,就让指针 arr 指向该连续内存空间,若分配失败(malloc()函数返回的指针是 NULL)就说明内存不足或内存已耗尽,此时打印提示信息并使用语句"exit(1);"终止整个程序的执行。为什么分配不成功就要终止程序的执行呢?这主要是为了防微杜渐,避免程序中产生空指针,因为空指针一旦被误用就会造成系统崩溃,采用这种方式处理的好处是保证程序的健壮性。

(2)计数动态存储分配函数 calloc()。

calloc()函数的功能和 malloc()函数类似,都是向内存申请空间,其函数原型是:

```
void * calloc(unsigned int count, unsigned int size);
```

其中,参数 count 为申请的单位空间的数量,参数 size 为单位空间所占字节数。若分配成功,则返回所分配的内存空间的起始地址的指针,若不成功则返回 NULL(值为 0)。该函数与 malloc()函数的一个显著不同是,calloc()函数得到的内存空间是经过初始化的,其数据全为 0,而 malloc()函数得到的内存空间未经过初始化操作,该内存空间中存放的数据未知。calloc()函数更适合为数组申请空间,在实际使用时可以将 count 设置为数组的容量,将 size 设置为数组元素的空间长度,所以 calloc()函数比 malloc()函数更安全。

例如:

```
double * p=NULL;
p=(double *)calloc(20,sizeof(double));
```

表示向系统申请 20 个连续的双精度浮点型存储空间,并用指针变量 p 指向该连续空间的首地址,总空间大小为 20*sizeof(double)。如果使用 malloc()函数处理,上述的第二句要写成 "p=(double *)malloc(20*sizeof(double));"。

(3) 分配调整函数 realloc()。

realloc()函数的功能比 malloc()函数和 calloc()函数的功能更为丰富,可以实现内存分配和内存释放的功能,其函数原型是:

```
void * realloc(void * memory, unsigned int newSize);
```

其中,参数 memory 为指向堆内存空间的指针,即由 malloc()函数、calloc()函数或 realloc()函数分配的内存空间的指针。参数 newSize 为新的内存空间的大小。

realloc()函数的功能是将指针 memory 指向的内存块的大小改变为 newSize 字节。如果分配失败,则返回 NULL,同时原有指针 memory 指向的内存块的内容不变。如果 newSize 小于 memory 之前指向的空间大小,则返回原空间 newSize 范围内的数据,会造成数据丢失。如果 newSize 大于原来 memory 之前指向的空间大小,那么系统将试图从原来内存空间的后面直接扩大内存至 newSize;若能满足需求,则内存空间地址不变;如果不满足,则系统重新为 memory 从堆内存中分配一块大小为 newSize 的内存空间,同时将原来的内存空间的内容依次复制到新的内存空间中,并将原来的内存空间被释放。因此,该函数新分配的存储空间首地址与原首地址不一定相同。

需要注意的是,realloc()函数分配的空间也是未初始化的。

【案例 6.14 改造】 使用 realloc()函数扩展内存空间。

```
#include <stdio.h>
#include <stdlib.h>
int main()
{
    int arr_len=5,i;
    int * arr;
    /*为整型数组申请内存空间,大小是 sizeof(int) * arr_len 个字节,且进行了初始化*/
    if((arr=(int *)calloc(arr_len, sizeof(int)))==NULL)
    {
        printf("Not able to allocate memory.\n");
        exit(1);
    }
    printf("原数组元素分别是: \n");
```

```c
    for (i=0; i<arr_len; i++)
    {
        arr[i]=i+2;
    }
    for (i=0; i<arr_len; i++)
    {
        printf("%d  ", arr[i]);
    }
    printf("\n");
    arr_len=10;              /*指定新生成的数组的长度*/
    /*扩展原有的内存空间，新空间的大小是 sizeof(int) * arr_len 个字节*/
    if((arr=(int *)realloc(arr, sizeof(int)*arr_len))==NULL)
    {
        printf("Not able to allocate new memory.\n");
        exit(1);
    }
    printf("扩充后，新数组的元素分别是：\n");
    for(i=0; i<arr_len; i++)
    {
        arr[i]=i+2;
    }
    for(i=0; i<arr_len; i++)
    {
        printf("%d  ", arr[i]);
    }
    printf("\n");
    free(arr);               /*释放内存空间*/
    return 0;
}
```

运行结果如图 6-38 所示。

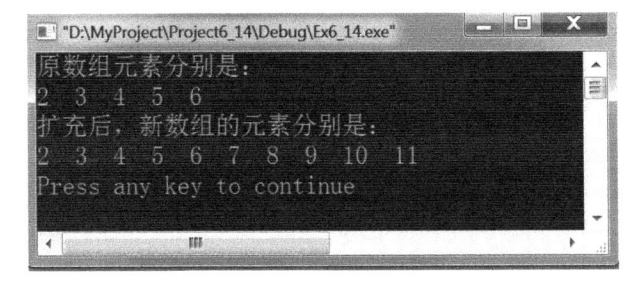

图 6-38 【案例 6.14 改造】运行结果

从结果中可见，本案例打印出了原先申请的内存中数组内元素的值和扩展后的内存中数组内元素的值。

> **注意**
> 动态内存的生存期由程序员自己决定，因此使用起来非常灵活，但是要注意内存

泄漏(Memory Leak)问题。内存泄漏是指用动态存储分配函数动态开辟的空间，在使用完毕后未释放，结果导致直到程序结束还一直占据着该内存单元。

在就是说，如果在使用完毕后没有调用函数进行释放，则会造成内存泄漏，直到程序运行结束，内存才可能会被操作系统回收。

从用户使用程序的角度来看，内存泄漏本身不会产生什么危害，作为一般的用户，极有可能根本感觉不到内存泄漏的存在。真正有危害的是内存泄漏的堆积，最终结果是随着程序运行时间越来越长，占用的存储空间也越来越多，最终用尽全部空间，导致系统崩溃。

动态内存分配函数(如 malloc()函数、calloc()函数、realloc()函数等)分配的内存空间都是在堆内存区中，所以在程序结束以后，系统不会将其自动释放，需要程序员自己管理。当程序结束时，必须保证所有从堆区中获得的内存空间已被安全释放，否则，就会导致内存泄漏。

正如在之前案例中所看到的，C语言提供了一个无返回值的函数 free()函数用于释放内存，其函数原型是：

```
void free(void * memory);
```

其中，参数 memory 为指向堆内存空间的指针，即由 malloc()函数、calloc()函数或 realloc()函数分配空间的指针。由于形参为 void *类型，free()函数可以接收任意类型的指针实参。该函数执行后，原先由指针 memory 指向的内存空间被归还给操作系统，以便由系统重新分配。因此，为了保证动态存储区的有效利用，在知道某个动态分配的存储块不再使用时，必须及时将其释放。

多学一点

程序向堆区申请内存空间时，堆区的生长方向是向上的，即向着内存地址增加的方向增长，这与栈区是恰好相反的。

【案例 6.15】 观察变量在堆中的地址排列。

```
#include <stdio.h>
#include <stdlib.h>
int main()
{
    int * a, * b, * c;
    a=(int *)malloc(sizeof(int));
    b=(int *)malloc(sizeof(int));
    c=(int *)malloc(sizeof(int));
    printf("指针a指向的地址：%d\n", a);
    printf("指针b指向的地址：%d\n", b);
    printf("指针c指向的地址：%d\n", c);
    return 0;
}
```

运行结果如图 6-39 所示。

图 6-39 【案例 6.15】运行结果

从图 6-39 中可以看出，最先申请的内存空间，也就是变量 a 指向的内存空间的首地址最小，其次是变量 b 指向的内存空间的首地址，最后申请的内存空间，也就是变量 c 指向的内存空间的首地址最大。图 6-40 展现了各内存空间在堆区中的排列。

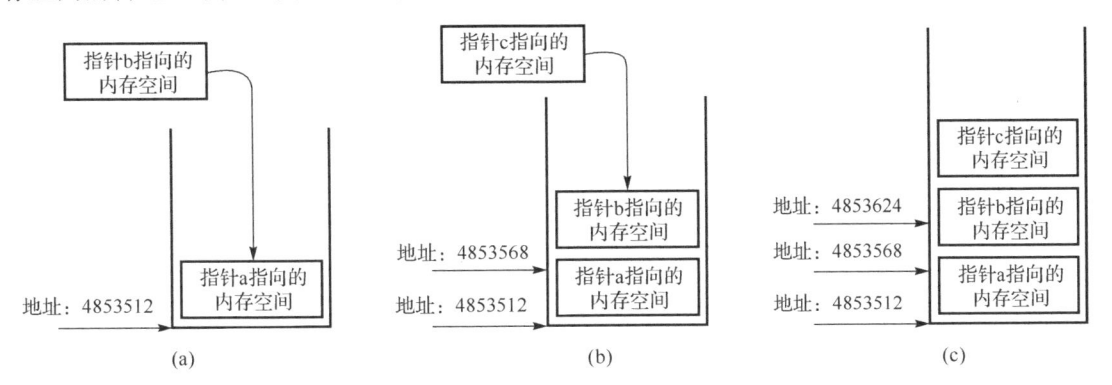

图 6-40 各内存空间在堆区中的排列

从图 6-40 中可以看出，堆区的生长方向是向上的。需要注意的是，堆区的内存空间并不由编译器自动分配释放，所以在堆区申请的内存空间必须由程序员自行调用 free() 函数来释放。

6.4 本章小结

本章重点讲解了指针这一 C 语言重要的数据类型，在学习过程中要准确把握指针的含义，理解"指向"和"移动"这两个指针最主要的功能，并能将指针与之前学过的函数、数组等知识相结合，体会指针的引入确实为 C 程序带来了"一缕清风"，利用指针可以编写出很有特色、质量优良的程序，实现许多高级语言难以实现的功能。指针的主要优点是：

(1) 灵活性好，提高程序的运行效率。
(2) 在函数调用时使用指针作为参数，能够得到多个可改变的值；
(3) 实现内存的动态分配。

对于指针变量，一定要对其不同的形态加以比较。

但是也应该看到，指针使用不当十分容易出错，而且这些错误往往比较隐藏，有的错误可能会使整个系统遭受破坏，比如出现野指针、内存泄漏等。因此，指针的使用必须十分小心谨慎且注重每个细节。

各种指针变量的类型与具体含义如表 6-2 所示。

表 6-2 各种指针变量的类型与具体含义

指针变量的定义	类型	具体含义
int * p;	int *	指向整型的指针 p
void * p;	void *	空类型指针 p，不指向具体对象
int * p[3];	int * [3]	指针数组 p，它由 3 个基类型为整型的指针构成
int (*p)[3];	int (*)[3]	包含 3 个元素的一维数组的指针 p
int * p();	int * ()	返回指针的函数 p，该指针指向整型数据
int (* p) ();	int (*) ()	指向函数的指针 p，该函数返回整型值
int ** p;	int **	指向一个指向整型数据的指针，p 为二级指针

6.5 本章常见的编程错误

1. 定义多个指针变量时，没有在每个变量前加星号，如定义两个指针变量 p1 与 p2，误写成"int * p1,p2;"。
2. 未对指针变量初始化或未将其指向内存中某个确定的单元的情况下，就操作该指针。
3. 对基类型不同的两个指针进行赋值。
4. 试图使用空类型指针(void *)去访问内存。
5. 当需要按地址值进行调用时，将数值而不是指针作为函数参数。
6. 定义函数指针时，忘记圆括号变成了返回指针值的函数；或者定义返回指针值的函数时，加上了圆括号变成了函数指针。
7. 试图利用指针的运算改变数组名所代表的地址。对不指向数组元素的指针(如函数指针)进行算术运算，或者对不指向同一数组元素的两个指针进行相减或比较运算。
8. 指向数组的指针在移动时发生越界。
9. 未区分指针数组与指向数组的指针，或者未区分二维数组的行指针与列指针，造成编程错误。
10. 没有意识到内存分配会不成功。在使用内存前，未检查指针是否为 NULL，导致内存分配未成功就使用它，造成非法的内存访问错误。
11. 向系统申请好的内存使用完毕后，忘记释放内存，造成内存泄漏。
12. 在释放内存后，依然使用原先的指针，造成野指针。

6.6 本章习题

均要求使用指针方法实现。
1. 输入 3 个字符串，按由小到大的顺序输出。
2. 输入 10 个整数，将其中最小的数与第一个数对换，把最大的数与最后一个数对换。要求写 3 个函数：(1)输入 10 个数；(2)进行处理；(3)输出 10 个数。
3. 编写程序，交换数组 a 和数组 b 中的对应元素。

4. 有 n 个整数，使前面各数顺序后移 m 个位置，移出的数再从开头移入。在主函数中输入 n 个整数并输出调整后的 n 个数。

5. 有 n 个人围成一圈，按顺序从 1 到 n 进行编号。从第一个人开始报数，报到 m（m<n）的人退出圈子，下一个人从 1 开始报数，报到 m 的人退出圈子。如此下去，直至最后剩下一个人。编写程序，输入整数 m 和 n，并按退出顺序输出每次退出圈子的人的编号。

6. 写一个自定义函数 strcmp()，实现两个字符串的比较，函数原型为：

```
int strcmp(char * p1,char * p2);
```

7. 要求编写一个自定义函数 sort()，完成对 n 个字符串的降序排列，然后在 main() 函数中调用 sort() 对 "Beijing"、"Shanghai"、"Shenzhen"、"Nanjing"、"Fuzhou" 和 "Wuhan" 这 6 个字符串排序，要求用指针数组表示这些字符串。

8. 编程判断输入的一串字符是否为 "回文"。所谓 "回文" 是指顺读和倒读都一样的字符串，如 "XYZYX" 和 "XYZZYX"。

9. 输入一行文字，统计其中的大写字母、小写字母、空格、数字及其他字符各有多少个。

10. 输入一个名词英语单词，按照英语语法规则把单数变成复数。规则如下：

(1) 以辅音字母 y 结尾，则去 y 加 ies；

(2) 以 s，x，ch，sh 结尾，则加 es；

(3) 以元音 o 结尾，则加 es；

(4) 其他情况加上 s。

11. 利用二级指针完成【案例 6.3】的场景。

12. 输入学生人数及每个学生的成绩等相关信息，最后输出学生的平均成绩、最高成绩和最低成绩。要求使用动态内存分配来实现。

第7章 自定义数据类型

本章导引

在程序中，经常需要处理一些关系密切的数据，例如，描述一个学生的信息，该学生的信息包括学号、姓名、性别、年龄、家庭住址等。由于这些数据的类型各不相同，因此，要想对这些数据进行统一管理，仅靠前面所介绍的基本数据类型和数组都很难实现。又如，要经常对一些数据执行插入、删除等操作，如果使用数组这种数据结构，必然带来许多元素的移动，效率低下。为此，C 语言允许用户根据实际需求自己建立一些数据类型，本章将围绕这些自定义数据类型进行讲解。

7.1 求同存异：结构体类型

7.1.1 结构体类型的引入

【案例 7.1】 大家十分熟悉的类似"中国好歌曲"这样的节目都涉及对歌曲进行得票排名（如表 7-1 所示），那么，如何使用程序实现对歌曲排行榜的管理呢？

表 7-1 歌曲排行榜

歌曲编号	歌曲名称	歌手姓名	票数
1001	My Old Classmate	Lao Lang	1889
1002	Those Flowers	Pu Shu	2040
1003	Tomorrow will be better	Luo Dayou	1900
...	...	...	...

首先需要使用一种数据类型表示表 7-1 的结构。通过观察表格，不难发现在表格"列"的方向上数据类型相同，回顾之前学过的数组概念及应用时发现，要想对现实世界中的一组或一系列相似的事物进行建模，数组是理想的工具。若采用数组结构，在实现时，可定义 4 个数组，分别存储歌曲编号、歌曲名称、歌手姓名和票数，假设本期共有 40 首歌曲，初始化的代码为：

```
int No[40]={1001,1002,1003};                                    /*歌曲编号*/
char song_name[40][32]={"My Old Classmate","Those Flowers",
"Tomorrow will be better"};                                     /*歌曲名称*/
char name[40][16]={"Lao Lang", "Pu Shu","Luo Dayou"};           /*歌手姓名*/
int num[40]={1889,2040,1900};                                   /*票数*/
```

其内存分配如图 7-1 所示。

1001		My Old Classmate		Lao Lang		1889
1002		Those Flowers		Pu Shu		2040
1003		Tomorrow will be better		Luo Dayou		1900
...		...		...		...

图 7-1　歌曲排行榜的内存分配情况(使用数组)

但是，这一案例使用数组是完美的解决方案吗？显然不是，因为数组方案存在诸多问题，主要体现在以下方面。

(1)分配内存不集中，寻址效率不高：每首歌曲本来是很统一的数据(在表 7-1 中表示为一行)，使用数组后却零散地分布在内存中，查找效率不高。

(2)对数组赋初值时，易发生错位，而且一旦出错，后面所有的数据也都会发生错误。

(3)结构非常零散，造成数据管理上的困难。

这就好比将每台计算机的 CPU、内存条、硬盘都拆下来单独入库存放，随便拿出一块硬盘要找到它原先所在的主机可谓是困难重重。那么，如何解决呢？很简单，就是要将一台计算机作为一个整体单独登记入库。落实到【案例 7.1】，就是要从表格"行"(在数据库中称为"记录")的角度进行观察，将每首歌曲的信息单独集中在某一段内存中进行存放。幸运的是，C 语言提供了这样一种数据类型，称为**结构体**。

【案例 7.1】如果采用结构体进行存储管理，其内存分配如图 7-2 所示，很显然，这种处理方式克服了数组的缺陷，结构紧凑且便于查找。

1001		1002		1003
My Old Classmate		Those Flowers		Tomorrow will be better
Lao Lang		Pu Shu		Luo Dayou
1889		2040		1900

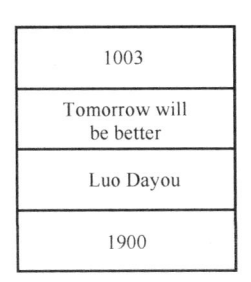

图 7-2　歌曲排行榜的内存分配情况(使用结构体)

如果说数组是同类型数据的有序集合，那么结构体是将不同类型的数据集中存放在一起，统一分配内存，可以十分方便快速地对逻辑相关、不同属性的数据进行管理。程序员可以根据实际场景的需要，利用基本数据类型自行定义所需的结构体，因此结构体和数组一样，属于构造数据类型。

7.1.2　结构体变量的定义、初始化和引用

1. 结构体变量的定义

和数组相似，结构体的使用也要历经定义、初始化和引用这些过程。如何定义结构体变量呢？首先要声明结构体模板，其一般格式是：

```
struct 结构体类型名
{
```

```
        数据类型  成员名 1;
        数据类型  成员名 2;
        ...
        数据类型  成员名 n;
    };
```

其中,"struct"是声明结构体模板的关键字,其后是"结构体类型名",在"结构体类型名"后的花括号中,声明了结构体类型的各成员项,每个成员由"数据类型"和"成员名"共同组成。"成员名"和程序中的其他变量名可以同名,互不干扰。最后的分号是结构体声明的结束标志,不可省略。

可声明【案例 7.1】的结构体模板为:

```
struct ranking_list
{
    int No;                 /*歌曲编号*/
    char song_name[32];     /*歌曲名称*/
    char name[16];          /*歌手姓名*/
    int num;                /*票数*/
};
```

> **注意**
> 声明结构体模板只是告诉编译器,该结构体类型由哪些数据类型的成员构成,各占多少个字节,按什么格式存储,并把它们作为一个整体来处理。在"声明"过程中,并未定义任何结构体变量,因而编译器不为其分配内存。正如想要盖一座房子,此时仅是设计好了图纸,并未真正建成。

有了声明好的结构体模板,就可以正式进行结构体变量的定义。只有结构体变量产生了,才能分配内存空间并在其中存放具体的数据。一般,定义结构体变量可以有以下三种方法。

(1)先声明结构体类型,再定义结构体变量,其格式为:

```
struct 结构体类型名 结构体变量名;
```

例如:

```
struct ranking_list rl;
```

此时定义了结构体变量 rl,它具有歌曲编号 No、歌曲名称 song_name、歌手姓名 name 和票数 num 这 4 个成员,且这些成员占据的是连续的内存空间,如图 7-2 所示。

(2)在定义类型的同时定义变量,如:

```
struct ranking_list
{
    int No;                 /*歌曲编号*/
    char song_name[32];     /*歌曲名称*/
    char name[16];          /*歌手姓名*/
    int num;                /*票数*/
}rl;
```

(3) 直接定义结构体变量(不指定结构体类型名)，例如：

```
struct
{
    int No;                    /*歌曲编号*/
    char song_name[32];        /*歌曲名称*/
    char name[16];             /*歌手姓名*/
    int num;                   /*票数*/
}r1;
```

但是，第(3)种方法由于未给定结构体类型名，是一个匿名结构体，不能在程序的其他地方定义结构体变量，因此通用性不好，一般使用较少。

请思考：该结构体变量 r1 占据多大的内存空间呢？由于 r1 中有 4 个不同类型的结构体成员，从理论上说，是这些成员所占空间的总和，也就是 No 整型(4 字节)+ song_name 字符数组(32 字节)+ name 字符数组(16 字节)+ num 整型(4 字节)=56 字节。当然，也可以利用表达式 sizeof(r1)求出。

多学一点

【案例 7.2】 计算结构体变量所占据的内存大小。

```c
#include <stdio.h>
struct num
{
    char a;
    double b;
    int c;
    short d;
}S;
int main()
{
    printf("结构体变量S所占据的内存大小为：%d\n", sizeof(S));
    return 0;
}
```

运行结果如图 7-3 所示。

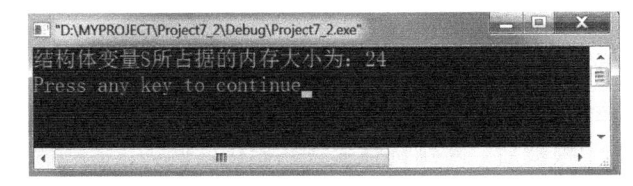

图 7-3 【案例 7.2】运行结果

这一结果有点出乎意料，如果按照之前的分析，应该是 1+8+4+2=15 字节。原因何在呢？这是由于结构体变量占据的内存大小是按照"字节对齐"的机制来分配的。字节对齐是指字节按照一定规则在空间上排列。该规则要同时满足以下两点。

(1)结构体的每个成员变量相对于结构体首地址的偏移量,是该成员变量的基本数据类型(不包括结构体、数组等)大小的整数倍,如果不够,编译器会在成员之间加上填充字节。

在【案例 7.2】中,结构体成员 a 是字符型的,占据 1 字节,成员 b 是双精度浮点类型,占据 8 字节,距离首地址的偏移量应该是从 8 的整数倍开始,所以形成的结果如图 7-4 所示,其他的变量类似。

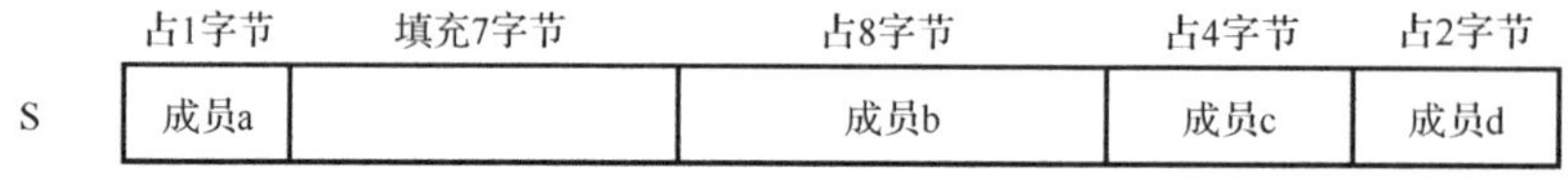

	占1字节	填充7字节	占8字节	占4字节	占2字节
S	成员a		成员b	成员c	成员d

图 7-4 结构体变量 S 中各成员所占内存大小

但是,按照这样的分析,总数应该是 1+7+8+4+2=22 字节。因此,字节对齐规则还要求:

(2)结构体的总大小为结构体最宽基本类型成员大小的整数倍,如果不够,编译器会在最末一个成员之后加上填充字节。

因此,刚才计算出结构体变量 S 的内存大小 22 并不符合这一点,【案例 7.2】成员变量中最宽基本类型的大小为 8(sizeof(double)),所以成员 d 后面会被填充 2 字节,使得最终结构体变量 S 所占内存大小为 24 字节。

此外,如果结构体中有构造类型变量,如结构体中有 int 类型数组成员,则偏移量以数组中的元素类型为基准,即偏移量是 4(sizeof(int))的倍数。

2. 结构体变量的初始化

由于结构体变量中存储的是一组类型不同的数据,因此,为结构体变量初始化的过程其实就是为结构体中各个成员初始化的过程。一般可以使用以下两种方法。

(1)在定义结构体变量的同时直接进行初始化,例如:

```
struct ranking_list
{
    int No;                    /*歌曲编号*/
    char song_name[32];        /*歌曲名称*/
    char name[16];             /*歌手姓名*/
    int num;                   /*票数*/
}rl={1001,"My Old Classmate","Lao Lang",0};
```

此处在定义结构体变量 rl 的同时,就对其中的成员进行初始化。

(2)声明好结构体类型模板后,对结构体变量初始化,例如:

```
struct ranking_list
{
    int No;                    /*歌曲编号*/
    char song_name[32];        /*歌曲名称*/
    char name[16];             /*歌手姓名*/
    int num;                   /*票数*/
```

```
    };
    struct ranking_list rl={1001,"My Old Classmate","Lao Lang",0};
```

此处声明了一个结构体类型 ranking_list，然后在定义结构体变量 rl 时，为其中的成员初始化。

如果继续进行初始化，

```
    struct ranking_list rl2={1002,"Those Flowers","Pu Shu",0};
```

那么，两个独立的结构体变量 rl 和 rl2 都具有相同的 struct ranking_list 类型的结构，分别对应于表 7-1 中的两行记录信息，且它们之间可以相互赋值，例如：

```
    rl=rl2;      /*请注意：只有相同类型的结构体变量间才可以相互赋值*/
```

赋值过程是按照结构体的成员顺序对相应成员逐一进行，赋值结束后，结构体变量 rl 各成员和 rl2 各成员的值相同，都是{1002,"Those Flowers","Pu Shu",0}。

3. 结构体变量的引用

对结构体变量进行定义和初始化后，最终目的是使用结构体变量中的成员。在 C 语言中，引用结构体变量中成员的格式是：

```
    结构体变量名.成员名;
```

例如，要引用结构体变量 rl 中的票数 num，可使用语句：

```
    rl.num;
```

其中，点号作为成员(分量)运算符，它在所有运算符中的级别最高，因此可将 rl.num 作为一个整体看待。

一旦引用后，就可以将其作为同种类型的普通变量一样使用，如可进行赋值、自增自减、比较等，例如：

```
    rl.num++;
```

有了成员运算符后，在结构体变量初始化时，就允许只对部分成员进行初始化，例如：

```
    struct ranking_list rl3={.No=1003};    /*在成员名前加上成员运算符(点号)*/
```

其中，花括号中的".No"就是代表"rl3.No"，而其他未被初始化的成员中，若数值型成员被初始化为 0，字符型成员被初始化为'\0'，指针型成员被初始化为 NULL。

此外，对上述结构体变量间的赋值语句"rl=rl2;"也不难理解其效果等价于：

```
    rl.No=rl2.No;
    strcpy(rl.song_name,rl2.song_name);   /*请注意此处应使用字符串复制函数 strcpy*/
    strcpy(rl.name,rl2.name);
    rl.num=rl2.num;
```

> **注意**
>
> 无法通过结构体变量名一次性地输入或输出结构体变量中所有成员的值，只能通过引用对结构体变量中的每个成员依次进行处理。例如：

```
scanf("%d,%s,%s,%d\n",&r1);      /*整体读入结构体变量r1各成员的值,不合法*/
printf("%d,%s,%s,%d\n",r1);      /*输出结构体变量r1各成员的值,不合法*/
printf("%d,%s,%s,%d\n",r1.No,r1.song_name,r1.name,r1.num);
                                 /*使用引用分别输出结构体变量r1各成员的值,合法*/
scanf("%d", &r1.No);             /*使用引用输入结构体变量r1中No成员的值,合法*/
```

4. 嵌套的结构体结构

下面进一步探究,如果在表 7-1 中添加一列,用于记录该首歌曲的创作日期,而且日期中又包含了年、月、日等详细信息,这样就形成了嵌套结构,如表 7-2 所示。

表 7-2　"歌曲排行榜"扩充后的表头

歌曲编号	歌曲名称	歌手姓名	创作日期			票数
			年	月	日	
…	…	…	…	…	…	…

这就要求在原有结构体模板的基础上做些修改,由于在定义结构体成员时所用的数据类型也可以是结构体类型,这样就形成了结构体类型的嵌套。可将原先的结构体模板扩充为:

```
struct credate                /*声明结构体类型 struct credate*/
{
  int year;                   /*年*/
  int month;                  /*月*/
  int day;                    /*日*/
};
struct ranking_list
{
  int No;                     /*歌曲编号*/
  char song_name[32];         /*歌曲名称*/
  char name[16];              /*歌手姓名*/
  struct credate date;        /*创作日期,此处嵌套一层结构体*/
  int num;                    /*票数*/
};
```

结构体类型 struct ranking_list 中的成员 date 被定义成另一个结构体 struct credate,用于表示创作日期,而 struct credate 又包含了 3 个成员:year、month 和 day。结构体类型的嵌套使得成员数据被进一步划分,这有利于对数据的深入分析和处理。

此时若要进行嵌套成员的引用,依然采用成员运算符(点号),并以级联的方式一层一层地找到最低一级的成员。例如,若定义了结构体变量 r1,想要利用该变量引用歌曲的创作年份,应使用"r1.date.year"。

7.1.3　结构体数组

一个结构体变量相当于表 7-1 中的一行,只能表示"歌曲排行榜"表格中的一首歌曲的记录信息。那么,如何表示整张的"歌曲排行榜"表格呢?显然需要定义结构体数组。结构体数组是结构和数组的结合体,与普通数组不同之处在于结构体数组中的每个元素都是结构体类型的数据。

与定义结构体变量一样,可以采用以下三种方式定义结构体数组。

(1) 先声明结构体类型,后定义结构体数组,例如:

```
struct ranking_list
{
    int No;                   /*歌曲编号*/
    char song_name[32];       /*歌曲名称*/
    char name[16];            /*歌手姓名*/
    int num;                  /*票数*/
};
struct ranking_list rl[40];
```

(2) 在声明结构体类型的同时定义结构体数组,例如:

```
struct ranking_list
{
    int No;                   /*歌曲编号*/
    char song_name[32];       /*歌曲名称*/
    char name[16];            /*歌手姓名*/
    int num;                  /*票数*/
}rl[40];
```

(3) 直接定义结构体数组,例如:

```
struct
{
    int No;                   /*歌曲编号*/
    char song_name[32];       /*歌曲名称*/
    char name[16];            /*歌手姓名*/
    int num;                  /*票数*/
}rl[40];
```

上述代码都定义了一个有 40 个元素的结构体数组(表明有 40 首歌曲),每个元素类型为 struct ranking_list,该数组所占的内存字节数为 40*sizeof(struct ranking_list)。

结构体数组的初始化方式与二维数组类似,都是通过为元素赋值的方式完成的。由于结构体数组中的每个元素都是一个结构体变量,因此,在为每个元素赋值时需要将其成员的值依次放到一对花括号中,例如:

```
struct ranking_list rl[40] = {{1001,"My Old Classmate","Lao Lang",0},{1002,"Those Flowers","Pu Shu",0},{1003,"Tomorrow will be better","Luo Dayou",0}};
```

和普通数组类似,此时在定义了结构体数组 rl 的同时对数组的前 3 个元素进行了初始化,而其他元素依然被预分配了足够的存储空间,并自动赋为 0 值或空字符。

对结构体数组元素中某个成员的引用依然可以采用成员运算符(点号)。例如,要访问第 2 首歌曲的歌名可以使用 rl[1]. song_name。

【案例 7.3】 现有 3 首歌曲,假设每首歌曲包含编号、歌曲名称、歌手姓名、票数等信息,每位歌迷只能投票选其中的一首。现有 10 位歌迷进行投票，要求编写统计选票的程序，先后输入被选歌曲的名称，最后输出每首歌的得票结果。

由于处理的主要对象是歌曲信息，每首歌曲又包含了不同类型的数据信息，需要使用结构体类型，又考虑到有多首歌曲参加排行，可采用结构型数组将歌曲组织在一起。代码如下：

```c
#include<stdio.h>
#include<string.h>
struct ranking_list             /*定义结构体数组并初始化*/
{
   int No;                      /*歌曲编号*/
   char song_name[32];          /*歌曲名称*/
   char name[16];               /*歌手姓名*/
   int num;                     /*票数*/
}rl[3]= {{1001, "My Old Classmate","Lao Lang",0},{1002, "Those Flowers",
"Pu Shu",0},{1003, "Tomorrow will be better","Luo Dayou",0}};
int main()
{
   int i,j;
   char s_name[32];
   printf("请输入你喜爱的歌曲名称：\n");
   for(i=1;i<=10;i++)
   {
     gets(s_name);
      /*请思考：歌迷输入喜爱的歌曲名,此处能否使用语句"scanf("%s",s_name);"?*/
     for(j=0;j<3;j++)
        if(strcmp(s_name,rl[j].song_name)==0)
                                /*请注意，字符串比较需使用函数 strcmp*/
           rl[j].num++;         /*若歌名匹配，则投票成功，该首歌曲的票数增加*/
   }
   printf("投票结果：\n");
   for(i=0;i<3;i++)
      printf("%5s:%d\n",rl[i].song_name,rl[i].num);  /*输出歌名和该首歌的票数*/
   return 0;
}
```

运行结果如图 7-5 所示。

结构体数组的使用，相当于建立了数据表中的多条记录（多行），每条记录对应一首歌曲的信息，对数据的表示和操作都十分方便。但是，【案例 7.3】的处理方法程序的模块化程度不高，并不是最佳的解决方案，后面将使用结构体类型作为函数参数加以改造。

7.1.4 结构体与指针

之前介绍过的指针指向的是基本数据类型、数组、函数等，实际上指针还可以指向结构体，从而成为"结构体指针变量"。结构体指针变量的定义方式与一般指针变量类似，例如：

```c
struct ranking_list rl ={1001,"My Old Classmate","Lao Lang",0};
```

```
struct ranking_list * p=&rl;
```

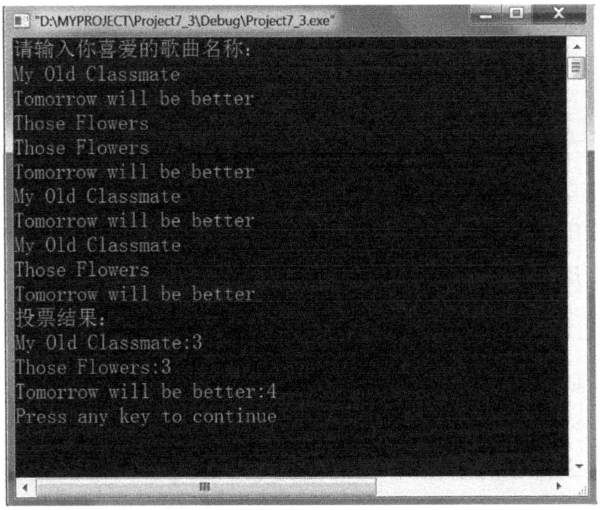

图 7-5 【案例 7.3】运行结果

下列语句定义了一个 struct ranking_list 类型的指针 p，并通过"&"将结构体变量 rl 的地址赋值给 p，此时的 p 指向的是结构体变量 rl 所占内存空间的首地址，即 p 是指向结构体变量 rl 的指针。

在程序中定义了一个结构体指针变量后，就可以通过"指针名->成员名"的方式来访问结构体变量中的成员，其中"->"称为指向运算符。

> **注意**
> 在指向运算符中，"-"和">"之间不能有空格。

如果要引用排行榜中的"票数"成员 num，可使用语句：

```
p->num;
```

当然，它等价于：

```
rl.num;
```

也等价于：

```
(*p).num;
```

此处是先利用(*p)取出指针变量 p 所指向的结构体的内容，再将其看成一个结构体变量，并利用成员(分量)运算符访问它的成员。请注意，(*p)的括号不可省略，否则会出现运算优先级的错误。

如果结构体中存在嵌套，如要引用表 7-2 中，创作日期中的"月"，可使用语句：

```
p->date.month;
```

如果是结构体数组，如"struct ranking_list rl[40];"，那么，可以定义一个结构体变量指向该数组，其定义方法为：

```
struct ranking_list * p=rl;
```

等价于：

```
struct ranking_list * p=&rl[0];
```

这是由于数组名就是表示数组首地址的常量，因此指针 p 指向了结构体数组 rl，也就可以表示为将数组首元素的地址赋给 p。此时，也可以使用指向运算符->进行引用，如此时要引用第 1 首歌的"票数"成员 num，可使用语句：

```
p->num;
```

如果进行了 p+1，则指向是下一个结构体数组元素(第 2 首歌)的首地址，以此类推。

请注意区分 (++p)->num 与 (p++)->num 的区别：前者是先使 p 加 1，然后引用 p 所指向的元素的 num 值(即第 2 首歌的票数)；后者是先引用出 p->num 的值(即第 1 首歌的票数)，然后再使 p 自增，最终 p 指向第 2 首歌(即 rl[1])的首地址。

> **注意**
>
> 结构体数组指针 p 是一个指向 struct ranking_list 类型对象的指针，它不能用来指向数组元素中的某个成员，也就是说不允许将某个成员的地址赋值给它。例如：
>
> ```
> p=&rl[1].num;   /*错误，由于"rl[1].num"是数组 rl[1]中成员 num 的首地址*/
> ```
>
> 因此，千万不要认为只要 p 是指针，就可以存放任意的地址。如果要将结构体数组中某个成员的地址赋给 p，需要使用强制类型转换，先将成员的地址转换成 p 的类型，例如：
>
> ```
> p=(struct ranking_list *) (&rl[1].num);
> ```
>
> 此时，p 的值是 rl[1]元素的 num 成员的起始地址，可以使用语句"printf("%d",*p);"输出 rl[1]中成员 num 的值。

7.1.5 结构体与函数

函数间不仅可以传递简单变量、数组、指针等类型，还可以传递结构体类型的数据。结构体类型的参数传递具体可分为以下三种情况。

(1) 向函数传递结构体的单个成员：这种情况和普通变量作为函数参数类似，都是复制单个成员的内容，是一种按数值的传递，在函数体内的任何操作都不会影响到原结构体成员的值。

(2) 利用结构体变量作为函数参数，向函数传递结构体的完整结构：这种方式要确保实参和形参都必须是同一种结构体类型，传递时将结构体的所有内容(多个值)复制到被调函数中，也是一种按数值的传递，在函数体内对形参结构体成员的任何操作依然不会影响到原结构体成员的值。

【案例 7.3 改造 1】利用结构体变量作为函数参数。

```c
#include<stdio.h>
#include<string.h>
struct ranking_list            /*定义结构体类型*/
{
    int No;                    /*歌曲编号*/
    char song_name[32];        /*歌曲名称*/
    char name[16];             /*歌手姓名*/
    int num;                   /*票数*/
};
void printInfo(struct ranking_list r)
{
    printf("song_name: %s\n", r.song_name);
    printf("num: %d\n", r.num);
}
int main()
{
    struct ranking_list r1= {1001,"My Old Classmate","Lao Lang",1889};
    printInfo(r1);             /*结构体变量 r1 作为函数参数*/
    return 0;
}
```

运行结果如图 7-6 所示。

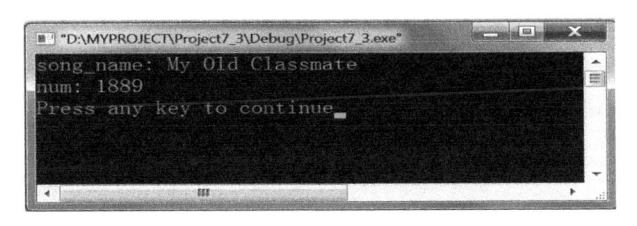

图 7-6 【案例 7.3 改造 1】运行结果

本案例定义了一个用于输出歌曲名称和票数这两个结构体数据的 printInfo()函数,该函数接收了结构体类型的参数变量 r1。不难看出,当将结构体变量作为参数传递给函数时,其传参的方式与普通变量也非常相似。

利用结构体变量作为函数参数,由于被调函数的形参也是结构体类型,所以也要按该结构体类型所占用的内存大小为其分配一定的存储空间,时空开销较大。

(3)使用结构体数组名或指向结构体的指针作函数参数:这种方式的本质是向函数传递结构体的首地址,因此在函数中对结构体的任何操作都会直接影响到结构体成员的值。由于此种传递不需要开辟空间进行多个值的复制,所以相对于上述第(2)种情况而言,时空效率更高。

【案例 7.3 改造 2】 在【案例 7.3】的基础上要求投票人数从键盘输入,并利用结构体数组作为函数参数。

```c
#include<stdio.h>
#include<string.h>
struct ranking_list            /*定义结构体数组并初始化*/
```

```c
{
    int No;                    /*歌曲编号*/
    char song_name[32];        /*歌曲名称*/
    char name[16];             /*歌手姓名*/
    int num;                   /*票数*/
}rl[3]= {{1001, "My Old Classmate","Lao Lang",0},
{1002, "Those Flowers","Pu Shu",0},{1003, "Tomorrow will be better",
"Luo Dayou",0}};
void vote(struct ranking_list r[ ], int n)
{
    int i, j;
    char s_name[40];
    for(i=1; i<=n; i++)
    {
       gets(s_name);
       for(j=0;j<3;j++)
          if(strcmp(s_name,r[j].song_name)==0)
              r[j].num++;
    }
}
int main()
{
    int i;
    printf("Input the number of voter:");
    scanf("%d\n", &i);
    vote(rl, i);              /*使用结构体数组名 rl 作为函数参数*/
    printf("\nThe result is: \n");
    for(i=0; i<3; i++)
        printf("%5s:%d\n",rl[i].song_name, rl[i].num);
    return 0;
}
```

运行结果如图 7-7 所示。

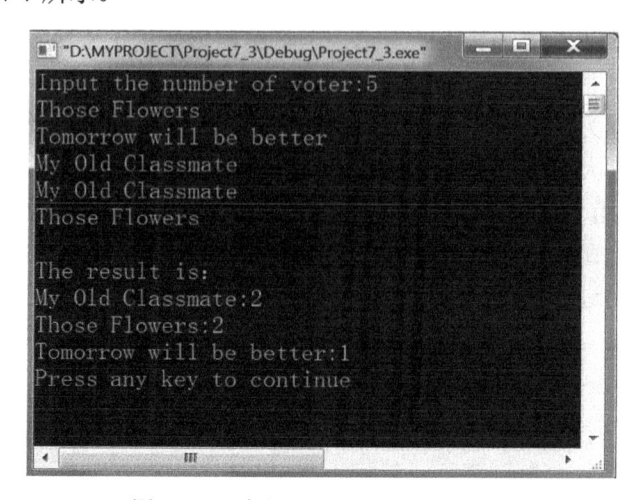

图 7-7 【案例 7.3 改造 2】运行结果

将【案例 7.3 改造 2】进一步推进，就可以实现更为复杂的歌曲排行榜菜单化信息管理程序。

【案例 7.3 改造 3】 实现歌曲排行榜的菜单化信息管理，要求提供输入歌曲信息、浏览歌曲信息、投票和输出前 10 名(Top 10)等功能。

分析：为方便用户使用，可设计一个菜单，其中列出了程序提供的各项操作功能，用户可以自由地选择其中的某项执行，如图 7-8 所示。

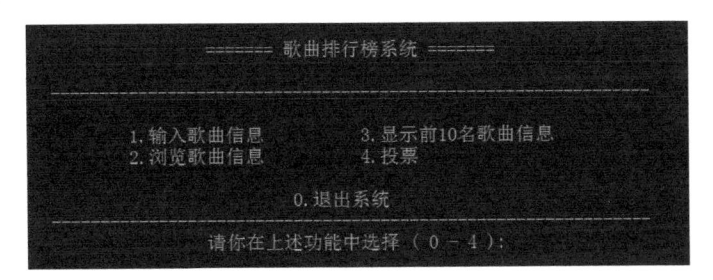

图 7-8 歌曲排行榜系统的菜单结构

按照结构化程序设计的理念，可以将解决该问题的一系列操作分解成以下若干个函数模块。

displayMenu()：显示菜单。
choiceItem()：选择菜单。
input()：输入歌曲信息。
browse()：浏览歌曲信息。
top 10()：显示前 10 名歌曲信息。
vote()：投票。

整个程序的模块结构如图 7-9 所示。

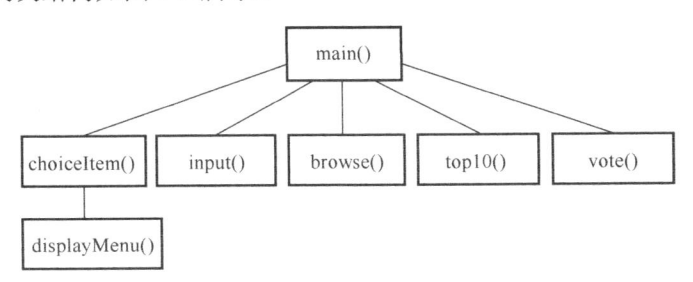

图 7-9 歌曲排行榜程序的模块结构

显然，图 7-9 中的 7 个模块可以分别使用 7 个函数实现，除 main()函数外，其余函数的原型可设计为：

(1) void displayMenu()：该函数负责显示菜单的内容。

(2) int choiceItem()：该函数用于返回用户的操作序号。

(3) int input(struct ranking_list s[ ])：该函数完成歌曲信息的输入。输入的歌曲信息保存在形式参数指定的结构体数组中，函数返回参加排行榜的歌曲数量。

(4) void browse(struct ranking_list s[ ], int n)：该函数用于对歌曲信息的浏览。

(5) void Top10 (struct ranking_list s[ ], int n)：该函数用于显示前 10 名的歌曲信息。

(6) void vote(struct ranking_list s[ ], int n)：该函数用于进行投票操作。

函数(4)、(5)、(6)的形式参数表完全一样，其中，n 是参加排行的歌曲数量，s 存放着所有参加排行榜的歌曲信息。主程序为所有歌曲信息的保存提供了结构体数组，各个模块通过函数参数使用该数组；信息输入时得到歌曲数量，各个模块的功能实现中需要引用该数量。除此之外，没有其他共享的数据信息。

为了检验读者模块化程序设计和结构体知识的综合应用能力，该系统的具体实现请读者自行完成。

7.2　伙伴牵手：链表

7.2.1　链表的概念

现有连续排列的英文字母表 A，B，C，D，E，…，可以使用数组来存储。如果要处理的对象更加复杂，比如是一组批量的学生数据，可以使用结构体数组进行处理。但是，数组不是万能的，作为顺序存储的优秀代表，数组的最大优点是可以利用索引下标快速随机地对数据进行访问。但是，它也有致命的缺点，主要体现在以下方面。

(1)数组一旦定义，其大小不可变化，缺乏使用的弹性。例如，定义了 char a[10];就只能存储 10 个字母，如果有更多的字母需要存储，就只能重新定义更大的数组。

(2)使用数组后，对数据的插入和删除等操作的效率低下。比如要组织顺序排列的字母表时，发现遗漏了字母"B"，这就要求在字母"A"和字母"C"间进行插入，根据数组的相关知识不难得出，从字母"C"开始后面所有的字母都要逐个进行后移，为字母"B"腾出插入的位置，这就需要移动很多元素。如果进行字母的删除，也是类似的做法，相应的字母都要逐个进行前移，这种移动要通过很多的赋值操作来完成，程序的时空效率不高。

那么，是否存在一种新的存储方法能避免数组的这两大缺陷呢？答案是肯定的，这就需要用到本节将要介绍的链表。

如果说数组采用的是顺序存储结构，那么链表，顾名思义采用的是一种**链式存储结构**。在链表结构中，每个元素称为一个节点(Node)，该节点不单是简单存储一个值，还需要存储下一个元素(或称为"后继节点")的地址位置。也就是说，每个节点是由两个部分构成的：前一部分是数据域，用于存储该节点的本身的数值，一般使用 data 表示；另一部分是指针域，用于存储后继节点的位置信息，因此它是指向后继节点的指针，一般使用 next 表示，利用这样的指针，一个个节点就可以挂接起来，形成如图 7-10 所示的形态，这是最简单的一种链表，称为**单向链表**，也是本节关注的重点。单向链表好比现实生活中的火车，数据域 data 相当于是一节节载货的车厢，指针域 next 相当于一个个牵引的挂钩，二者共同作用、相互配合，便形成了一列完整的火车。

data	next	→	data	next	…	data	next	→	data	next
节点1			节点2			节点n-1			节点n	

图 7-10　链表的基本结构

由于链表中各节点的地址都记录在前一个节点(或称为"前驱节点")的指针域中,这就使得各节点的存储单元可以是连续的,更可以是不连续的,这就好比有很多朋友,即使他们不住在同一连续的区域,要想知道其中某个人的住址也很简单,只需通过询问前一个朋友便可知晓。由此不难看出,链表可以使用任意的存储单元存储数据,十分灵活。

那么,如何使用代码定义链表结构呢?

由于 data 域和 next 域表示的是两种不同类型的成员,因此要使用结构体,例如:

```
struct Link
{
    int data;                /*数据域*/
    struct Link * next;      /*指针域*/
};
```

其中,数据域用于存储数据元素信息(可以不止一种数据),指针域用于存储后继节点的地址信息。由于链表中的每个节点总是指向具有相同结构的后继节点,所以要用递归结构的方式进行定义。

但是,第 1 个节点(首节点)非常特殊,由于没有节点存储它的地址信息,所以在实际使用时,往往再定义一个指向第 1 个节点的指针 head,称为**头指针**。相应地,在链表的最后一个节点(末节点),由于其没有后继节点,因此它的指针域部分为空(NULL),为简单起见,使用符号"∧"代表空指针,如图 7-11 所示。

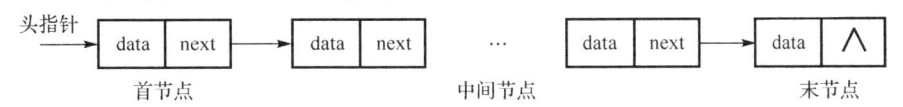

图 7-11 带头指针的链表的基本结构

链表这种存储结构决定了其对数据的处理方式与数组不同,在链表中只能进行顺序访问,不能像数组那样进行随机访问。要找到链表中的某个元素,首先要找到链表的头指针,这样才可以找到第 1 个节点,接着通过第 1 个节点的指针域找到第 2 个节点,再通过第 2 个节点的指针域找到第 3 个节点……依此类推,就像游戏"击鼓传花"一样,一步步地找到目标数据节点。如果到达了某节点的指针域为 NULL 时,说明已经达到了链表的尾部,查找失败。由此可见,头指针非常重要,因为它表明了链表的首部位置,一旦头指针丢失,整个链表将会"群龙无首",数据全部丢失。当然,如果某个节点指针域中的地址信息丢失,形成了"断链",也会造成其后继所有节点的数据无法被访问到,这就好比火车中某个挂钩的断开就会造成车厢的脱节。

7.2.2 链表的基本操作

链表是一种非常优秀的存储结构,在计算机编程中应用十分广泛,因此熟练掌握链表的几种基本操作就显得尤为重要,主要是链表的建立、节点的插入、节点的删除、节点的查找、链表的遍历(Traversal)等,下面同样以单向链表为例进行讲解。

1. 单向链表的建立

单向链表的建立是一个节点从无到有的创建过程,初始时,原链表为空表(head==NULL),如图 7-12 所示。

接着，可以利用向链表中添加节点的方法完成建表，且这一过程是动态完成的。要添加节点自然需要从内存申请一个节点，可以利用之前学过的动态内存分配函数 malloc()、free() 等，并定义指针 p 指向新创建的节点。

例如，要申请大小为 struct Link 结构的动态节点，可以使用语句：

```
struct Link * p;
p=(struct Link *)malloc(sizeof(struct Link));
p->next=NULL;    /*新节点的指针域置空*/
```

需要注意的是，必须使用强制类型转换将新申请到的空间转换成 struct Link 类型的指针，才能被预先定义好的该类型指针 p 所指向。

若空间分配成功，p 指向分配好的内存空间的首地址；若未申请成功，p 的值为 NULL，如图 7-13 所示。

图 7-12　建立单向链表(1)　　图 7-13　建立单向链表(2)

之后，要将该新建节点置为首节点，接入链表中，这样链表中就有了一个节点。为了更好地进行操作，还需要标注链表的尾节点，利用指针 pr 进行指向。

```
head=p;              /*将第一个节点接入链表*/
struct Link * pr;    /*定义和p同类型的指针pr*/
pr=p;                /*pr指向表尾，由于只有一个节点，表头和表尾位置一致*/
```

这一过程如图 7-14 所示。

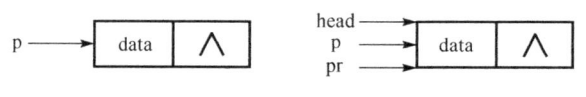

图 7-14　建立单向链表(3)

当存在一个节点后，链表便成为非空表。若是非空表，可采用尾插法，将新创建的节点(依然使用指针 p 指向)接到表尾：

```
pr->next=p;          /*将新节点接到表尾*/
pr=p;                /*让pr指向新的表尾位置*/
```

这一过程如图 7-15 所示。

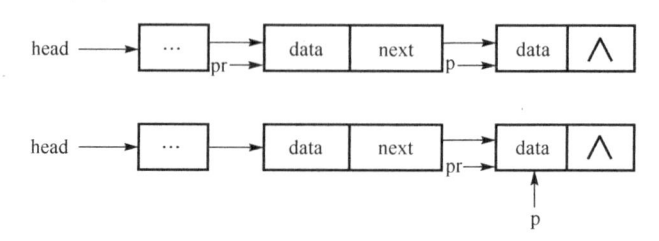

图 7-15　建立单向链表(4)

可见，每一次指针 p 总是指向新创建的节点，而指针 pr 则留在原地与新节点建立关联。这样将新节点逐个从链表的表尾接入该表中，完成单向链表的创建。整个过程就像火车的制造，不断地生产出一节节新车厢，并利用挂钩在尾部进行挂接。

由此不难看出，链表的建立是使用动态内存分配机制完成的，需要时可随时开辟节点并建立起前后相链接的关系，需要多少节点就相应地开辟多大的存储空间，这就使得链表的大小可以不固定，实现弹性伸缩，不必像数组那样事先预设空间大小。当然，对不需要的节点也可以即刻回收和释放，有利于充分利用计算机内存空间，灵活实现内存的动态管理。

【案例 7.4】 创建一个存放学生信息（学号，性别，年龄）（输入的学号是非正数作为结束标志）的链表，并打印输出。

本案例涉及两部分的操作：一是建立链表，其过程可画出 N-S 流程图，如图 7-16 所示；二是访问并输出链表中各节点数据值，也就是链表的遍历操作，可以定义一个指针 temp，从头指针 head 开始在链表的节点中逐一向后移动（temp=temp->next;），直至表尾（temp->next==NULL）。

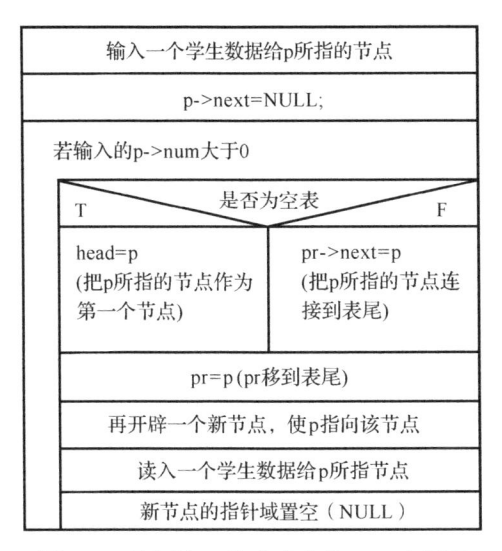

图 7-16 【案例 7.4】中建表的 N-S 流程图

```
#include <stdlib.h>
#include <stdio.h>
struct student                          /*链表节点的结构*/
{
  int num;                              /*学号*/
  char sex;                             /*性别，使用字符'M'代表男，'F'代表女*/
  int age;                              /*年龄*/
  struct student * next;                /*指针域*/
};
int main()
{
  struct student * create(struct student*);  /*函数声明*/
  void print(struct student*);               /*函数声明*/
  struct student * head=NULL;                /*定义头指针*/
  head=create(head);                         /*创建链表*/
  print(head);                               /*打印链表*/
  return 0;
```

```
        }
        struct student * create(struct student * head)  /*函数返回的是与节点相同类型的指针*/
        {
          struct student * p, * pr;
          p=pr=(struct student *)malloc(sizeof(struct student));  /*申请新节点*/
          scanf("%d,%c,%d", &p->num, &p->sex, &p->age);         /*输入节点的值*/
          p->next=NULL;                      /*将新节点的指针置为空*/
          while(p->num>0)                    /*输入节点的数值大于0*/
          {
            if(head==NULL) head=p;           /*若是空表,接入表头*/
            else  pr->next=p;                /*若是非空表,接到表尾*/
            pr=p;
            p=(struct student *)malloc(sizeof(struct student));  /*申请下一个新节点*/
            scanf("%d, %c, %d",&p->num, &p->sex, &p->age);  /*输入节点的值*/
            p->next=NULL;
          }
          return head;                       /*返回链表的头指针*/
        }
        void print(struct student * head)    /*输出以head为头的链表各节点的值*/
        {
          struct student * temp;
          printf("\n");
          temp=head;                         /*取得链表的头指针*/
          if(head!=NULL)
          {
            while(temp!=NULL)
            {
              printf("%d,%c,%d\n", temp->num, temp->sex, temp->age);
              temp=temp->next;
            }
          }
        }
```

运行结果如图 7-17 所示。

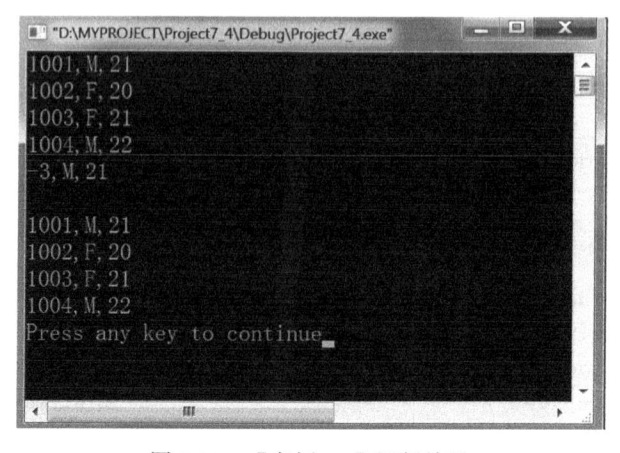

图 7-17 【案例 7.4】运行结果

多学一点

在建立链表时，如果想将链表节点的数据内容与输入的顺序相反，就需要采用头插法，每次将新产生的节点接入表头，此时不需要尾部指针 pr，核心代码变化成：

```
p->next=head;    /*指针 p 指向新节点，head 为头指针*/
head=p;
```

2. 单向链表节点的删除

当节点被删除后，该节点不再与链表的其他节点有任何关系。链表就像火车，节点的删除就好比将某节车厢从原火车中单独脱离出来，具体的做法就是进行挂钩(指针域)的重新挂接，将待脱离车厢前一节的挂钩挂接到待脱离车厢的后一节车厢上，这样就可以很方便地将某节车厢脱离原火车。

如图 7-18 所示，要删除节点 x(假设 x 非首节点)，只需要让节点 x–1 的指针域指向节点 x+1，此时的节点 x 仅仅是从链表中断开而已，它仍占用着内存，必须释放其所占的内存，否则会发生内存泄漏，也就是需要使用 free()函数释放该节点所占据的内存。很显然，经过删除后，原来的节点 x+1 应变成了新的节点 x，节点总数从 n 变成 n–1。由此可见，链表中要想实现节点的删除只需要将指针重新赋值就可轻松地完成，其核心代码为：

```
pr->next=p->next;
free(p);
```

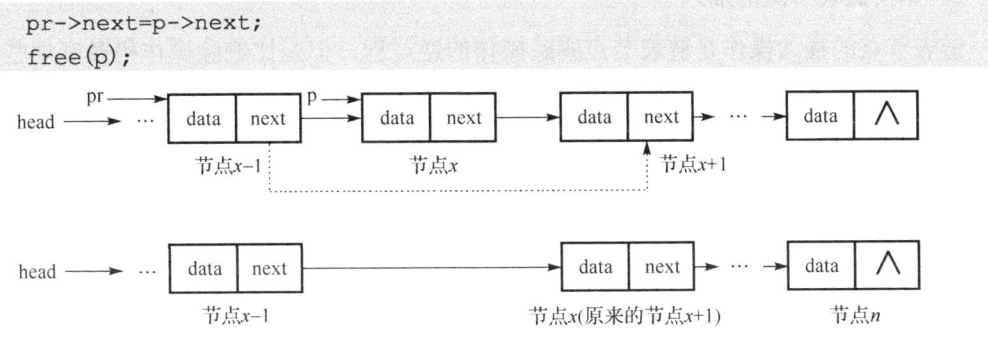

图 7-18　链表中非首节点的删除

但是，如果待删除节点是表中的首节点，则需要将 head 指向首节点的下一个节点(head=p->next;)，也就是让原先的第二个节点成为链表的首节点。

此外，如果原链表为空表，无节点存在，或者已经搜索到表尾但依然没有找到待删除的节点，则无法进行删除操作，给出相关的显示信息并退出程序。

【案例 7.4 改造 1】 将【案例 7.4】增加删除功能，实现对相应学生信息的删除操作。

```
struct student * del(struct student * head,int num)   /*num 为待查的学生学号*/
{
  struct student * pr,* p;
  if(head==NULL)
    printf("\nList is null.\n");                      /*若是空表则无法删除节点*/
  p=head;
  while(num!=p->num&&p->next!=NULL)                   /*寻找待删除的节点*/
```

```
        {
          pr=p;
          p=p->next;
        }
        if(num==p->num)                    /*找到待删除的节点*/
        {
          if(p==head) head=p->next;        /*待删除的是首节点*/
          else pr->next=p->next;           /*待删除的不是首节点*/
          free(p);
          printf("%d has been deleted.\n",num);
        }
        else
          printf("%d can not be found!\n",num);
        return head;
      }
```

很显然，要进行节点的删除，需要先找到待删除的节点位置，因此在【案例 7.4 改造 1】中，可看到在链表中如何进行节点的查找：定义指针 p，初始为头指针的位置，只要数据未找到(num!=p->num)且 p 未移动到表尾(p->next!=NULL)，p 都要不断向后移动(p=p->next)。此外，还定义了另一个指针 pr，它在移动的过程中总是紧随着指针 p，目的是定位出待删除节点的前一个位置（如图 7-18 所示），从而更好地实现节点的删除。

3. 单向链表节点的插入

链表节点的插入操作是链表节点删除操作的逆过程，但是比删除操作稍微麻烦些。节点的插入就好比将某新车厢加入原火车中，具体的做法依然是进行挂钩（指针域）的重新挂接，将插入点的左右两个车厢脱钩，并分别与新车厢的左右挂钩进行挂接，这样就可以很方便地将某节车厢加入原火车。

假设现有一个新节点已被创建成功，并使用指针 p 指向。为了更好地说明节点的插入，分为以下几种情况讨论。

(1) 如果原链表是空表，则将新节点作为首节点(head=p)。

(2) 如果原链表非空，则需要先按照实际场景的要求查找到插入位置。对于插入位置，可分为首节点前、表中和表尾三种情况。此外，和节点的删除相似，也另外定义指针 pr，使其指向插入点的前一个位置。

如果是在首节点前插入，则将新节点的指针域指向原链表的首节点(p->next=head)，并让 head 指向新节点(head=p)，如图 7-19 所示。

如果是在表中插入，则将新节点的指针域指向下一个节点(p->next=pr->next)，并让前一个节点的指针域指向新节点(pr->next=p)，如图 7-20 所示。

> **注意**
>
> 在节点插入时，要做到"先连后断"，也就是说，语句"p->next=pr->next;"和语句"pr->next=p;"的顺序不能对调。如果先执行了"pr->next=p;"那么会造成插入点后的那个节点的地址没有被任何节点的指针域记录，使得插入点后的节点断链，节点数据丢失，无法被找回。

图 7-19　在首节点前插入新节点

图 7-20　在表中插入新节点

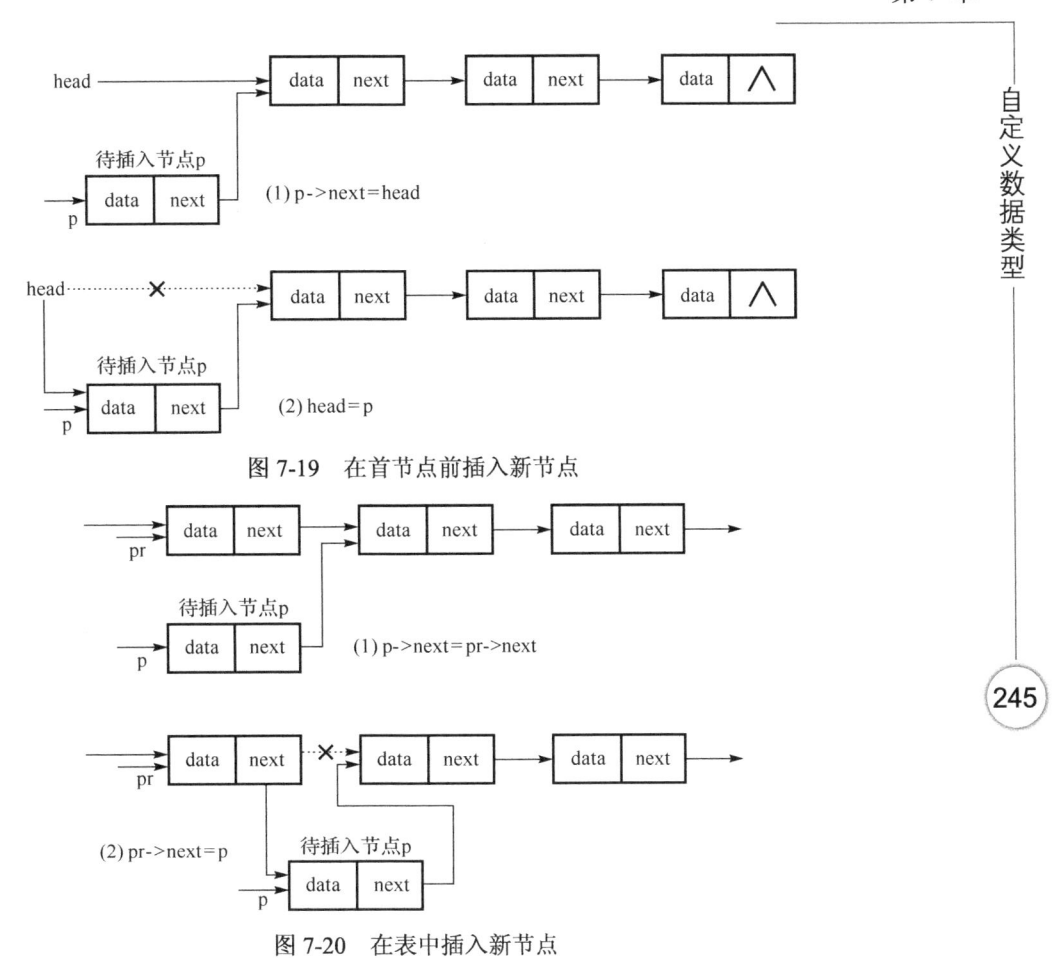

如果是在表尾插入，则将原末节点的指针域指向新节点(pr->next=p)即可，如图 7-21 所示。

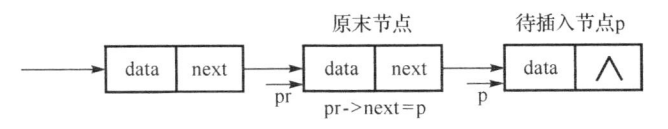

图 7-21　在表尾插入新节点

下面对【案例 7.4】继续改造，假设学生信息链表已按学号(num)升序排列，现需要对相应学生信息进行新增操作，要求依然保持原链表的升序状态。

【案例 7.4 改造 2】　将【案例 7.4】增加插入功能，实现对相应学生信息的插入操作。

```
struct student * insert(struct student * head, struct student * stud)
{                                        /*stud 为新增的学生节点*/
    struct student * pr, * p, * temp; /*需要三个辅助指针*/
    pr=head;
    p=stud;
    if(head==NULL)                       /*若空表，让新节点成为链表的首节点*/
    {
        head=p;
        p->next=NULL;
    }
```

```c
        else
        {
           while((pr->num<p->num)&&(pr->next!=NULL))   /*找到插入点*/
           {
             temp=pr;
             pr=pr->next;
           }
           if(pr->num>=p->num)
           {
              if(pr==head)                    /*在首节点前插入新节点*/
              {
                 p->next=head;
                 head=p;
              }
              else                            /*在链表中插入新节点*/
              {
                 pr=temp;
                 p->next=pr->next;
                 pr->next=p;
              }
           }
           else
           {
             pr->next=p;                      /*在表尾插入新节点*/
           }
        }
    }
    return head;
}
```

综上所述，链表可以动态定义存储大小，实现内存的弹性动态管理，并能很方便地进行数据的插入和删除，因此在现实生活中，链表有着广泛的应用，常用的 Excel 表格、各种数据库中的表(学生成绩表、人事信息表等)都是采用链式存储结构存储的，以便于插入、删除数据。但是，与数组这样的顺序存储结构相比，链式存储技术还是存在一些缺陷，主要体现在以下方面。

(1)无法实现随机快速查找：要查找某个节点，只能从链表的表头开始，导致折半查找等技术无法使用。

(2)容易出现断链。一旦由于某种原因导致链表中某一个链丢失，即节点的指针不再指向下一个节点，该节点后的所有节点将全部丢失，无法找回。

但不管怎样，链表都是一种比较实用且十分重要的数据结构。除了单向链表，还有双向链表、循环链表等形式，在此不再赘述。

7.3 你中有我：共用体类型

在生活中，经常会填写类似于如表 7-3 所示的表格。

表 7-3　职工个人基本信息表

姓名	性别	年龄	婚姻状况					婚姻状况标记
^	^	^	未婚	已婚			离婚		^
^	^	^	^	结婚日期	配偶姓名	子女数量	离婚日期	子女数量	^
张三	男	35		2009.10	李四	1			2
…	…	…	…	…	…	…	…	…	…

(注：婚姻状况标记请使用阿拉伯数字，"1"代表未婚，"2"代表已婚，"3"代表离婚。)

我们重点关注"婚姻状况"部分，某人的婚姻状况一般有三种状态：未婚、已婚、离婚，且在某一时刻只能有一种状态存在(如张三目前是已婚状态)，因此不能定义成之前学过的结构体。那么 C 语言中，有没有一种自定义数据类型可以解决这样的问题呢？答案是肯定的，那就是"共用体"。

共用体又叫联合体，它允许多个成员共同使用同一块内存，常用于存储程序中逻辑相关但情形相斥的变量成员。由于其具有"共用"的特征，因而灵活使用这种类型可以节省内存空间。

7.3.1　共用体类型的定义

在 C 语言中，共用体类型同结构体类型一样，都属于构造类型，它在定义上与结构体类型非常相似，将关键字"struct"改成"union"即可。共用体类型的定义格式为：

```
union 共用体类型名
{
    数据类型　成员名1;
    数据类型　成员名2;
    …
    数据类型　成员名n;
};
```

其中，"union"是定义共用体类型的关键字，其后是"共用体类型名"，在"共用体类型名"后的花括号中定义了共用体类型的成员项，每个成员是由"数据类型"和"成员名"共同组成的。

例如：

```
union data
{
    short x;
    float y;
    char z;
};
```

定义了一个名为 data 的共用体类型，该类型由三个不同类型的成员组成，这些成员共享同一块存储空间。

7.3.2 共用体变量的定义

共用体变量的定义和结构体变量的定义十分类似，假如要定义两个 data 类型的共用体变量 a 和 b，则可以采用以下三种方式。

(1) 先定义共用体类型，再定义共用体变量：

```
union data
{
    short x;
    float y;
    char z;
};
union data a,b;
```

(2) 在定义共用体类型的同时定义共用体变量：

```
union data
{
    short x;
    float y;
    char z;
}a,b;
```

(3) 直接定义共用体类型变量：

```
union
{
    short x;
    float y;
    char z;
}a,b;
```

以共用体 a 为例，它由三个成员组成，分别是 x、y 和 z。由于共用体中不同的成员共同占用一段内存空间，编译时系统会按照占内存最大的成员长度为 a 分配内存，由于成员 y 的长度最长，它占 4 字节，所以共用体变量 a 的内存空间也为 4 字节。共用体变量 a 中各成员的内存分配如图 7-22 所示。

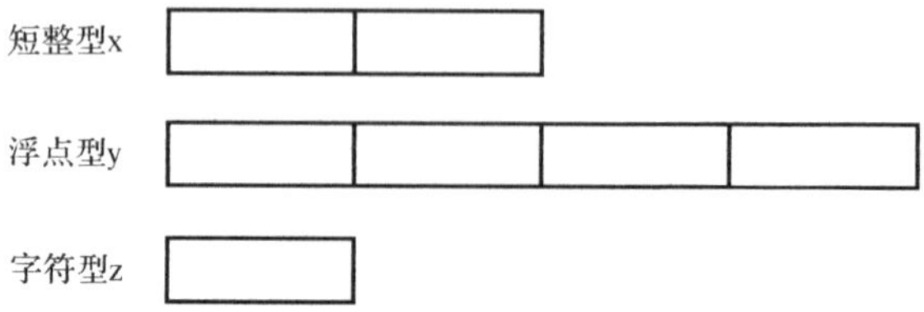

图 7-22　共用体变量 a 中各成员的内存分配

多学一点

共用体的内存大小必须是最宽基本数据类型的整数倍，如果不是，则填充字节。

例如，在共用体的成员中包含数组类型：

```
union
{
  int m;
  float x;
  char c;
  char name[5];
}a;
```

共用体变量 a 的内存大小如图 7-23 所示。

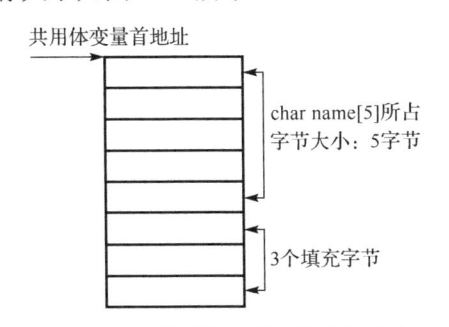

图 7-23 共用体变量 a 的内存大小

共用体变量 a 的内存大小按最大数据类型 char name[5]来分配，char name[5]占 5 字节。此外，共用体变量 a 的内存大小还必须是最宽基本数据类型的整数倍，所以填充 3 字节，共 8 字节。当然，如果在使用过程中不确定共用体变量的内存大小，还可以通过 sizeof()函数求得。

7.3.3 共用体变量的初始化和引用

由于共用体中不同类型的变量存放到同一首地址的内存单元中，这就使得各个成员间互相覆盖。在图 7-22 中，若对变量 x 赋值，变量 y 就失去了自身的意义，接下来再对变量 z 赋值，则 x 的内容又被改变，因此在每一瞬间起作用的成员是最后一次赋值的成员。也就是说，在程序执行的任何特定时刻，仅有一个成员驻留在共用体变量所占用的内存空间中，在同一时刻只有一个成员是有意义的。

因此，在定义共用体变量的同时，只能对其中一个成员的类型值进行初始化，共用体变量初始化的方式是：

```
union 共用体类型名 共用体变量={某一个成员的类型值};
```

请注意，尽量只有一个初始值，此处的花括号也不可省略。

例如，可以使用语句：

```
union data a={3};
```

对 data 类型的共用体变量 a 中的第 1 个成员(成员 x)进行初始化。

当然，也可以对指定的某一个成员进行初始化：

```
union data a={.z='k'};
```

对 data 类型的共用体变量 a 中的成员 z 进行初始化。

完成了共用体变量的初始化后,就可以引用共用体中的成员了,共用体变量的引用方式与结构体类似。

例如,定义共用体变量 a 和一个共用体指针 p:

```
union data
{
    short x;
    short y;
    float z;
    char t;
};
union data a, * p=&a;
```

如果要引用共用体变量中的成员 z,则可以使用:

```
a.z;        /*引用共用体变量 a 中的成员 z*/
```

或者

```
p->z        /*引用共用体指针变量 p 所指向的变量成员 z*/
```

由于共用体 a 中包含了两个 short 类型的变量 x 和 y,所以 x 和 y 的首地址与长度都一致,如果执行了赋值语句"a.x=3;"则 a.y 的值也是 3,对 x 的赋值就相当于对 y 赋值,反之亦然。

回到表 7-3,其中的"婚姻状况"是一种典型的逻辑相关但情形相斥的场景,自然可以定义成共用体,命名为 maritalState,内有 3 个成员:未婚、已婚和离婚。如果是"未婚",则最为简单,只要一个普通变量就可以表示;如果是"已婚",需要进一步了解结婚日期、配偶姓名、子女数量等信息,这些不同类型的信息自然可以集结成已婚类型的结构体;如果是"离婚",需要进一步了解离婚日期和子女数量等信息,可以集结成离婚类型的结构体:

```
union maritalState
{
    int single;                         /*未婚*/
    struct marriedState married;        /*已婚*/
    struct divorceState divorce;        /*离婚*/
};
```

上述对共同体 maritalState 的定义,采用了在共同体中嵌套进一层结构体的方式。其中,已婚结构体 struct marriedState 与离婚结构体 struct divorceState 的定义留待读者自行完成。

接下来还有一个问题:如何控制在某个瞬间由哪个成员起作用呢?这就需要增加一个标志位变量(不妨命名为 marryFlag),表明某人当前是哪种婚姻状况,类似于表 7-3 中的"婚姻状况标记":当 marryFlag 为 1 时,说明此人未婚,内存中的数据将被解释为未婚相关的数据,共用体 maritalState 中的 single 变量起作用。同理,当 marryFlag 为 2 时,说明此人是已婚状态,结构体成员 married 起作用;当 marryFlag 为 3 时,说明此人是离婚状态,结构体成员 divorce 起作用。

最后，在总体上可设计结构体 person，完成职工个人基本信息的定义：

```
struct person
{
    char name[20];              /*姓名*/
    char sex;                   /*性别*/
    int age;                    /*年龄*/
    union maritalState marital; /*婚姻状况*/
    int marryFlag;              /*婚姻状况标记*/
};
```

因此，在实际开发中，当需要存储与表示程序中逻辑相关但情形相斥的变量成员，可利用共用体类型。该类型使几种不同类型的变量存放到同一段内存单元中，也就是使用覆盖技术使得若干不同的变量共同占用一段内存空间，以达到节省内存空间的目的。

7.4 心中有数：枚举类型

在程序中，经常遇到需要使用一个整型常数来代表某一种状态的情形，比如用 0 表示开关的开启，1 表示开关的关闭，但这种处理方法不直观，易读性差。如果我们能够事先考虑到某一变量可能取的值，并尽量用自然语言中含义清楚的单词来表示它的每一个状态值，程序就很容易阅读和理解，这便形成了枚举(enumeration)方法，用这种方法定义的类型就是枚举类型。

再看下面的预处理命令：

```
#define MON    1
#define TUE    2
#define WED    3
#define THU    4
#define FRI    5
#define SAT    6
#define SUN    7
```

这是利用#define 指令完成对从星期一到星期天的宏定义。在 C 语言中，我们也可以定义枚举类型来完成同样的工作。

枚举类型的定义格式是：

enum [枚举类型名]{ 枚举常量列表 };

例如：

enum DAY{MON, TUE, WED, THU, FRI, SAT, SUN};

此处定义了 enum DAY 这种枚举类型，枚举元素为花括号中的 MON、TUE、WED、THU、FRI、SAT、SUN 这 7 个常量构成的集合，而且仅限于这 7 个元素。枚举元素的命名一般以简单直观、见名知义为好。需要注意的是，枚举元素不是字符串，不需要加双引号。

在枚举定义中，每个枚举元素都代表一个整数，C 语言在编译时按定义的顺序默认它们的值分别是 0,1,2,3,…(这和数组下标非常相似，是从 0 开始的)。但是，也可以人为显式地指定枚举元素的值。

如上述预处理命令可以等价地使用枚举方法写成：

```
enum DAY{MON=1, TUE, WED, THU, FRI, SAT, SUN};
```

在此处，MON 被定义为整数 1，那么 THU 就是 2，WED 就是 3，以此类推。

> **注意**
>
> 枚举元素值是常量，不是变量，因此不能在程序中使用赋值语句进行二次赋值，如语句 "MON=2;" 是错误的。

枚举元素间可以进行大小比较，比较时按照初始化时指定的整数来进行。如果没有人为地指定则按默认规则处理，即第 1 个枚举元素的值为 0，因此 MON< TUE。

定义了枚举类型 enum DAY 后，就可以进一步定义枚举变量 workday 了，方法与结构体、共同体类似：

```
enum DAY workday;
```

或者将枚举类型和枚举变量的定义一次性地写成：

```
enum DAY{MON=1, TUE, WED, THU, FRI, SAT, SUN} workday;
```

此时，workday 只能接收枚举元素的值，例如：

```
workday=MON;
```

等效于

```
workday=1;
```

由于枚举变量的值是整数，因此枚举类型也可以作为一种用户自行定义的整型，和普通整型的使用方法相似，但使用枚举类型，程序的可读性更好。

【案例 7.5】 枚举类型举例。

```c
#include <stdio.h>
enum DAY{MON=1, TUE, WED, THU, FRI, SAT, SUN};  /*定义枚举类型*/
int main()
{
    enum DAY yesterday, today, tomorrow;         /*定义3个枚举变量*/
    yesterday=TUE;                                /*枚举变量初始化*/
    today=yesterday + 1;
    tomorrow=4;
    printf("%d %d %d\n", yesterday, today, tomorrow);
                                    /*请注意：不能使用字符串的输出格式符%s*/
    return 0;
}
```

运行结果如图 7-24 所示。

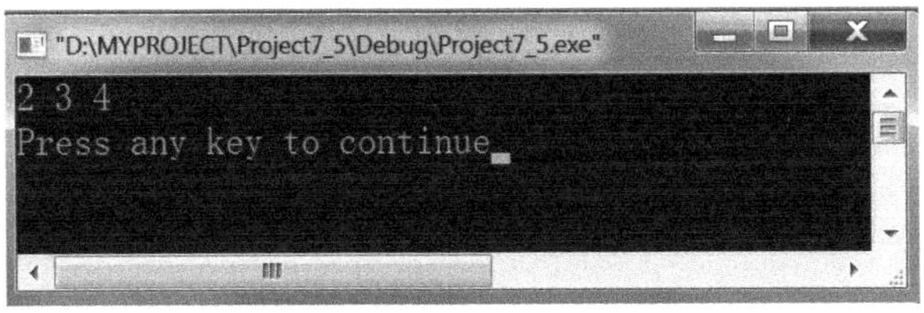

图 7-24 【案例 7.5】运行结果

很显然，枚举中的每个变量与某个整型常量一一对应，因此，枚举的本质是一种被命名的整型常量的集合。

7.5　别名当道：typedef 类型

在 C 语言中，除本身提供的各种数据类型和用户自行定义的结构体、共用体外，还允许用户使用关键字"typedef"为现有的数据类型取"别名"，用于简化对复杂数据类型的描述，其一般格式为：

```
typedef 原类型名 新类型名;
```

其中，"原类型名"包括基本数据类型、构造数据类型、指针等，"新类型名"一般用大写。例如：

```
typedef int INTEGER;
```

此处使用 typedef 关键字为 int 类型取了一个别名 INTEGER，今后在程序中就可以用 INTEGER 来定义整型变量，例如：

```
INTEGER i,j;
```

就等价于

```
int i,j;
```

> **注意**
>
> 表面上看，typedef 和之前学过的宏定义很相似，如果上面的例子用宏定义"#define INTEGER int"，似乎都是用 INTEGER 代替 int，但事实上二者是不同的：使用 typedef 关键字只是对已存在的类型取别名，并没有定义新的数据类型。尽管有时可以用宏定义来代替 typedef 的功能，但宏定义属于编译预处理，是在编译前完成的；而 typedef 是在编译时完成的，且使用 typedef 更加灵活。

取别名的过程一般分为以下四步：
(1) 写出用原有类型定义变量的语句，如"int i;"。
(2) 在原类型名的后面写出新类型名（别名），如"int INTEGER;"。
(3) 加上 typedef 关键字，如"typedef int INTEGER;"。
(4) 取别名结束，然后就可以用新类型名定义变量，如"INTEGER i,j;"。

又如，可以使用 typedef 关键字为结构体类型 person 取别名：

```
typedef struct person
{
    char name[20];              /*姓名*/
    char sex;                   /*性别*/
    int age;                    /*年龄*/
    union maritalState marital; /*婚姻状况*/
    int marryFlag;              /*婚姻状况标记*/
}PER;
```

上面的语句定义了一个 person 类型的结构体 PER（别名），就可以使用别名 PER 定义 person 类型的结构体变量，十分方便。例如，"PER zhangsan;"语句等效于语句"struct person zhangsan;"。

再如，结合取别名的 4 个步骤，不难使用 typedef 关键字为数组取别名：

```
typedef char NAME[20];
NAME name1,name2;
```

上面的语句定义了一个可含有 20 个字符的字符数组名 NAME，并用 NAME 这一别名定义了两个字符数组 name1 和 name2，等效于 char name1[20]和 char name2[20]。

此外，使用 typedef 关键字还可以方便程序的移植，降低对硬件的依赖性。例如，有的计算机系统的 int 型数据占用 2 字节（假设是 A 系统），而有的计算机系统却占 4 字节（假设是 B 系统），如果要将一个 C 程序从 B 系统移植到 A 系统，按一般的做法就是将程序中所有的类型"int"改成类型"long"，不但麻烦而且容易遗漏。有了 typedef 之后，就可以先在 B 系统中使用语句"typedef int INTEGER"，将程序中所有的整型变量用 INTEGER 定义。在移植时只需要改动 typedef 定义体，也就是写上语句"typedef long INTEGER"即可。

7.6 本章小结

本章介绍了结构体、链表、共用体、枚举等自定义数据类型，并学会了使用 typedef 为现有的数据类型取别名，以达到方便使用、增强程序可读性的目的。

用户自定义数据类型的使用一般都包含类型的声明、类型变量的定义、类型变量的初始化、类型变量的引用等操作。对于一个已经声明的新数据类型，只要告诉计算机这种新类型的诞生即可。要想使用该数据类型，就必须为其定义变量，也就是将数据类型实例化，计算机会根据数据类型为其分配相应的内存空间，而对于空间在何处分配、如何分配等细节，用户无须干预，用户对变量的访问是通过变量名或指向该变量的指针来实现的。自定义数据类型一旦声明完成，其使用方法与 int、float、double 等基本数据类型是一样的。

由于自定义数据类型一般由基本数据类型组合而成，组成自定义数据类型的基本数据类型称为成员。无论是哪种自定义数据类型，都不能直接对数据类型进行操作，必须细化到成员这一层面来进行。访问自定义数据类型的成员变量一般采用两种方法：成员访问法和指针访问法。

7.7 本章常见的编程错误

1. 定义结构体或共用体类型时，忘记了分号，例如：

```
struct ranking_list
{
    int No;                    /*歌曲编号*/
    char song_name[32];        /*歌曲名称*/
    char name[16];             /*歌手姓名*/
    int num;                   /*票数*/
}
```

2. 将一种类型的结构体变量为另一种类型的结构体变量赋值。
3. 对两个结构体或共同体进行比较操作。
4. 在指向运算符"->"的两个组成符号之间加入空格，或者直接输成箭头符号。
5. 使用指向运算符访问结构体或共用体变量的成员。
6. 使用成员运算符访问结构体指针指向的结构体的成员。
7. 在链表中删除节点后，没有使用 free() 函数释放该节点所占用的内存空间。
8. 在链表操作时，出现了断链现象，导致断链点后的节点数据丢失。
9. 对枚举元素值使用赋值语句进行二次赋值。
10. 使用关键字 typedef 定义一种新的数据类型。

7.8 本章习题

1. 编写统计候选人得票的程序：某单位要评选先进工作者，假设有 3 个候选人：Li,Wu,Yang，共有 10 人进行投票，选民每次输入一个得票的候选人名字，若选民输错候选人姓名，则按废票处理。选举结束后，程序自动算出各候选人的得票结果和废票信息。

2. 中国有句俗语："三天打鱼，两天晒网。"某人从 2010 年 1 月 1 日起开始"三天打鱼，两天晒网"，问：这个人在以后的某一天(输入某个日期)中是"打鱼"还是"晒网"？要求使用结构体形式定义日期(年、月、日)。

3. 编程模拟洗牌和发牌的过程。一副扑克有 52 张牌，分为 4 种花色（Suit）：黑桃（Spades）、红桃（Hearts）、草花（Clubs）、方块（Diamonds）。每种花色又有 13 张牌面（Face）：A,2,3,4,5,6,7,8,9,10,Jack,Queen,King。要求使用结构体数组 card 表示 52 张牌，每张牌包括花色和牌面两个字符型数组类型的数据成员。

4. 建立一个通信录程序，包括姓名、生日、电话号码与住址信息，请编写程序，输入 n($n \leqslant 10$)个联系人信息，按照年龄从大到小以此显示他们的信息。

5. 编写程序，从键盘输入 10 个学生的学号、姓名和成绩，输出学生的成绩等级和不及格人数。每个学生的记录包括学号、姓名、成绩和等级，要求定义和调用函数 set_grade()，根据学生成绩设置其等级，并统计不及格的学生人数。等级设置：85～100 分为 A，70～84 分为 B，60～69 分为 C，0～59 为 D。

6. 画出本章链表节点删除（【案例 7.4 改造 1】）与链表节点插入（【案例 7.4 改造 2】）的 N-S 流程图。

7. 已有 a、b 两个链表，每个链表中的节点包括学号与成绩，要求把两个链表合并，并按学号的升序排序。

8. 建立一个链表，每个节点中包含学号、姓名、性别、年龄。输入一个年龄，如果链表中的节点所包含的年龄等于此年龄，则将该节点删去。

9. （选做）利用链表求解约瑟夫（Joseph）问题：编号为 1，2，…，n 的 n 个人按顺时针方向围坐在一张圆桌旁。首先输入一个正整数作为报数上限值 m，然后，从第一个人开始按顺时针方向自 1 开始顺序报数，报到 m 的人离开桌旁，然后从顺时针方向的下一个就坐在桌旁的人开始重新从 1 开始报数，如此下去，直至所有人全部离开桌旁为止。

假设有 10 个人，编号从 1 到 10，最初的 m=3，通过报数，这 10 个人离开桌旁的顺序应该是：3，6，9，2，7，1，8，5，10，4。

请设计一个程序来模拟这个过程。要求输出所有人离开桌旁的顺序。

10. 口袋中有红、黄、蓝、白、黑 5 种颜色球若干个，每次从中先后取出 3 个球，求得到 3 个不同颜色的球的可能取法，请利用枚举知识编程输出每种排列的情况。

第8章 文 件

本章导引

前面的例子大多都是使用键盘键入数据，经过程序处理后通过并不怎么"养眼"的命令行窗口输出，大家可能觉得有些"视觉疲劳"了吧？这些数据随着程序的退出、计算机的掉电、重启很快就消失了，数据转瞬即逝，根本无法长期保存。另外，如果要处理成批量的数据，之前的"键盘+显示器"的方式也会遇到障碍……因此，我们需要找到一种新的实现方法，能够长期读取和保存较多的数据，在需要的时候可以随时打开并处理它们，这就需要利用本章的"文件"技术。

8.1 揭示本质：文件的概念与分类

先看以下两个案例。

【案例8.1】 求66，55，75，42，86，77，96，89，78，56这10个数之和。代码如下：

```c
#include <stdio.h>
int main()
{
   int i,sum=0;
   int a[10]={66,55,75,42,86,77,96,89,78,56};   /*定义数组a，并初始化为10个数*/
   for(i=0;i<10;i++)
   {
      sum=sum+a[i];
   }
   printf("%d",sum);
   return 0;
}
```

【案例8.2】 求与【案例8.1】相同的10个数的最大值，代码如下：

```c
#include <stdio.h>
int main()
{
   int i,max;
   int a[10]={66,55,75,42,86,77,96,89,78,56};
                       /*再次定义数组a，依然初始化为相同的10个数*/
   max=a[0];
   for(i=1;i<10;i++)
   {
      if(max<a[i])
```

```
            max=a[i];
        }
    printf("%d",sum);
    return 0;
}
```

不难看出，在【案例 8.1】和【案例 8.2】中，虽然处理的是同一批数据，但是程序和数据没有分离，程序与程序之间并没有共享数据，也就是我们需要在每个程序里对这 10 个数重复定义。

如果还要继续求这 10 个数的最小值，或者进行排序、乘积等操作，就需要再次对这 10 个数进行重复定义，造成了大量的冗余。当需要修改这 10 个数时，就要对使用了这 10 个数的所有程序逐一进行修改，这就有可能造成遗漏和错误。那么，有什么方法来解决这个问题呢？实际上，可以把这 10 个数写入某个文件（如 D 盘的 data.dat 文件）中，让所有操作的数据都来自同一个文件 D:\data.dat。这样，通过文件实现数据的共享，对 10 个数只要定义一次，如果要修改，也只需要修改 data.dat 文件即可。

那么，什么是文件呢？其实，在 Windows 操作系统中就放满了各式各样的文件，它们有文件名，有自身的属性。文件可以通过各种应用程序创建，如新建一个记事本，并保存一些数据，便产生了.txt 文件。

文件是驻留在外部介质中的有序数据集，是操作系统管理数据的单位。文件一般可分为以下两类。

(1)程序文件，如 C 源代码文件.c、目标程序文件.obj、可执行程序文件.exe 等。这些文件的内容是程序代码。

(2)数据文件，用于存储输入/输出的数据，如文本文件、声音文件、图像文件等。当这些文件创建完毕后，会执行"存盘"操作，其本质就是将数据从内存写入数据文件中，以实现长期保存。反之，当执行"打开"操作时，就是准备将磁盘数据文件中的内容读入内存中。因此，这就不难理解，为什么编辑好一个 Word 文档后若不保存或突然掉电，数据就写不进磁盘，这是因为输入的数据是先在内存中驻留，执行"存盘"操作后才被写入磁盘文件中。本章主要讨论的是数据文件。

按数据存储的编码格式的不同，C 程序中的数据文件可分为两种：文本文件和二进制文件。

文本文件是以 ASCII 码值进行编码和存储的文件，其内容全是字符，通过"记事本"等工具就可以进行查看和修改。而二进制文件则不同，它是将整个数据作为二进制进行存储，包含的是机器才能识别的指令码，如果直接用记事本等文本编辑工具打开，则只会看见"乱码"。

例如，在 Visual C++平台中，要存储整数 1234，如果采用文本文件形式，所占用的 4 字节分别是'1'、'2'、'3'、'4'的 ASCII 码值，也就是 49、50、51、52 所对应的二进制数：

| 00110001 | 00110010 | 00110011 | 00110100 |

如果使用二进制存储整数 1234，那么直接就是它的二进制形式：

| 00000000 | 00000000 | 00000100 | 11010010 |

可想而知，如果是整数 12345，那么使用文本文件形式要多占用 1 字节，达到 5 字节。

文本文件和二进制文件形式各有优劣。文本文件非常适合被其他程序所读取，如 Word、写字板等各种文本编辑工具，且输出与内容字符一一对应，1 字节就是一个字符，便于对字符的逐一处理，但占用的存储空间较大，且需要花费 ASCII 码与字符间的转换时间。二进制文件虽然提高了时空效率，但由于字节与字符间不是一一对应的，也就不能直接输出文件对应的字符形式。因此，要根据问题的具体场景选择合适的文件存储格式。

实际上，输入与输出就是数据传送的过程，数据就像涓涓的流水，从文件流向内存中，这就是输入，当数据从内存流向文件时，就是输出。文本文件对应的是文本流(字符流)，在文本流中输入/输出的数据是一系列的字符。二进制文件对应的是二进制流(字节流)，在二进制流中输入/输出的数据是一系列的字节。

无论一个 C 语言文件的内容是什么，它一律把数据看成由字节构成的序列，即字节流。对文件所有的读/写操作也都是以字节为单位进行的，输入数据流与输出数据流的开始与结束仅受程序控制而不受物理符号(如回车换行符)控制，这使得处理起来非常灵活。因此，C 语言文件又称为流式文件。

8.2 暂时歇脚：缓冲文件系统

应用程序要对文件数据进行访问，是如何进行的呢？由于系统对磁盘文件数据的存取速度与内存数据存取访问的速度不同，而且文件数据量一般都非常大，数据从磁盘读到内存或从内存写入磁盘都不可能瞬间完成，因此，为了节约存取时间，提高存取效率，在 ANSI C 标准中，对文件的处理采用了一种称为"缓冲文件系统"的方式。

所谓缓冲文件系统是指系统自动地在内存区为每个正在使用的文件开辟缓冲区，程序与文件之间的数据交换通过该缓冲区进行：从内存向磁盘输出数据必须先送到内存中的"输出文件缓冲区"，待装满缓冲区后才一起送到磁盘去。反之，如果从磁盘向内存读入一批数据，则需要将数据先送入内存"输入文件缓冲区"，待装满缓冲区后再从缓冲区逐个地将数据送到程序数据区，如图 8-1 所示。缓冲区由系统自动分配，不由程序员人为指定。

> **注意**
>
> 每个文件在内存中只有一个缓冲区。当向文件输出数据时，它就作为"输出缓冲区"；当从文件输入数据时，它就作为"输入缓冲区"。

> **多学一点**
>
> 在 UNIX 系统下，用缓冲文件系统来处理文本文件，用非缓冲文件系统处理二进制文件。用缓冲文件系统进行的输入/输出又称为高级(或高层)磁盘输入/输出，用非缓冲文件系统进行的输入/输出又称为低级(或低层)输入/输出系统。

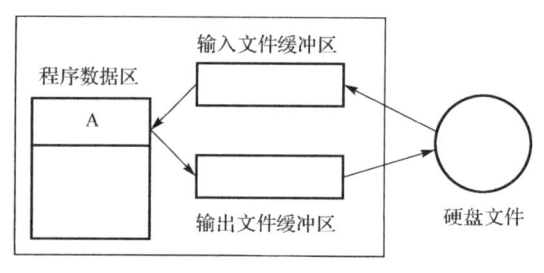

图 8-1 缓冲文件系统

8.3 有开有关：文件的打开与关闭

8.3.1 文件的打开（fopen()函数）

对于一个文件的操作，可以使用经典的三部曲：文件的打开、文件的读写、文件的关闭。我们先看文件的打开。

ANSI C 规定了使用标准输入/输出函数 fopen()实现打开文件的操作，该函数的原型为：

```
FILE * fopen(char * filename, char * mode);
```

其中，FILE 是在 stdio.h 中定义的结构体类型，封装了与文件有关的信息，如文件状态、位置指针、缓冲区情况等。缓冲文件系统会为每个被使用的文件在内存中开辟这样一个信息区，用于存储文件的有关信息，这些消息使用 FILE 结构体类型来存储，一般可定义指向该结构体的文件指针变量 FILE * fp，如图 8-2 所示。

这样，指针 fp 就可以通过该信息区中的信息访问文件了。也就是说，通过文件指针可以访问到与之相关联的文件。

图 8-2 文件指针 fp 指向文件信息区

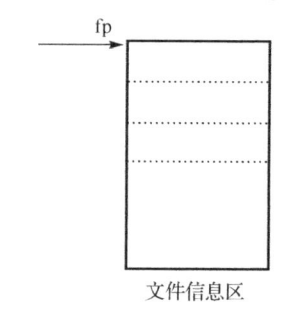

> **注意**
>
> 文件指针不指向外部介质上的数据文件的开头，而是指向内存中的文件信息区的开头。

在 fopen()函数原型中，filename 为文件名，可包含路径和文件名两部分，mode 为指定文件的打开方式。若文件打开成功，则返回文件指针；若打开失败，则返回 NULL。

例如：

```
FILE * fp;
fp=fopen("abc", "r");
```

表示要打开名字为 abc 的文件，使用文件方式为"读入"（r 代表 read，即读入），fopen()函数返回指向 abc 文件的指针并赋给 fp，这样 fp 就和文件 abc 产生了联系。可以看出，在打开一个文件时，通知编译系统以下 3 个信息：

(1) 需要打开的文件名，也就是准备访问的文件名。
(2) 使用文件的方式(是"读"还是"写"等)。
(3) 让哪一个指针变量指向被打开的文件。

其中，使用文件的方式(依系统而定)如表 8-1 所示。

表 8-1 使用文件的方式(依系统而定)

文件使用方式	含义
"r"(只读)	为输入打开一个文本文件
"w"(只写)	为输出打开一个文本文件
"a"(追加)	向文本文件尾添加数据
"rb"(只读)	为输入打开一个二进制文件
"wb"(只写)	为输出打开一个二进制文件
"ab"(追加)	向二进制文件尾添加数据
"r+"(读写)	为读写打开一个文本文件
"w+"(读写)	为读写建立一个新的文本文件
"a+"(读写)	为读写打开一个文本文件
"rb+"(读写)	为读写打开一个二进制文件
"wb+"(读写)	为读写建立一个新的二进制文件
"ab+"(读写)	为读写打开一个二进制文件

有几点值得注意的地方：

(1) 除非有别的文字说明，"输入"又叫"读"，是指从外存(文件)输入到内存；"输出"又叫"写"，是指从内存输出到外存(文件)。

(2) 用"r"方式打开的文件只能用于输入(从文件输入到内存)，而不能用于输出。而且该文件应该已经存在，否则出错。

(3) 用"w"方式打开的文件只能用于输出(从内存输出到文件)，而不能用于输入。如果原来不存在该文件，则在打开时新建立一个以指定的名字命名的文件。如果原来已存在一个以该文件名命名的文件，则在打开时将该文件删去，然后重新建立一个新文件。

(4) 如果希望向文件尾添加新的数据(不希望删除原有数据)，则应该用"a"方式打开。但此时该文件必须已存在，否则将得到出错信息。打开时，位置指针默认移到文件尾。

(5) 如果不能实现"打开"任务，fopen()函数将会带回一个出错信息。出错的原因可能是用"r"方式打开一个并不存在的文件；磁盘出故障；磁盘已满无法建立新文件等。此时，fopen()函数将带回一个空指针值 NULL(NULL 在 stdio.h 文件中已经被定义为 0)。

因此，为了程序的健壮性，常用下面的代码打开一个文件：

```
if((fp=fopen("filename", "r"))==NULL)
{
    printf("cannot open this file.\n");
    exit(0);
}
```

它等价于：
```
fp=fopen("filename", "r");
if(fp==NULL)
{
    printf("cannot open this file.\n");
    exit(0);
}
```
即先检查"打开"的操作是否出错，如果有错就在终端上输出"cannot open the file"。exit()函数的作用是关闭所有文件，终止正在执行的程序，待检查出错误，修改后再运行，该函数被定义在 stdlib.h 头文件中。

(6) 在向计算机输入文本文件时，将回车换行符转换为一个换行符，在输出文本文件时将换行符转换为回车和换行两个字符。在使用二进制文件时，不进行这种转换。

(7) 在程序开始运行时，系统会自动打开 3 个标准流文件：标准输入流、标准输出流、标准出错输出流。通常，这 3 个预定义好的标准的流文件都与终端相联系。因此，以前我们所用到的从终端输入或输出都不需要打开终端文件。系统自动定义了 3 个文件指针(stdin、stdout 和 stderr)，分别指向终端输入流、终端输出流和标准出错输出流(也从终端输出)。例如，程序中指定要从 stdin 所指的文件输入数据，就是指从终端键盘输入数据。

8.3.2　文件的关闭(fclose()函数)

对文件读写之前要"打开"该文件(与缓冲区取得联系)，那么，在使用结束之后应"关闭"该文件(与缓冲区切断联系)。"关闭"就是使文件指针变量不指向该文件，也就是让文件指针变量与文件"脱钩"，此后不能再通过该指针对原来与其相联系的文件进行读写操作，除非再次打开，使该指针变量重新指向该文件。

可以使用 fclose() 函数关闭文件，该函数的原型为：
```
int fclose(FILE * fp)
```
例如：
```
fclose(fp);
```
该语句通过指针 fp 把原先指向的文件关闭，fp 不再指向该文件。

> **注意**
>
> 务必要养成在程序终止之前关闭所有文件的习惯，否则会丢失数据。这是因为在向文件写数据时，是先将数据送到输出文件缓冲区，等缓冲区满后才正式输出给文件。如果数据没有充满缓冲区而程序结束运行，就会使缓冲区中的数据丢失。用 fclose() 函数关闭文件，会先把缓冲区中的数据输出到磁盘文件，然后才释放文件指针变量，这就避免了数据的丢失。

此外，fclose()函数也带回一个值，若顺利地执行了关闭操作，则返回值为 0；否则返回非 0 值(EOF)。因此，可根据函数的返回值判断是否成功关闭。

> **多学一点**
>
> EOF 是英文 "End Of File" 的缩写，被称为文件结束字符，该字符在 stdio.h 中被预定义为-1，表示不能再从流中获取数据。EOF 一般是作为文件尾的标志，当全部字符均被读写完毕，文件读写位置标记会指向最后一个字符的后面，也就是 EOF 的位置，该位置用-1 表示(仅是一种处理方法而已)，但这并不说明文件的最后一个字节存储了整数-1。

8.4 有条不紊：文件的顺序读写

掌握了如何进行文件的打开和关闭后，接下来就是学会如何对文件进行读写操作，ANSI C 提供了丰富的文件读写函数，包括按字符形式的读写、按二进制形式的读写等，这些都属于顺序读写的范畴，也就是先写入的数据存放在文件较为靠前的位置，后写入的数据存放在文件较为靠后的位置，依次按顺序存储和处理，从而使得对文件读写数据的顺序与数据在文件中的物理顺序一致。

下面就常见的几组顺序读写函数加以介绍。

8.4.1 fgetc()函数和 fputc()函数

1. fgetc()函数

该函数用于从指定的文件中读入一个字符的数据，函数原型为：

```
int fgetc(FILE * fp);
```

其中，fp 是由 fopen()函数返回的文件指针，该函数的功能是从 fp 所指的文件中读取一个字符，并将位置指针指向下一个字符。若正常读取，则返回读到的字符；若读到文件尾或出错，则返回 EOF。

2. fputc()函数

该函数用于将一个字符的数据写入磁盘文件中，函数原型为：

```
int fputc(int c,FILE * fp);
```

其中，fp 是由 fopen()函数返回的文件指针，c 是要输出的字符，该函数的功能是将字符 c 写入到文件指针 fp 所指的文件中。若写入成功，则返回 c；若失败，则返回 EOF。

【**案例 8.3**】 从键盘输入一些字符，逐个把它们送入磁盘文件 out.dat 中，直到输入一个 "#" 为止。

```
#include <stdio.h>
#include <stdlib.h>
int main()
{
    FILE * fp;
```

```c
    char ch;
    if((fp=fopen("out.txt", "w"))==NULL)
    {
      printf("cannot open file\n");
      exit(0);
    }
    ch=getchar();
    while(ch!='#')
    {
      fputc(ch,fp);
      ch=getchar();
    }
    fclose(fp);
    return 0;
}
```

运行的时候输入"Hello world!#",如图 8-3 所示。

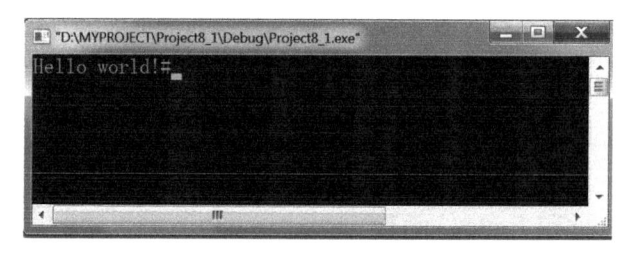

图 8-3 【案例 8.3】运行结果(1)

回车后,可以看到文件 out.txt 中存储了同样的内容,如图 8-4 所示,表明程序正常运行。

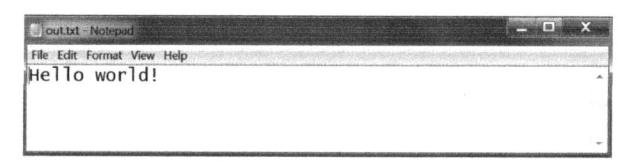

图 8-4 【案例 8.3】运行结果(2)

注意

用 getchar()函数输入字符时,是先将所有字符送入缓冲区,待输入回车换行符后才从缓冲区中逐一读出并赋值给 ch。

【多学一点】

其实,函数 putchar()、getchar()是在 stdio.h 中用预处理命令定义的宏:

```c
#define putchar(c) fputc(c,stdout)
#define getchar() fgetc(stdin)
```

其中,stdout 与 stdin 都是系统定义的文件指针变量,它们与终端相联。

【案例 8.4】 统计给定的某个文件中数字字符的个数。

在实际开发中，经常会遇到统计文件内容的需求，如单词数目、数字数目、标点符号数目等。在 C 语言中，可以通过遍历文件中的每个字符，并判断字符类型来完成统计功能。

```c
#include <stdio.h>
#include <stdlib.h>
int main()
{
    char filename[255];         /*定义字符数组用于存放输入的文件路径名*/
    FILE * fp;                  /*定义一个文件指针 fp*/
    char ch;
    long digits=0;   /*定义一个长整型变量用于记录统计的数字个数，要记得赋初值*/
    printf("请输入待统计文件的路径:");
    scanf("%s",filename);
    if((fp=fopen(filename, "r"))==NULL)
    {
        printf("打开文件时发生错误");
        return -1;
    }
    ch=fgetc(fp);               /*获取文件中的一个字符*/
    while(ch!=EOF)              /*若文件未读取完毕，则继续执行*/
    {
        if(ch>='0'&&ch<='9')    /*若读到的是数字字符，则 digits 加 1*/
            ++digits;
        ch=fgetc(fp);
    }
    printf("统计结束。\n");
    printf("文件中有%ld 个数字。\n",digits);
    return 0;
}
```

运行程序后，结果如图 8-5 所示。

不妨打开 c:\work\football.txt 文件，可以看到源文件如图 8-6 所示，统计正确。

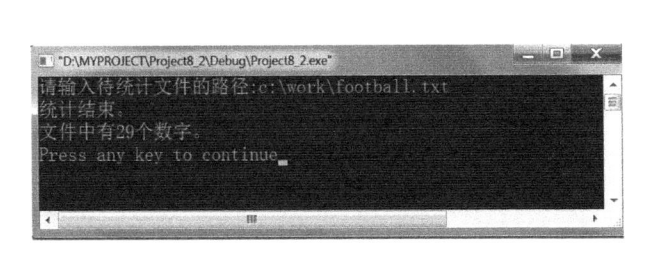

图 8-5　【案例 8.4】运行结果　　　　图 8-6　football.txt 文件

【试一试】

如果要统计一个文本文件的中英文字符数和其他字符数，如何对该程序进行修改？

8.4.2 fgets()函数和fputs()函数

fgetc()和fputc()函数只能用于单个字符的读写，当处理文件的数据量较大时，这种做法无疑是效率低下的。为了提高效率，在C语言中还提供了fgets()和fputs()函数，用来实现按行或按固定长度对文件进行读写，或读写指定长度的字符串。

fgets()函数的原型为：

```
char * fgets(char * ch, int n, FILE * fp);
```

其中，参数ch指向用于存储文件数据的数组的首地址，并返回该地址；n是存储数据的大小；fp是将要读取的文件的文件指针。若遇文件结束或出错，则返回NULL。

该函数用于将fp所指向文件中的字符串读入ch所指向的内存，从fp指向的文件读取一个长度为n-1的字符串，然后在最后加上"\0"存放到字符数组ch中。若在读完n-1个字符之前遇到文件结束符EOF或者"\n"，则输入结束。

fputs()函数的原型为：

```
int fputs(char * ch, FILE * fp);
```

其中，参数ch表示指向待写入的字符串的字符指针；fp表示文件指针，该指针指向需要写入字符串的文件；返回值为整型。

该函数用于将指针ch所指向的字符串写入fp指向的文件中，直至碰到"\0"字符结束，但是"\0"不会写入文件。如果发生错误，函数返回EOF，正常就返回非负数。

> **注意**
>
> fgets()和fputs()函数的功能类似于gets()和puts()函数的功能，只是gets()和puts()函数以终端作为读写对象，而fgets()和fputs()函数以指定的文件作为读写对象。
> 与gets()函数不同，fgets()函数从指定的流中读取字符串，读到换行符时也将其作为字符串的一部分读到字符串中。与puts()函数不同的是，fputs()函数不会在写入文件的字符串尾加上换行符。

【案例8.5】 改写【案例8.4】，读出其中的第一行。

```c
#include<stdio.h>
#include<stdlib.h>
int main()
{
    FILE * fin,* fout;
    char ch[1024];
    if((fin=fopen("c:\\work\\football.txt","r"))==NULL)
    {
        printf("cann't open file football.txt");
        exit(0);
    }
    if((fout=fopen("write.txt","w"))==NULL
```

```
        {
            printf("cann't open file write.txt");
            exit(0);
        }
        fgets(ch,1024,fin);
        printf("读取文件完成!\n");
        fputs(ch,fout);
        printf("写入文件完成!\n");
        fclose(fin);
        fclose(fout);
        return 0;
    }
```

运行结果如图 8-7 所示，操作成功了。

图 8-7 【案例 8.5】运行结果(1)

由于在源文件 c:\work\football.txt 的第一行后有一个回车换行符，因此此处就只读取第一行的这个字符串，并将其写入 write.txt 文件中，如图 8-8 所示。

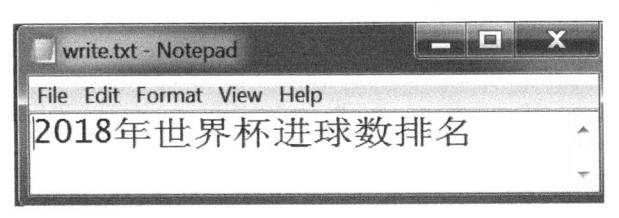

图 8-8 【案例 8.5】运行结果(2)

8.4.3 fread()函数和 fwrite()函数

在实际程序设计中，除对字符与字符串的读写外，很多时候需要一次读写一组数据，如数组、结构体变量的值等，此时使用前面的那些函数都无能为力，需要引入数据块的读写函数 fread()与 fwrite()。这两个函数用来读写二进制文件，二进制文件中的数据流是二进制流。在向磁盘文件执行写操作时，是直接将内存中的一组数据原样地、不加任何转换地复制到磁盘文件中；在从磁盘文件执行读操作时，是将磁盘文件中若干字节的内容一批地读入内存。

fread()函数的原型是：

```
    int fread(void * buffer,int size,int count,FILE * fp)
```

fwrite()函数的原型是：

```
int fwrite(void * buffer,int size,int count,FILE * fp)
```

其中，参数 buffer 是指向要输入/输出数据块的首地址的指针；size 是每个要读/写的数据块的大小（字节数），count 是最多允许读/写的数据块的个数；fp 是要读/写的文件指针。这两个函数若执行成功，则返回实际读/写的数据块个数 count 的值；若出错或已到文件尾，则返回 0。

fread()函数用于从 fp 所指的文件中读取数据块并存储到 buffer 所指向的内存中，fwrite()函数用于将 buffer 指向的内存中的数据块写入到 fp 所指的文件中。

数据块读写函数的引入使得我们不再局限于只读取一个字符、一个单词或者一行字符串，而可以很轻松地进行整个文件的读取，可以人为指定读写大小，最小为 1 字节，最大可以是整个文件。

【案例 8.6】 从键盘输入 4 个学生数据，转存到磁盘文件中，并打印在屏幕上。

```
#include <stdio.h>
#include <stdlib.h>
#define SIZE 4
struct student_type
{
    char name[10];
    int num;
    int age;
    char addr[15];
}stud[SIZE];            /*定义结构体数组，用于存储学生数据*/
void save()             /*用于向磁盘输出 SIZE 个学生数据*/
{
    FILE * fp;
    int i;
    if((fp=fopen("stu_dat","wb"))==NULL)        /*打开输出文件 stu_dat
    {
        printf("cannot open file\n");
        exit(0);
    }
    for(i=0;i<SIZE;i++)
        if(fwrite(&stud[i],sizeof(struct student_type),1,fp)!=1)
            printf("file write error\n");
    fclose(fp);
}
void display()          /*用于在屏幕上打印 SIZE 个学生数据*/
{
    FILE * fp;
    int i;
    if((fp=fopen("stu_dat","rb"))==NULL)
    {
        printf("cannot open file\n");
        exit(0);
```

```
        }
        for(i=0;i<SIZE;i++)
        {
            fread(&stud[i],sizeof(struct student_type),1,fp);
            printf("%-10s %4d %4d %-15s\n",
                stud[i].name,stud[i].num,stud[i].age,stud[i].addr);
        }
        fclose(fp);
    }
    int main()
    {
        int i;
        for(i=0;i<SIZE;i++)
            scanf("%s%d%d%s",stud[i].name,&stud[i].num,
                &stud[i].age,stud[i].addr);
                            /*输入SIZE个学生数据，存放在数组stud中*/
        save();
        display();
        return 0;
    }
```

运行结果如图8-9所示。

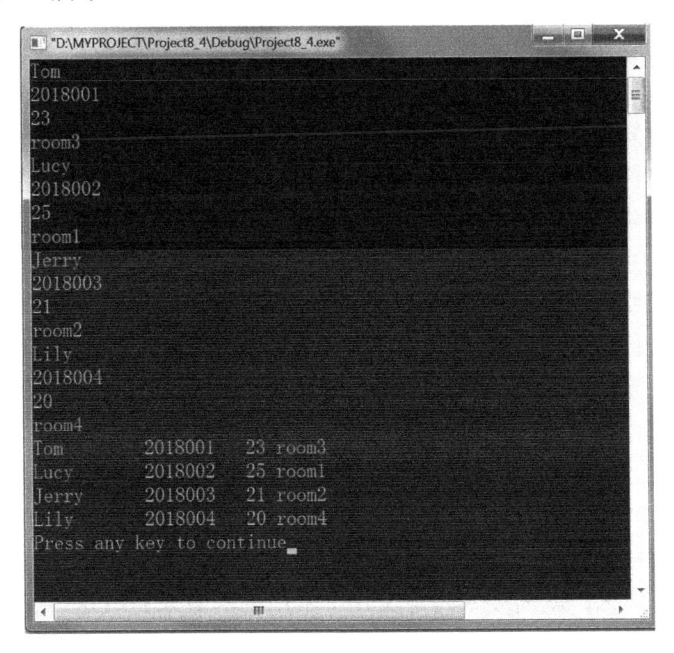

图8-9 【案例8.6】运行结果

可以看到，把 stu_dat 文件用记事本打开后，看到的是字符乱码，这是由于这种二进制文件形式的学生信息被表现为字符形式的效果，不如之前生成的文本文件那样直观。但是，这并不妨碍程序对学生信息的保存，从 printf() 函数的显示结果可以看到，程序员完全可以从该二进制文件中把数据全部取出并正确使用。

【多学一点】

我们都熟悉使用 scanf() 函数和 printf() 函数向终端进行格式化的输入和输出，其实如果将终端改为磁盘文件，要想完成向文件进行格式化的输入和输出，就需要使用 fscanf() 函数和 fprintf() 函数，它们也属于格式化读写函数。fscanf() 函数用于按指定格式从文件读数据，fprintf() 函数用于按指定格式向文件写数据。

一般调用方式为：

```
fscanf(文件指针，格式字符串，输入表列);
fprintf(文件指针，格式字符串，输出表列);
```

这一格式与 scanf() 和 printf() 函数非常相似。例如，fprintf(fp,"%d,%6.2f",i,t); 就是将变量 i 和 t 的值按%d,%6.2f 的格式输出到 fp 所指向的文件。再如，若 fp 所指向的文件中存有 3 和 4.5 这两个数,那么语句 fscanf(fp,"%d,%f",&i,&t);就是将 3 送入变量 i, 4.5 送入变量 t。

8.5 随时来访：文件的随机读写

不妨来看这样几个场景：张三同学特别喜欢周杰伦的歌，他想截取其中的一小段作为自己的手机铃声；一份城市信息文件中存放了几百万人的住房资料，突然想查询其中某个人的房屋信息……这些应用是很经常发生的，但遗憾的是，如果采用之前学过的顺序读写方式，等待的时间是可想而知的。在顺序访问下，所有的数据是一项接着一项进行读写的，必须先读完前一个数据项才能开启后一个数据项的读取，读写时，文件指针严格按字节位置顺序移动，因此可以访问记录长度不确定的文件。但是，如果是针对随机读取性强且记录长度较为确定的文件，如银行系统、航空售票系统、销售点系统，以及其他需快速访问特定数据的事务处理系统等，就需要引入另一种访问方式——随机访问。

随机访问是指文件指针按需要移动到任意位置进行读写，很显然，这种访问方式要求文件中单个记录的长度是固定的，可以通过计算获取到某个记录相对于文件开头的位置，无须通过其他记录就可以直接查找到特定记录。

为了实现准确的定位，在每个打开的文件中都有一个文件位置指针（或称为文件位置标记），用来指向当前读写文件的位置，它保存了文件中的位置信息。当顺序读写时，每读完一个字节，该指针自行移动到下一个字节的位置；而在随机读写时，则需强制地将文件位置指针移动到特定位置。那么，就需要专门定义几个常用的函数来完成这一工作。

1. rewind() 函数

该函数的作用是使文件位置指针重新返回文件的开头，其原型是：

```
void rewind(FILE * fp)
```

其中，fp 为文件指针。

【案例 8.7】 有一个文本文件 file1.c，把它的内容显示在屏幕上，然后把它复制并另存为另一个文件 file2.c。

```
#include <stdio.h>
int main()
{
    FILE * fp1, * fp2;
    fp1=fopen("file1.c", "r");
    fp2=fopen("file2.c", "w");
    while(!feof(fp1))
        putchar(fgetc(fp1));
    rewind(fp1);
    while(!feof(fp1))
        fputc(fgetc(fp1), fp2);
    fclose(fp1);
    fclose(fp2);
    return 0;
}
```

在第一次将文件的内容显示在屏幕后，文件 file1.c 的位置指针已指到文件尾，feof() 函数的值为非 0(真)。而后执行 rewind() 函数，使文件的位置指针重新定位于文件开头，继续执行将该文件复制并另存为另一个文件 file2.c 中的任务。当然，关闭文件后再打开文件也可以使得文件指针重新定位于文件开头，但显然不如利用 rewind() 函数更方便。

该程序的编译运行由读者自行完成。

> **多学一点**
>
> feof() 是 C 语言标准库函数，其原型在 stdio.h 中，其功能是检测文件尾标志是否已被读取过。如果文件尾标志已被读取，则表示文件已结束，函数返回 1(真)，否则返回的函数值为 0(假)。请注意：不要把 feof() 函数的返回值与代表文件尾标志的 EOF 混淆，前者是函数值(1 或者 0)，后者是假设值-1。

2. fseek() 函数

fseek() 函数可以控制文件的位置指针按需要移动到任意位置，利用它可以很好地做到对文件的随机读写。该函数原型为：

```
int fseek(FILE * fp,long offset,int whence)
```

其中，fp 为文件指针，whence 代表偏移的"起始点"，其值一般有以下三个。

(1) SEEK_SET：对应的数字值为 0，表示从文件开头进行偏移。
(2) SEEK_CUR：对应的数字值为 1，相对于在当前位置进行偏移。
(3) SEEK_END：对应的数字值为 2，相对于在文件尾进行偏移。

offset 是位移量，是指以"起始点"为基准点，文件位置指针移动的字节数。当 offset 为正数时，代表指针向后移动；当 offset 为负数时，代表指针向前移动。为了确保移动的安全，offset 一般是长整型数据。

> **多学一点**
>
> fseek()函数一般用于二进制文件，因为文本文件要发生字符转换，计算位置时往往会发生混乱。

【案例 8.8】 在磁盘上的二进制文件 student.dat 中保存 10 个学生的信息(姓名、学号、年龄、性别)。然后，将第 1、3、5、7、9 个学生的数据输入计算机，并在屏幕上显示出来。

```c
#include <stdio.h>
#include <stdlib.h>
struct student
{
    char name[10];
    int num;
    int age;
    char sex;
}stud[10]={
    {"Tom", 1, 23, 'm'},
    {"Lucy", 2, 25, 'm'},
    {"Jerry", 3, 21, 'm'},
    {"Lily", 4, 20,'w'},
    {"Jim", 5, 18, 'm'},
    {"Polly", 6, 18, 'w'},
    {"Amy", 7, 25, 'w'},
    {"Fashier", 8, 26, 'w'},
    {"Coco", 9, 24, 'w'},
    {"Bob", 10, 19, 'm'}
};
int main()
{
    FILE * fp;
    int i;
    if((fp= fopen("student.dat", "wb"))== NULL)
    {
        printf("Can not open file.");
        exit(0);
    }
    for(i=0; i<10; i++)
    {
        fwrite(&stud[i], sizeof(struct student), 1, fp);
    }
    for(i=0; i<10; i+=2)
    {
        fseek(fp, i*sizeof(struct student), 0);
        fread(&stud[i], sizeof(struct student), 1, fp);
        printf("姓名:%-6s  学号:%d  年龄:%d  性别:%c\n", stud[i].name,
```

```
                    stud[i].num, stud[i].age, stud[i].sex);
        }
        fclose(fp);
        return 0;
}
```

运行结果如图 8-10 所示。

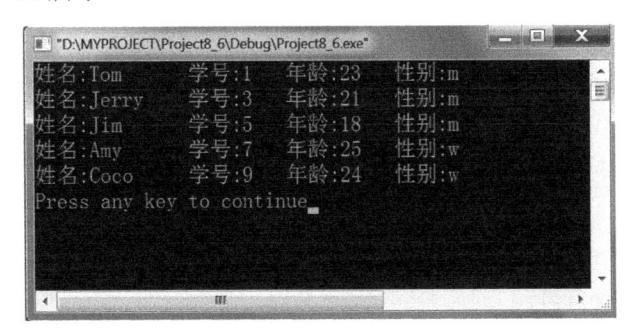

图 8-10 【案例 8.8】运行结果

在本程序中，先采用顺序访问的方式，利用 fwrite() 函数将 10 位学生的信息顺序写入二进制文件 student.dat 中，而后采用随机访问的方式，利用 fseek() 函数指定读写位置，输出第 1、3、5、7、9 个学生的数据。在 fseek() 函数调用中，起始点为 0，即以文件开头作为参照点，位移量为 i*sizeof(struct student)，sizeof(struct student) 是结构体 struct student 类型变量的字节数。当 for 循环的 i 为 0 时，利用 fread() 函数读入长度为 sizeof(struct student) 的数据，即第 1 个学生的信息，将其存放在结构体数组元素 stu[0] 中，然后在屏幕上输出该学生的信息。在第 2 次循环时，i 的值为 2，文件位置指针的移动量是 sizeof(struct student) 的 2 倍，即正好跳过了一个结构体变量，也就是跳过了 1 个学生，移动第 3 个学生数据区的开头，而后再次利用 fread() 函数读入第 3 个学生的信息，存放在结构体数组元素 stu[2] 中，并输出到屏幕。不断进行下去，直至完成程序的功能。

3. ftell() 函数

该函数的作用是返回文件位置指针的当前位置，用相对于文件开头的位移量来表示。该函数原型为：

```
long ftell(FILE * fp)
```

由于文件中的位置指针经常移动，人们往往不容易知道其当前位置。用 ftell() 函数可以得到当前位置，便于程序员及时知晓并决定下一步的操作。若 ftell() 函数执行成功，则返回位置指针的当前位置；若失败，则返回 -1L。例如：

```
i=ftell(fp);
if(i==-1L)  printf("Error\n");
```

变量 i 存放当前位置，如调用函数时出错，则输出"Error"。

【案例 8.9】 计算二进制文件的长度。

```
#include <stdio.h>
```

```c
int main()
{
    FILE * fp;
    char filename[80];
    long length;
    gets(filename);              /*输入文件名*/
    fp=fopen(filename,"rb");
    if(fp==NULL)
        printf("file not found!\n");
    else
    {
        fseek(fp,0L,SEEK_END);   /*定位到文件尾*/
        length=ftell(fp);
        printf("Length of File is %1d bytes\n",length);
        fclose(fp);
        return 0;
    }
}
```

下面通过一个较为综合的例子——简单的个人小金库管理系统来理解随机文件的应用。

【案例 8.10】 简单的个人小金库管理系统。

每个人都可以建立自己的小金库，在里面存放自己的资金。购物时会花费资金，这是支出；获得奖学金、爸妈寄的生活费或打工赚的工钱等，这是收入。小金库的资金会不断地变化，可以开发管理系统对小金库进行管理。

收支信息可统一存储在一个文件中，不妨命名为 cashbox.dat，它是一个随机文件，记录了小金库的流水账信息。根据一般的小金库管理功能，该文件可包含的数据项有：记录 ID、发生日期、发生事件、发生金额(正的表示收入，负的表示支出)、余额等。cashbox.dat 文件的部分内容如下：

LogID	CreateDate	Note	Charge	Balance
1	2018-06-01	alimony	500.00	500.00
2	2018-06-08	shopping	−300.00	200.00
3	2018-06-15	shopping	−60.00	140.00
4	2018-06-20	workingpay	200.00	340.00
5	2018-08-01	scholarship	1000.00	1340.00
...				

每记录一次收支，cashbox 文件就要增加一条记录，并计算一次余额。因此，该管理系统程序可以完成：创建 cashbox 文件、添加新收入或支出信息、查询最后一次的收支信息、列出小金库的收支流水账(列出收入、支出和余额信息)等功能。

在程序开始时，需要包含两个头文件(stdio.h 与 stdlib.h)，并定义全局变量 size 存放当前最近一次的流水号：

```c
#include <stdio.h>
```

```
#include <stdlib.h>
long size;                    /*当前最近一次的流水号*/
```

根据需求，小金库数据记录包含了记录 ID、记录发生日期、记录事件说明、发生费用、余额等信息，这些信息很显然是不同类型的数据集合，可定义成结构体 struct LogData：

```
struct LogData                /*记录的结构*/
{
    long logid;               /*记录 ID*/
    char logdate[11];         /*记录发生日期*/
    char lognote[15];         /*记录事件说明*/
    double charge;            /*发生费用：负-表示支出，正-表示收入*/
    double balance;           /*余额*/
};
```

接下来，既然需要文件 cashbox.txt 来存储数据记录，就需要以读写方式建立该二进制文件。利用 fopen()函数，定义文件指针 fp 管理该文件。而后，打印一个目录清单，用户可以根据需要不断地输入相应的数字，完成特定的功能。定义 inputchoice()函数接收用户的选择，可以是 1、2 或者 3，根据用户的相应选择，分别利用 AddNewLog()函数进行记录的追加、ListAllLog()函数进行收支记录的全部展示、QueryLastLog()函数查询最后的收支记录并查看余额，若用户输入其他字符，则输出"输入错误"。若用户输入为 0，则停止该程序，并关闭 fp 所指向的 cashbox 文件。这部分的代码如下：

```
int main()
{
    FILE * fp; int choice;
    if((fp=fopen("cashbox.txt", "ab+")) == NULL)
    {
        printf("Cannot open file cashbox.txt!\n");
        exit(0);
    }
    size=sizeof(struct LogData);
    while((choice=inputchoice())!=0)
    {
        switch(choice)
        {
            case 1:
                AddNewLog(fp); break;      /*添加新记录*/
            case 2:
                ListAllLog(fp); break;     /*列出所有的收入支出情况*/
            case 3:
                QueryLastLog(fp); break;   /*查询最后的余额*/
            default:
                printf("Input Error.");break;
        }
    }
    fclose(fp);
    return 0;
}
```

下面的任务就是逐一地对 inputchoice()、AddNewLog()、ListAllLog()、QueryLastLog() 等函数进行精化。首先是 inputchoice() 函数，接收用户的输入值并利用变量 mychoice 返回该输入值。代码如下：

```c
int inputchoice()        /*选择操作参数*/
{
    int mychoice;
    printf("\nEnter your choice:\n");
    printf("1 - Add a new cash LOG.\n2 - List All Cash LOG.\n");
    printf("3 - Query Last Cash LOG.\n0 - End program.\n ");
    scanf("%d", &mychoice);
    getchar();
    return mychoice;
}
```

第二个需要求精的函数是 ListAllLog()，形参为文件指针 cfptr，该函数的功能是列出小金库中所有的已有记录。假设小金库中已存在了一些记录，如果要列出所有的，很显然文件位置指针刚开始要放在文件头的位置，使用 fseek() 函数定位到文件的开始位置，并利用 fread() 函数，将 cfptr 所指向的记录数据读入结构体变量 log，并逐一打印该记录的 ID、发生日期、事件说明、发生费用、余额等信息。采用 while 循环，只要未读完，就不断地进行该项工作直至文件尾。代码如下：

```c
void ListAllLog(FILE * cfptr)              /*列出所有收支流水账*/
{
    struct LogData log; long logcount;
    fseek(cfptr, 0L, SEEK_SET);          /*定位指针到文件的开始位置*/
    fread(&log, size, 1, cfptr);
    printf("logid logdate   lognote           charge    balance\n");
    while(!feof(cfptr))
    {
        printf("%6ld %-11s %-15s %10.2lf %10.2lf\n",
            log.logid,log.logdate,log.lognote,log.charge,log.balance);
        fread(&log, size, 1, cfptr);
    }
}
```

第三个需要求精的函数是 QueryLastLog()，它的功能是查询显示最后一条记录。要显示最后一条记录，必须要求出记录数是多少，所以还需要加上一个 getLogcount() 函数，用于获取并返回文件记录的总数。利用 fseek() 定位函数，用 begin 存储文件头，end 存储追加后的文件尾，那么现有的记录数 logcount 就可以表示为 (end-begin)/size-1。代码如下：

```c
long getLogcount(FILE * cfptr)              /*获取文件记录总数*/
{
    long begin, end, logcount;
    fseek(cfptr, 0L, SEEK_SET);
    begin=ftell(cfptr);
    fseek(cfptr, size, SEEK_END);
```

```
            end=ftell(cfptr);
            logcount=(end-begin)/size-1;
            return logcount;
        }
```

有了 logcount 的返回，就可以书写 QueryLastLog()函数的具体实现。若 logcount 大于 0，表示尚有记录存在，则可以打印最后一条记录。首先利用 fseek()函数定位出最后记录的位置，这一位置如果以文件头作为基准点，那么需要的位移量是 size*(logcount-1)。接着，利用 fread()函数将最后一条记录数据读入 log 并输出。若小金库内无记录，则打印"文件中无记录"。代码如下：

```
        void QueryLastLog(FILE * cfptr)       /*查询显示最后一条记录*/
        {
            struct LogData log; long logcount;
            logcount=getLogcount(cfptr);
            if(logcount>0)                    /*表示有记录存在*/
            {
                fseek(cfptr, size*(logcount-1), SEEK_SET);   /*定位最后记录*/
                fread(&log, size, 1, cfptr);                 /*读取最后记录*/
                printf("The last log is:\n");
                printf("logid:%-6ld\nlogdate:%-11s\nlognote:%-15s\n",
                       log.logid, log.logdate, log.lognote);
                printf("charge:%-10.2lf\nbalance:%-10.2lf\n", log.charge, log.balance);
                                                             /*显示最后记录内容*/
            }
            else
                printf("no logs in file!\n");
        }
```

最后一个需要求精的函数是 AddNewLog()，它的功能是追加一条完整的新记录。首先是需要将最后一条记录信息全部输入结构体变量 log 中，其中，发生日期 logdate 与事件说明 lognote 属于字符串，使用 gets()函数进行输入。发生费用 charge 是 double 型数据，可以使用 scanf()函数进行输入。记录号 logID 和余额 balance 这两部分是自动计算完成的，不能直接输入。由于是追加，因此同样要获取记录数 logcount，当它大于 0 时，执行追加操作：将文件位置指针利用 fseek()函数指向当前的文件尾，读入已有的最后记录进入 lastlog 变量，此时尚未追加。然后，将 log 记录号增 1，并将 log.balance 赋值为原有记录 lastlog 下的 balance 加上 log.charge，完成了新记录余额 balance 的计算。若 logcount 为 0，说明原有的小金库为空，那么这次追加的记录就是第一条记录，直接将其 ID 号赋值为 1，将其余额 balance 赋值为发生费用 charge 即可。

所有操作执行完毕，利用函数 rewind()让指针 cfptr 归位到文件头，并打印出本次追加后的新 ID 号，这样用户就能很清晰地知晓每次追加的是第几条记录了。最后，将这一追加的新记录写入文件指针 cfptr 所指向的文件 cashbox.txt 中，完成追加操作。代码如下：

```
        void AddNewLog(FILE * cfptr)     /*添加新记录*/
        {
```

```c
    struct LogData log, lastlog;
    long logcount;
    printf("Input logdate(format:2006-01-01):");
    gets(log.logdate);
    printf("Input lognote:");
    gets(log.lognote);
    printf("Input Charge:Income+ and expend-:");
    scanf("%lf", &log.charge);
    logcount=getLogcount(cfptr);              /*获取记录数*/
    if(logcount>0)
    {
        fseek(cfptr, size*(logcount-1), SEEK_SET);
        fread(&lastlog, size, 1, cfptr);      /*读入最后记录*/
        log.logid=lastlog.logid+1;            /*记录号按顺序是上次的号+1*/
        log.balance=log.charge+lastlog.balance;
    }
    else                                      /*若文件是初始的，则记录数为0*/
    {
        log.logid=1;
        log.balance=log.charge;
    }
    rewind(cfptr);
    printf("logid= %ld\n", log.logid);
    fwrite(&log, sizeof(struct LogData), 1, cfptr);   /*写入记录*/
}
```

将上述代码装配成一个完整的程序后编译运行，不难看到运行结果：首先是提示信息，如图 8-11 所示。

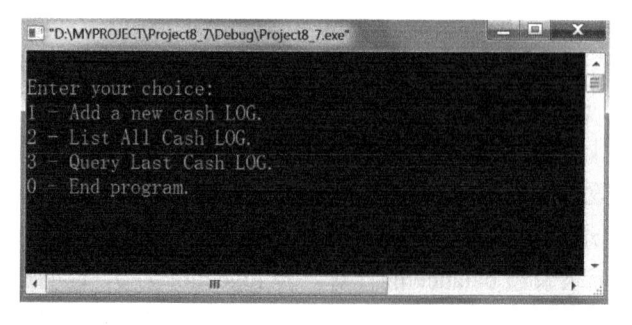

图 8-11 【案例 8.10】运行结果(1)

当选择 1 时，就可以进行数据记录的追加，不妨追加 2018 年的三条记录，首先是生活费 500 元，然后是两次购物，分别是 300 元与 60 元，logid 号也都是自动增加的。只要没有选择 0，该系统就不会停止，如图 8-12 所示。

接着选择 2，会列出并自动计算相应的余额。如果选择 3，则会显示最后一条记录的基本情况。如果想退出，就选择 0 结束该程序，如图 8-13 所示。

图 8-12 【案例 8.10】运行结果(2)　　　　图 8-13 【案例 8.10】运行结果(3)

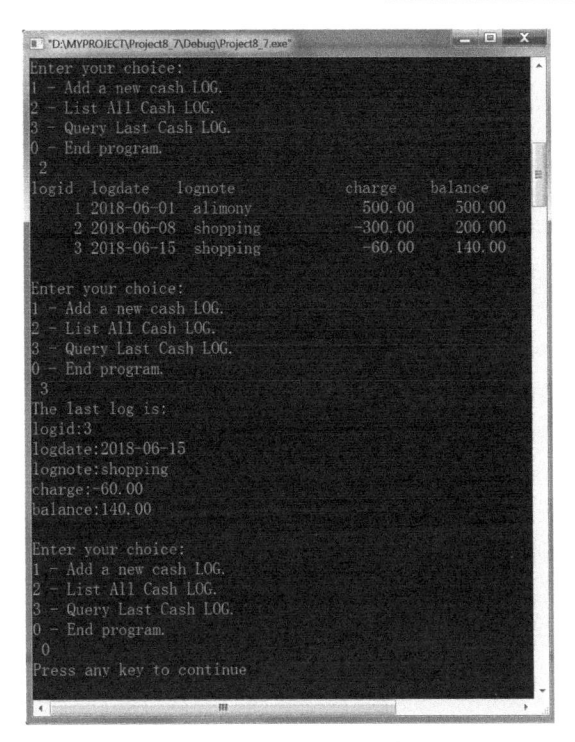

8.6 实时诊断：文件的状态

C 标准提供一些函数用来检查文件读写中的状态，常用来检测输入/输出函数调用中的错误。

1. ferror()函数

在调用各种输入/输出函数(如 fputc()、fgetc()、fread()、fwrite()等)时，如果出现错误，除函数返回值有所反映外，还可以用 ferror()函数检查。它的一般调用形式为：

```
ferror(fp);
```

如果 ferror()函数返回值为 0(假)，则表示未出错；如果返回一个非 0 值，则表示出错。

应该注意，对同一个文件每一次调用输入/输出函数，均产生一个新的 ferror()函数值，因此，应当在调用一个输入/输出函数后立即检查 ferror()函数值，否则信息会丢失。

在执行 fopen()函数时，ferror()函数的初始值自动置为 0。

2. clearerr()函数

clearerr()函数的作用是，使文件错误标志和文件结束标志置为 0。假设在调用一个输入/输出函数时出现错误，ferror()函数值为一个非 0 值。在调用 clearerr(fp)函数后，ferror(fp)函数的值变成 0。

只要出现文件读写出错标志，它就一直保留，直到对同一文件调用 clearerr()函数或

rewind()函数，或任何其他一个输入/输出函数。

【案例 8.11】 ferror()与 clearerr()函数的举例。

```
#include <stdio.h>
int main()
{
    FILE * stream;
    stream=fopen("DUMMY.FIL", "w");
    fgetc(stream);
    if (ferror(stream))
    {
        printf("Error reading from DUMMY.FIL\n");
        clearerr(stream);
    }
    if(!ferror(stream))
        printf("Error indicator cleared!");
    fclose(stream);
    return 0;
}
```

8.7 本章小结

这一章的内容较为重要，可以说任何可供实际使用的 C 程序基本上都包含了文件处理。在 C 语言中，没有专门的输入/输出语句，对文件的读写都是用库函数来实现的。ANSI 规定了标准输入/输出函数，用它们对文件进行读写。表 8-2 对一些常用的缓冲文件系统函数进行了概括性小结，更详细的函数介绍可参看本书"附录 D"。

表 8-2 常用的缓冲文件系统函数

分类	函数名	功能
打开文件	fopen()	打开文件
关闭文件	fclose()	关闭文件
文件定位	fseek()	改变文件位置指针的位置
	rewind()	使文件位置指针重新置于文件开头
	ftell()	返回文件位置指针的当前值
文件读写	fgetc()	从指定文件取得一个字符
	fputc()	把字符输出到指定文件
	fgets()	从指定文件读取字符串
	fputs()	把字符串输出到指定文件
	fread()	从指定文件中读取数据项
	fwrite()	把数据项写到指定文件中
	fscanf()	从指定文件按格式输入数据
	fprintf()	按指定格式将数据写到指定文件中
文件状态	feof()	若到文件结尾，则函数值为非 0(真)
	ferror()	若对文件操作出错，则函数值为非 0(真)
	clearerr()	使 ferror 和 feof()函数值置零

8.8 本章常见的编程错误

1. 打开文件时，没有检查文件打开是否成功。
2. 打开文件时，文件名的路径少写了一个反斜杠，如 fp=fopen("d:\cashbox.txt", "a+");。
3. 读文件时使用的文件打开方式与写文件时不一致。
4. 从文件读数据的方式与向文件写数据的方式不一致。
5. 在随机读写文件时，不关注文件位置指针的当前位置导致错误。

8.9 本章习题

1. 将实数写入文件：从键盘输入若干实数(以特殊数值-1结束)，分别写到一个文本文件中。
2. 大小写转换：从键盘输入一个字符串，将其中的小写字母全部转换成大写字母，并输出到另一个磁盘文件 test 中保存，输入的字符串以"#"结束。
3. 比较两个文本文件是否相等：比较两个文本文件的内容是否完全一样，并输出两个文件中第一次出现不同字符内容的行号和列号。
4. 将文件中的数据求和并写入文本文件尾：文件 Int_Data.dat 中存放了若干个整数，将文件中的所有数据相加，并将累加和写入文件的最后。
5. 输出含 for 的行：将文本文件 test.txt 中所有包含有字符串"for"的行输出。
6. 删除文件中的注释：将某个 C 程序 Hello.c 文件中的所有注释去掉后存入另一个文件(new_Hello.c)中。
7. 编制磁盘文件加密程序：对磁盘文件加密的思路是，根据某种指定的规则，对每个字符进行转换。程序运行后，要求对文件字符按规律修改，实现文件加密。
8. 设计账户余额管理程序：创建一个随机文件，用于存储银行账户和余额信息，要求能够查询某个账户的余额，当用户发生交易(正表示存入，负表示取出)时能够更新余额。账户信息包括账号、账户名和余额三个数据项。文件部分内容如下：

```
AccNo       AcctName      Balance
1           Tom           1000.00
2           Jerry         1300.00
3           Polly         -100.00
...
```

第9章 综合应用实例——课程表管理系统

通过前面内容的介绍，读者必定能感受到：C 语言是一门功能强大的程序设计语言，它具有简单、易学、结构简洁、使用灵活、可读性强、编译效率高、数据类型丰富和控制能力强等众多优点。为了进一步帮助读者领会 C 语言的使用技巧，体验结构化程序设计方法，本章展示了一个完整的应用实例——课程表管理系统，用于指导读者更好地使用 C 语言完成软件系统的设计与开发。

9.1 项目背景

随着科技的发展和社会的进步，许多原本由人工处理的事务开始交付计算机来完成。课程表管理系统是学生和教师的一个得力助手，它利用计算机对课程表进行统一管理，实现了课程表管理流程的系统化、规范化和自动化，提高了学生和教师的学习、工作的效率。因此，课程表管理系统在日常学习、工作生活中起着重要的作用。

9.2 设计目的

本章旨在训练读者的综合编程能力，了解信息管理系统的开发流程，熟悉 C 语言的指针和数组等基本操作。本程序主要涉及了 C 语言的顺序结构、选择结构、循环结构、一维数组、字符串、结构体、函数、指针、文件等方面的知识。

通过本章的学习，期望读者能够对 C 语言的基础编程知识有更加深刻的理解，为开发出高质量的信息管理系统打下坚实的基础。

9.3 系统分析与功能描述

在课程表管理系统中，每节课程信息都用一条课程记录表示，记录包括课程内容和上课时间、地点等相关信息，因此定义了结构体 table 来表示课程表的记录。为了提高系统的可扩展性和适用性，选用指针类型数组作为课程记录的基本存储结构，结构体 table 作为指针指向的数据域。这样，整个系统功能就演变为对数组元素的增、删、改、查和排序等操作。为了能够将课程表管理系统的信息独立于程序永久地保存起来，还需要利用 C 语言提供的文件类型将信息存储成磁盘文件。

课程表管理系统主要利用指针类型数组来实现，它由以下五大功能模块组成，如图 9-1 所示。

（1）输入记录模块。输入记录模块主要是将数据存入数组中。在课程表管理系统中，记录可从以二进制形式存储的数据文件中读入，也可以从键盘逐个输入。课程记录由课程的基本信息和上课时间、地点等字段构成。从数据文件中读入记录的操作，就是将记录逐条复制并存储到数组中。

(2) 查询记录模块。查询记录模块主要是在数组中查找满足条件的课程记录。在课程表管理系统中，用户可以按照课程时间或课程名在数组中进行查找。若找到相关的课程记录，则打印出来；否则，打印出未找到记录的提示信息。

(3) 更新记录模块。更新记录模块主要完成对课程记录的维护。在课程表管理系统中，它实现了对课程记录的修改、删除、插入和排序操作。一般而言，系统进行了这些操作后，需要将更新后的数据存入源数据文件中。

(4) 统计记录模块。统计记录模块主要完成课程记录数量的统计。

(5) 输出记录模块。输出记录模块主要完成以下两个任务。

① 它实现了对课程记录的存盘操作，将数组中存储的课程记录写入数据文件中。

② 它实现了将数组中存储的课程记录以表格形式在屏幕上打印出来，方便用户查看。

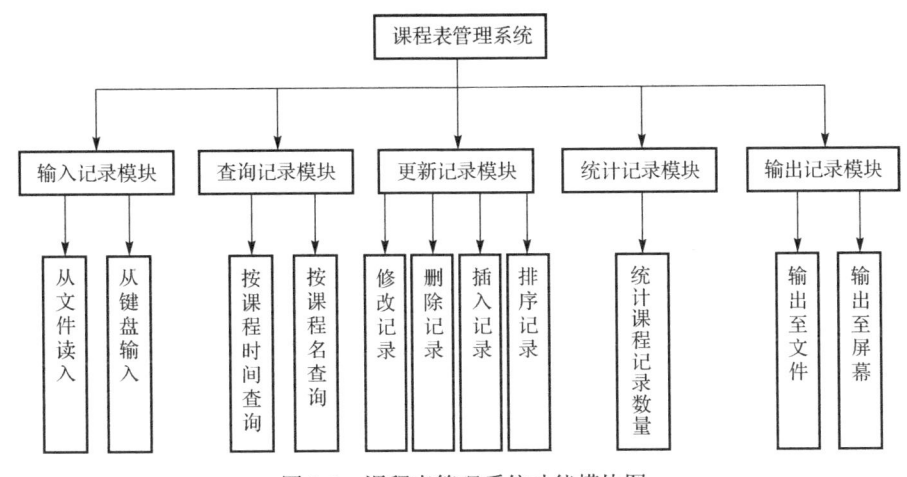

图 9-1 课程表管理系统功能模块图

9.4 总体设计

9.4.1 功能模块设计

1. 主函数 main() 执行流程

课程表管理系统执行主流程如图 9-2 所示。它首先以可读写方式打开数据文件，此文件的默认路径为 c:\CourseTable，若文件不存在，则新建此文件；若文件存在，则打开此文件。当成功打开文件后，从文件中一次读出一条记录，并添加到数组中，直至文件读取完毕。然后，执行进入主循环和显示主菜单的操作，根据用户输入的按键进行下一步操作。

在判断键值时，有效的输入为 0~9 之间的任意数值，其他输入都被视为错误按键。若输入为 0 (即变量 select=0)，则调用 Myexit() 函数，系统会自动判断是否需要进行存盘操作，若之前对课程记录进行了更新操作并且未存盘,则全局变量 saveflag=1,系统将提示用户是否需要进行数据存盘操作。如果用户输入 Y 或 y,系统进行存盘操作;否则,系统不进行存盘操作。最后,系统执行退出课程表管理系统的操作。

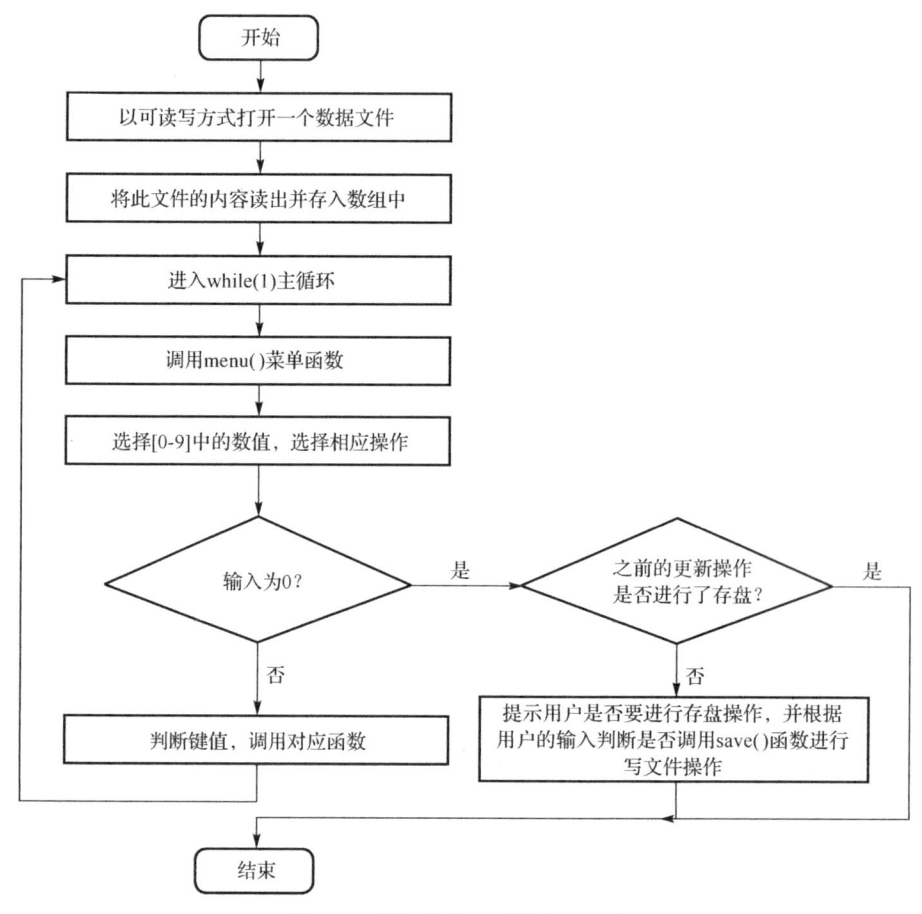

图 9-2 课程表管理系统执行流程

若输入 1,则调用 Add()函数,执行增加课程记录操作;若输入 2,则调用 Del()函数,执行删除课程记录操作;若输入 3,则调用 Insert()函数,执行插入课程记录操作;若输入 4,则调用 Modify()函数,执行修改课程记录操作;若输入 5,则调用 Count()函数,执行统计课程记录操作;若输入 6,则调用 Sort()函数,执行按照课程时间字符串降序形式进行排序课程记录的操作;若输入 7,则调用 Qur()函数,执行查询课程记录操作;若输入 8,则调用 Save()函数,执行将课程记录存入磁盘中数据文件的操作;若输入 9,则调用 Disp()函数,执行将课程记录以表格形式输出至屏幕的操作;若输入为 0~9 之外的值,则调用 Wrong()函数,给出按键错误的提示。

2. 输入记录模块

输入记录模块的主要功能是将数据存入数组中。从数据文件中读出记录时,它调用了 fread(p, sizeof(struct table), 1, fp) 文件读取函数,执行一次则从文件中读取一条课程记录,并存入指针变量 p 所指的数据域中,不断读取直至整个文件读取结束为止。而这个操作在

Filehandle()函数中执行，Filehandle()函数在 main()函数中被调用，也就是说，当课程表管理系统进入菜单界面时，文件处理操作就已经被执行了。

进入菜单界面时，如果用户输入 1，则调用 Add()函数，进入课程记录输入的界面，完成在数组 1 中添加数据的操作。

3．查询记录模块

查询记录模块主要实现了在数组中按课程名或时间查找满足条件的课程记录。在查询函数 Qur()中，l 是保存了课程信息的一维数组。为了遵循模块化编程的思想，我们将在数组中进行的定位操作设计成一个单独的函数 int Locate(struct table * l[],int num,char findmess[],char nameortime[])，参数 l[]表示保存了课程记录的指针类型数组，参数 num 表示数组中有效元素的个数，参数 findmess[]表示要查找的具体内容，nameortime[]用于判断是按照课程名还是按照课程时间进行查找，若找到相应记录，则返回该记录所对应的数组下标，否则，返回 ERROR 值。

4．更新记录模块

更新记录模块主要是对课程记录进行修改、删除、插入和排序操作。因为课程记录是以指针类型数组的结构形式进行存储的，因此这些操作都应在此数组中完成。下面分别介绍修改记录、删除记录、输入记录和排序记录的功能。

1）修改记录

修改记录操作需要对数组中目标元素指针所指向的数据域进行修改，它分以下两步完成。

(1)输入要修改的课程时间，然后调用定位函数 Locate()在数组中逐个对数据域中的课程时间字段进行对比查找，直至找到该课程记录。

(2)若找到该课程记录，依据具体情况修改除课程时间外的各字段内容，并将存盘标记变量 saveflag 置为 1，表示已经对记录进行了修改，但未执行存盘操作。

2）删除记录

删除记录操作可以完成删除全部课程的记录或者删除指定课程的记录，它分以下两步完成。

(1)若用户输入 1，表示删除全部课程记录。

(2)若用户输入 2，表示删除指定课程的记录，需要用户输入课程时间，然后系统在数组 l 中对数据域中的课程时间字段逐个进行对比查找，若找到与用户输入课程时间相同的课程记录，则删除该记录。

3）插入记录

插入记录操作可以完成在指定课程时间之前的位置插入一条新的课程记录。首先，系统要求用户输入指定的课程时间，新的记录将插入在该课程记录之前；然后，系统提示用户输入一条新的课程信息，这些信息保存在新的数据域中；最后，将该数据域插入在位置记录之前。

4）排序记录

排序的算法有多种，如插入排序法、交换排序法等。本系统采用交换排序法来实现按课程时间字符串的 ASCII 码从高到低进行降序排序。

在数组中，实现交换排序的基本步骤如下：

（1）确认基准位置为数组第一个元素。

（2）从基准位置开始从左到右遍历数组，比较各元素与基准位置元素，如果基准位置记录的 ASCII 码比较小，则交换它们两个。

（3）确定基准位置为下一个数组元素，并重复步骤(2)。直至基准位置为数组的倒数第二个元素。

5. 统计记录模块

统计记录模块的实现较简单，它的功能是打印出数组中有效的课程记录数量。

6. 输出记录模块

当需要把记录输出至文件永久保存时，调用 fwrite(p, sizeof(struct table), 1, fp)函数，将 p 指针所指数据域中的各字段写入文件指针 fp 所指的文件。当需要把记录输出至屏幕时，调用 Disp()函数，将数组 1 中存储的课程记录信息以表格的形式在屏幕上打印出来。

9.4.2 数据结构设计

1. 课程信息结构体

```
typedef struct table          /*标记为table*/
{
    char time[20];            /*字符型 时间：星期几、第几节课*/
    char lessonname[20];      /*字符型 课程名*/
    char teacher[20];         /*字符型 授课老师*/
    char classroom[10];       /*字符型 教室*/
    char weeks[10];           /*字符型 周时*/
}TABLE;
```

结构体 table 用于存储课程的基本信息，它将作为数组 1 中各指针元素所指向数据域的存储结构。各字段的含义如下。

- time[20]：保存课程时间。
- lessonname[20]：保存课程名。
- teacher[20]：保存授课老师名字。
- classroom[10]：保存上课的教室。
- weeks[10]：保存上课的周时。

2. 课程表数组 l

```
struct table * l[MAX_NUM];
```

定义了一个指针类型的数组 l，数组中最多能够存储 MAX_NUM(100)条记录，数组中各元素为指针类型，指针指向的是保存了课程信息的数据域。

9.4.3 函数功能描述

1．printheader()函数

函数原型：void printheader()。
printheader()函数用于打印输出表头信息。

2．printdata()函数

函数原型：void printdata(struct table * p)。
printdata()函数用于打印输出数组 l 中指针元素所指向的课程信息。

3．stringinput()函数

函数原型：void stringinput(char * t, int lens, char * notice)。
stringinput()函数用于输入字符串，并进行字符串长度验证(长度<lens)，t 用于保存输入的字符串，notice 用于保存 printf()函数输出的提示信息。

4．Disp()函数

函数原型：void Disp(struct table * l[], int num)。
Disp()函数用于打印出数组 l 中存储的课程记录，即 table 结构体中存储的内容。

5．Locate()函数

函数原型：int Locate(struct table * l[], int num, char findmess[], char nameortime[])
Locate()函数用于定位数组中符合要求的元素，并返回元素所在位置的下标值。形参 findmess[]保存需要查找的具体内容，nameortime[]保存按课程名或课程时间进行查找。

6．Add()函数

函数原型：void Add(struct table * l[], int * pn)。
Add()函数用于在数组 l 中增加课程记录。

7．Qur()函数

函数原型：void Qur(struct table * l[], int num)。
Qur()函数用于在数组 l 中按课程时间或课程名查找满足条件的课程记录，并打印出来。

8．Del()函数

函数原型：void Del(struct table * l[], int * pn)。
Del()函数用于删除数组 l 中所有记录，或者在数组 l 中查找到满足条件的课程记录并删除。

9．Modify()函数

函数原型：void Modify(struct table * l[],int num)。
Modify()函数用于在数组 l 中修改课程记录。

10. Insert()函数

函数原型：void Insert(struct table * l[], int * pn)。
Insert()函数用于在数组 l 中插入课程记录。

11. Count()函数

函数原型：void Count(int num)。
Count()函数用于统计数组 l 中课程记录的数量。

12. Sort()函数

函数原型：void Sort(struct table *l[], int num)。
Sort()函数用于在数组 l 中利用交换排序算法并按照课程时间字符串的ASCII码进行降序排序。

13. Save()函数

函数原型：void Save(struct table * l[], int num)
Save()函数用于将数组 l 中数据写入磁盘中的数据文件。

14. Filehandle()函数

函数原型：int Filehandle(struct table * l [], int * pn)
Filehandle()函数用于将磁盘中文件的数据读出并存入数组 l 中。

15. Myexit()函数

函数原型：void Myexit(struct table * l[],int num)
Myexit()函数用于用户退出课程表管理系统时的一些操作处理。

16. 主函数 main()

主函数 main()是课程表管理系统的主流程控制部分，其详细说明可参考图9-2。

9.5 程序实现

9.5.1 源码分析

1. 程序预处理

程序预处理包括加载头文件，定义结构体、常量和变量，并对它们进行初始化工作。

```
#include "windows.h" /*包含 windows.h 头文件，注意：在 TC 编译环境下，则不包含*/
#include "stdio.h"   /*标准输入/输出函数库*/
#include "stdlib.h"  /*标准函数库*/
#include "string.h"  /*字符串函数库*/
#include "conio.h"   /*屏幕操作函数库*/
```

```
#define HEADER1  " -------------Course Management System--------------- \n"
#define HEADER2  "|   Time          | Course Name  | Teacher     | Classroom | Weeks|\n"
#define HEADER3  "|---------|-------------|--------|----------|------|\n"
#define FORMAT   "|%-15s        |%-17s       |%-13s   |%-15s   |%-10s  |\n"
#define DATA     p->time,p->lessonname,p->teacher,p->classroom,p->weeks
#define END      "-------------------------------------------------- \n"
#define MAX_NUM  100
#define SUCCESS  0
int saveflag=0;              /*是否需要存盘的标志变量*/


/*
gotoxy()是一个设置光标函数，
屏幕从左向右代表 x 的正方向，从上至下为 y 正方向。
gotoxy(x,y)它表示将光标移到坐标(x,y)处。其中 x,y 均为整数。
*/
void gotoxy(int x,int y)
{
    COORD pos;
    pos.X=x;
    pos.Y=y;
    SetConsoleCursorPosition(GetStdHandle(STD_OUTPUT_HANDLE),pos);
}

/*定义用于存储课程记录数据域的数据结构*/
typedef struct table         /*标记为 table*/
{
    char time[20];            /*字符型 时间、第几节课*/
    char lessonname[20];      /*字符型 课程名*/
    char teacher[20];         /*字符型 授课老师*/
    char classroom[10];       /*字符型 教室*/
    char weeks[10];           /*字符型 周时*/
}TABLE;
```

2. 主函数 main()

主函数 main()主要实现了对整个程序的运行控制，以及相关功能模块的调用，详细分析可以参考图 9-2。

```
void main()
{
    int select;       /*保存选择结果变量*/
    int num=0;        /*保存文件中的记录条数(即课程表数组中有效的课程记录数量)*/
    struct table * l[MAX_NUM];  /*定义课程表数组 l*/

    if(Filehandle(l,&num)!=SUCCESS)
        exit(0);

    while(1)
```

```c
        {
            system("cls");
            menu();
            printf("\n        Please Enter your choice(0~9):");  /*显示提示信息*/
            scanf("%d",&select);

            switch(select)
            {
                case 1:Add(l,&num);break;              /*增加课程记录*/
                case 2:Del(l,&num);break;              /*删除课程记录*/
                case 3:Insert(l,&num);break;           /*插入课程记录*/
                case 4:Modify(l,num);break;            /*修改课程记录*/
                case 5:Count(num);break;               /*统计课程记录*/
                case 6:Sort(l,num);break;              /*排序课程记录*/
                case 7:Qur(l,num);break;               /*查询课程记录*/
                case 8:Save(l,num);break;              /*保存课程记录*/
                case 9:system("cls");Disp(l,num);getchar();break;
                                                       /*显示课程记录*/
                case 0:Myexit(l,num);return;           /*退出课程表管理系统*/
                default:Wrong();getchar();break;       /*按键有误,必须为数值[0-9]*/
            }
        }
    }
```

3. 文件读取课程记录

用户运行课程表管理系统时，首先需要对文件进行处理。以可读写方式打开数据文件，若该文件不存在，则新建此文件；若文件存在，则打开此文件，从文件中读出记录，并添加到数组1中，直至文件读取完毕。

```c
int Filehandle(struct table * l[], int * pn)       /*文件处理函数*/
{
    FILE * fp;                                      /*文件指针*/
    int num=0;
    struct table * p;                               /*定义记录指针变量*/

    fp=fopen("C:\\CourseTable","ab+");
            /*以追加方式打开一个二进制文件,可读可写,若此文件不存在,则新建此文件*/
    if(fp==NULL)
    {
        printf("\n=====>Can not open file!\n");
        return ERROR;
    }

    while(!feof(fp)&&num<MAX_NUM)
    {
        p=(struct table *)malloc(sizeof(struct table));
        if(!p)
```

```
            {
                printf(" Memory malloc failure!\n");  /*没有申请成功*/
                return ERROR;                          /*返回失败*/
            }

            if(fread(p,sizeof(struct table),1,fp)==1)  /*一次从文件中读取一条记录*/
            {
                l[num]=p;
                num++;
            }
        }
        *pn=num;
        fclose(fp);                                    /*关闭文件*/
        printf("\n=====>Open file success,the total number of records is :
                %d.\n",num);
        return SUCCESS;
    }
```

4. 主菜单界面

用户运行课程表管理系统时，显示主菜单，提示用户进行选择，完成相应功能操作。此函数被主函数 main() 调用。

```
    void menu()                    /*主菜单显示函数*/
    {
        system("cls");             /*调用 DOS 命令、清屏，与 clrscr()功能相同*/
        gotoxy(10,5);              /*在文本窗口中设置光标*/
        cprintf("            Welcome To Course Management System        \n");
        gotoxy(10,8);
        cprintf("      *******************Menu***********************\n");
        gotoxy(10,9);
        cprintf("      *  1 input    record        2 delete record   *\n");
        gotoxy(10,10);
        cprintf("      *  3 insert   record        4 modify record   *\n");
        gotoxy(10,11);
        cprintf("      *  5 count    record        6 sort   record   *\n");
        gotoxy(10,12);
        cprintf("      *  7 search   record        8 save   record   *\n");
        gotoxy(10,13);
        cprintf("      *  9 display  record        0 quit   system   *\n");
        gotoxy(10,14);
        cprintf("      **********************************************\n");
        /*cprintf()格式化输出至文本窗口屏幕中*/
    }
```

5. 表格形式显示记录

由于记录显示操作会经常进行，因此我们将这部分操作封装成独立的函数来实现，可以降低代码的复杂度，增加程序的可读性。它将打印出数组 l 中存储的课程记录。

```c
void printheader()                      /*格式化输出表头*/
{
    printf(HEADER1);
    printf(HEADER2);
    printf(HEADER3);
}
void printdata(struct table * p)        /*格式化输出表中数据*/
{
    printf(FORMAT,DATA);
}
void Wrong()                            /*输出按键错误的提示信息*/
{
    printf("\n\n\n\n\n****Error:input has wrong! press any key to continue***\n");
    getchar();
}
void Nofind()                           /*提示未查找到相关课程记录*/
{
    printf("\n=====>Not find this record!\n");
}
void Disp(struct table * l[], int num)
 /*显示数组 l 中存储的课程记录,具体内容存储在 l 数组中指针元素所指向的 table 结构里,
   num 表示目前课程表中课程信息的数量*/
{
    int i;
    struct table * p;

    if(num==0)                          /*没有存储课程信息时,num 为 0*/
    {
        printf("\n=====>No course records!\n");
        getchar();
        return;
    }

    printf("\n\n");
    printheader();                      /*输出表头*/

    for(i=0; i<num; i++)                /*逐条输出数组中存储的课程信息*/
    {
        p=l[i];       /*l 数组中存储的是指向课程记录的指针,指针 p 指向课程信息*/
        printdata(p);
        printf(HEADER3);
    }
    getchar();
}
```

6. 记录查找定位

用户进入课程表管理系统时，在对某条课程记录进行处理前，需要先查找这条记录所在的位置。

```c
/*
作用：用于定位数组中符合要求的记录，并返回数组下标值
参数：findmess[]保存要查找的具体内容；nameortime[]保存按什么条件进行查找；
    num 表示数组 l 中有效元素的个数。
*/
int Locate(struct table * l[],int num,char findmess[],char nameortime[])
{
    struct table * r;
    int i=0;

    if(strcmp(nameortime,"name")==0)        /*按课程名查询*/
    {
        while(i<num)
        {
            r=l[i];
            if(strcmp(r->lessonname,findmess)==0)
                                /*若找到课程名为findmess值的记录*/
                return i;
            i++;
        }
    }
    else if(strcmp(nameortime,"time")==0)   /*按课程时间查询*/
    {
        while(i<num)
        {
            r=l[i];
            if(strcmp(r->time,findmess)==0) /*若找到课程时间为findmess值的记录*/
                return i;
            i++;
        }
    }
    return ERROR;                           /*若未找到，返回ERROR -1*/
}
```

7. 格式化输入数据

在课程表管理系统中，要求用户输入的主要是字符型数据，因此我们单独封装了一个函数来进行相应处理。

```c
/*输入字符串，并进行长度验证(长度<lens)*/
void stringinput(char * t,int lens,char * notice)
{
    char n[255];
    do{
```

```
        printf(notice);         /*打印提示信息*/
        scanf("%s",n);           /*输入字符串*/
        if(strlen(n)>(unsigned)lens)printf("\n exceed the required length! \n");
                                 /*进行长度校验,超过lens值重新输入*/
    }while(strlen(n)>(unsigned)lens);
    strcpy(t,n);                 /*将输入的字符串复制到t指向的地址空间*/
}
```

8. 增加课程记录

在进入课程表管理系统时,若数据文件为空,那么它将从数组下标为 0 的位置开始增加课程记录,否则,它将新增的课程记录添加到数组尾部。

```
void Add(struct table * l[], int * pn)       /*增加课程表记录*/
{
    struct table * p;        /*实现添加操作时的临时结构体指针变量*/
    char ch,time[20];
    int num=* pn;

    system("cls");
    Disp(l, * pn);           /*先打印出已有的课程表信息*/

    /*准备添加课程记录*/
    while(1)                 /*一次可输入多条记录,直至输入0返回主菜单*/
    {
        stringinput(time,20,"input time(press '0' return menu):");
                             /*输入课程时间*/

        if(strcmp(time,"0")==0)  /*若输入为0,则退出添加操作,返回主界面*/
            return;
        if (num >= MAX_NUM)
        {
            printf("The number of courses has reached the maximum value
                %d!!!", MAX_NUM);
            return;
        }

        p=(struct table *)malloc(sizeof(struct table));    /*申请内存空间*/
        if(!p)
        {
            printf("\n Allocate memory failure! ");
                             /*若没有申请到内存,则打印提示信息*/
            return ;         /*返回主界面*/
        }
        strcpy(p->time,time);    /*将字符串time复制到p->time中*/
        stringinput(p->lessonname,20,"Lesson Name:");
        stringinput(p->teacher,20,"Teacher:");
        stringinput(p->classroom,10,"Classroom:");
```

```
            stringinput(p->weeks,10,"Weeks:");

            getchar();
            printf("=====>Are you sure to save it?(y/n):");
                                /*确认是否保存本条课程记录,y 或 Y 表示需要保存记录*/
            scanf("%c",&ch);
            if(ch=='y'||ch=='Y')
                saveflag=1;
            else
                saveflag=0;

            if (saveflag == 1)
            {
                l[num]=p;           /*将新建的课程记录添加到原课程记录的尾部*/
                num++;
                (*pn)++;
            }
            else
            {
                free(p);
            }
        }
    return;
}
```

9. 查询课程记录

当用户执行查询任务时，系统会提示用户进行查询字段的选择，可以按照课程时间或者课程名进行查询。若相应课程记录存在，则会在屏幕上打印出该课程记录的信息。

```
void Qur(struct table * l[], int num)    /*按照课程时间或者课程名,查询课程记录*/
{
    int select;             /*输入1:按时间查;2:按课程名查;其他:返回主界面菜单*/
    int i;
    char searchinput[20];   /*保存用户输入的查询内容*/
    struct table * p;

    if(num == 0)            /*若课程表记录为空*/
    {
        system("cls");
        printf("\n=====>No course records!\n");
        getchar();
        return;

    }
    system("cls");
    printf("\n ====>1 Search by course time ====>2 Search by course name\n");
    printf("       please choice[1,2]:");
```

```c
            scanf("%d",&select);
            if(select==1)          /*按时间查询*/
            {
                stringinput(searchinput,20,"input the existing course time:");
                i=Locate(l,num,searchinput,"time");
                    /*在l中查找时间为searchinput值的课程记录,并返回记录所在的数组下标*/
                if(i>=0)          /*若能够找到满足条件的课程记录*/
                {
                    printheader();
                    for(i=0;i<num;i++)
                    {
                        p=l[i];
                        if(strcmp(p->time,searchinput)==0)
                                /*若找到课程时间为输入值的课程记录,打印出来*/
                        {
                            printdata(p);
                        }
                    }
                    printf(END);
                    printf("press any key to return");
                    getchar();
                }
                else
                    Nofind();
                getchar();
            }
            else if(select==2)    /*按课程名查询*/
            {
                stringinput(searchinput,20,"input the existing course name:");
                i=Locate(l,num,searchinput,"name");
                            /*同一课程名,可能存在多条课程信息*/
                if(i>=0)          /*若能够找到满足条件的课程记录*/
                {
                    printheader();
                    for(i=0;i<num;i++)
                    {
                        p=l[i];
                        if(strcmp(p->lessonname,searchinput)==0)
                                /*若找到课程名为输入值的课程记录,打印出来*/
                        {
                            printdata(p);
                        }
                    }
                    printf(END);
                    printf("press any key to return");
                    getchar();
```

```
            }
            else
                Nofind();
            getchar();
        }
        else
            Wrong();
        getchar();
}
```

10. 删除课程记录

在删除操作中,系统会提示用户进行删除的选择,输入 1 则删除所有课程记录;输入 2 则按照用户要求删除指定的课程记录。

```
void Del(struct table * l[], int * pn)   /*删除课程记录*/
{
    int sel,i;
    struct table * p;
    char findmess[20];

    if(*pn == 0)
    {
        system("cls");
        printf("\n=====>No course records!\n");
        getchar();
        return;
    }
    system("cls");
    Disp(l, *pn);
    printf("\n   ====>1 Delete all records    ====>2 Delete by course time\n");
    printf("     please choice[1,2]:");
    scanf("%d",&sel);
    if(sel==1)              /*输入1:删除所有课程记录*/
    {
        for(i=0; i<*pn; i++)
        {
            p=l[i];
            if(p)           /*当p不等于NULL时,释放内存*/
                free(p);
        }
        *pn=0;

        printf("\n====>Delete all records successfully!\n");
        getchar();
        saveflag=1;
    }
    else if(sel==2)    /*输入2:按照课程时间查询到相应记录所在的位置,然后删除它*/
```

```c
        {
            stringinput(findmess,20,"Input the existing course time:");
            i=Locate(l,*pn,findmess,"time");
            if(i>=0)
            {
                p=l[i];
                free(p);
                for(;i<*pn-1;i++)
                {
                    l[i]=l[i+1];
                }
                (*pn)--;

                printf("\n====>Delete successfully!\n");
                getchar();
                saveflag=1;
            }
            else
                Nofind();
        }
        else
            Wrong();
        getchar();
    }
```

11. 修改课程记录

在修改课程记录操作中，系统首先会按照输入的课程时间查询到相关记录，然后提示用户修改时间之外的课程信息。

```c
void Modify(struct table * l[],int num)      /*修改课程记录*/
{
    struct table * p;
    int i;
    char findmess[20];

    if(num<=0)
    {
        system("cls");
        printf("\n=====>No course records!\n");
        getchar();
        return;
    }
    system("cls");
    printf("Modify course record");
    Disp(l,num);

    stringinput(findmess,20,"Input the existing course time:");  /*输入课程时间*/
```

```c
        i=Locate(l,num,findmess,"time");   /*查询相关课程记录*/
        if(i>=0)                           /*若i大于等于0,则表明已找到该记录*/
        {
            p=l[i];
            printf("Lesson Name:%s,",p->lessonname);
            stringinput(p->lessonname,20,"input new lesson name:");

            printf("Teacher:%s,",p->teacher);
            stringinput(p->teacher,20,"input new teacher:");

            printf("Classroom:%s,",p->classroom);
            stringinput(p->classroom,10,"input new classroom:");

            printf("Weeks:%s",p->weeks);
            stringinput(p->weeks,10,"input new weeks:");

            printf("\n=====>Modify successfully!\n");
            Disp(l,num);
            saveflag=1;
        }
        else
            Nofind();
        getchar();
    }
```

12. 插入课程记录

在插入课程记录操作中,系统会按照课程时间查询到要插入的位置,然后在该记录之前插入一条新记录。

```c
    void Insert(struct table * l[], int * pn)   /*插入课程记录*/
    {
        struct table * newinfo;                 /*newinfo指向新插入记录*/
        char ch,time[20],s[20];
                    /*s[]保存插入点位置的课程时间,time[]保存用户输入的新课程时间*/
        int i,j,num;
        num=*pn;

        system("cls");
        Disp(l,num);
        if (num == 0)
            return;
        if(num>=MAX_NUM)
        {
            printf("The number of courses has reached the maximum value %d!!!",MAX_NUM);
            return;
        }
```

```c
        while(1)
        {
            stringinput(s,20,"Please input insert location before the course time:");
            i=Locate(l,*pn,s,"time");
                            /*查询指定时间的课程记录是否存在，i>=0 表示存在*/
            if(i>=0)
                break;       /*若记录存在，则进行插入之前新记录的输入操作*/
            else
            {
                getchar();
                printf("\n=====>The course time %s is not existing,try again?(y/n):",s);
                scanf("%c",&ch);
                if(ch=='y'||ch=='Y')
                    continue;
                else
                    return;
            }
        }
        /*进行新记录的输入操作*/
        stringinput(time,20,"Input new course time:");

        newinfo=(struct table *)malloc(sizeof(struct table));
        if(!newinfo)
        {
            printf("\n Allocate memory failure!");
                            /*如没有申请到内存,打印提示信息*/
            return;          /*返回主界面*/
        }
        strcpy(newinfo->time,time);
        stringinput(newinfo->lessonname,20,"Lesson Name:");
        stringinput(newinfo->teacher,20,"Teacher:");
        stringinput(newinfo->classroom,10,"Classroom:");
        stringinput(newinfo->weeks,10,"Weeks:");

        /*将数组中插入点之后的所有元素都向后挪动一个位置,使插入点有位置插入一条新记录*/
        for(j=num-1;j>=i;j--)
            l[j+1]=l[j];
        l[i]=newinfo;
        num++;
        *pn=num;
        saveflag=1; /*在main()中会对此全局变量进行判断,若为1,则提示用户进行存盘操作*/
        Disp(l,num);
        printf("\n\n");
        getchar();
    }
```

13. 统计课程记录

在统计课程记录操作中，系统会统计并打印出课程记录的数量。

```c
void Count(int num)   /*统计共有多少条课程表记录*/
{
    system("cls");
    printf("The total number of records is : %d.\n",num);
    getchar();
    getchar();
}
```

14. 排序课程记录

在排序课程记录的操作中，系统会利用交换排序法实现按课程时间字符段进行降序排序，并在屏幕上打印出排序前和排序后的结果。

```c
/*利用交换排序法实现按课程时间字段进行字符串降序排序*/
void Sort(struct table * l[], int num)
{
    struct table * temp;
    int i,j;
    system("cls");
    Disp(l,num);       /*显示排序前的所有记录*/
    if(num == 0)       /*没有课程信息时，直接返回*/
        return;

    for(i=0; i<num-1; i++)                                  /*确定基准位置*/
        for(j=i+1; j<num; j++)
        {
            if (strcmp(l[i]->time,l[j]->time)<0)            /*按从高到低排序*/
            {
                temp=l[i];
                l[i]=l[j];
                l[j]=temp;
            }    /*交换*/
        }

    Disp(l,num);
    saveflag=1;
    printf("\n    ====>Sort complete!\n");
    getchar();
}
```

15. 保存课程记录

在保存课程记录操作中，系统会将相关课程数据写入磁盘数据文件进行长期保存。

```c
void Save(struct table * l[], int num)           /*数据存盘*/
{
```

```c
    FILE * fp;
    struct table * p;
    int count=0;
    fp=fopen("c:\\CourseTable","wb");        /*以只写方式打开二进制文件*/
    if(fp==NULL)                              /*打开文件失败*/
    {
        printf("\n====>Open file error!\n");
        getchar();
        return;
    }

    for(count=0; count<num; count++)
    {
        p=l[count];
        if(fwrite(p,sizeof(struct table),1,fp)!=1)/*每次写一条记录至文件*/
        {
            printf(" Write to file failed!\n");
            break;
        }
    }
    if(count>0)
    {
        getchar();
        printf("\n\n\n\n\n====>Save file successfully,the total number of
                saved's records is : %d\n",count);
    }
    else
    {
        system("cls");
        printf("The course table is empty,save file successfully!\n");
    }
    saveflag=0;
    getchar();
    fclose(fp);                               /*关闭此文件*/
}
```

16. 退出课程表系统

在退出课程表系统时，若用户对数据有所修改但并没有进行保存操作，系统会提示用户存盘。用户输入 Y 或 y，系统进行存盘操作；否则，系统不进行存盘操作。

```c
/*退出课程表系统时,若用户对数据有所修改但并没有进行保存操作,系统会提示用户存盘*/
void Myexit(struct table * l[],int num)
{
    char ch;                /*保存(y,Y,n,N)*/

    if(saveflag==1)         /*若对课程数据有修改且未进行存盘操作,则此标志为1*/
    {
```

```
            getchar();
            printf("\n=====>Whether save the modified records to file?(y/n):");
            scanf("%c",&ch);
            if(ch=='y'||ch=='Y')
                Save(l, num);
        }
        printf("=====>Thank you for useness!");
        getchar();
    }
```

9.5.2 运行结果

> **注意**
> 若在 Windows 7 以上版本的操作系统中运行本系统，则必须选择以管理员身份运行。

1．主界面

当用户打开课程表管理系统时，其主界面如图 9-3 所示。此时，该系统已经将 C:\CourseTable 文件打开，若此文件存在，则将文件中数据逐条读出，并存入课程表课程信息数组中。用户可以根据主界面的功能说明选择 0~9 之间的数值，调用对应功能。当用户输入的数值为 0 时，退出本系统。

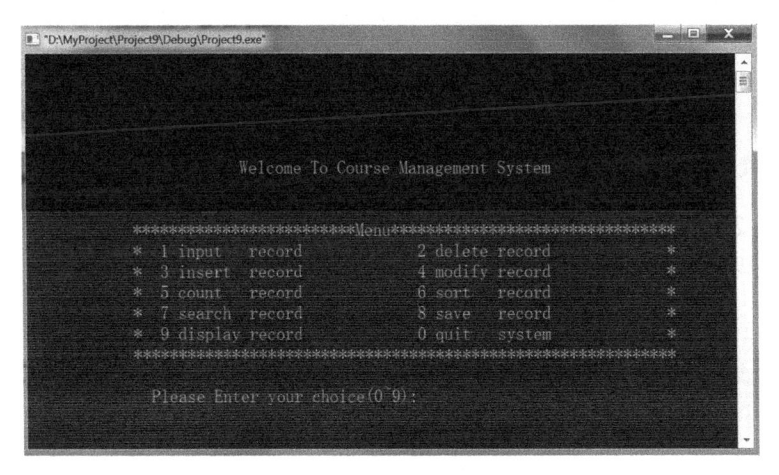

图 9-3 课程表管理系统主界面

2．输入记录

当用户输入 1 并按下 Enter 键后，即可进入课程信息输入界面。其输入课程记录过程如图 9-4 所示，图中输入了 3 条课程记录，当用户输入 0 时，系统结束输入的过程，返回主菜单界面。

3．显示记录

当用户执行了输入记录或者已经从数据文件中读取了课程记录之后，即可输入 9 并按下 Enter 键，屏幕上会以表格的形式显示当前所有的课程信息，如图 9-5 所示。

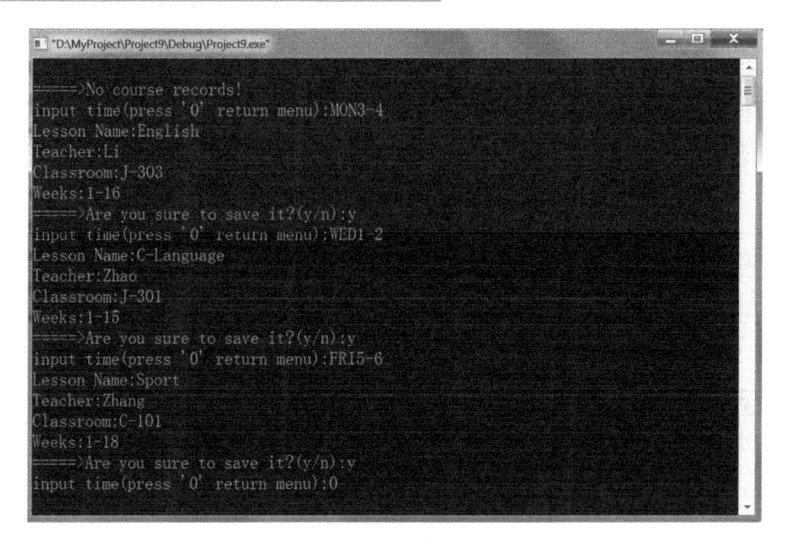

图 9-4　输入课程记录过程

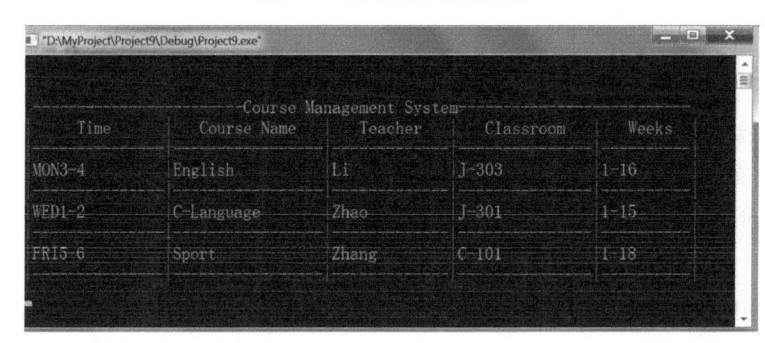

图 9-5　当前所有的课程信息显示

4. 删除记录

当用户输入 2 并按下 Enter 键后，即可进入删除记录界面。其删除记录过程如图 9-6 所示，这里删除了一条课程时间为 WED1-2 的记录。

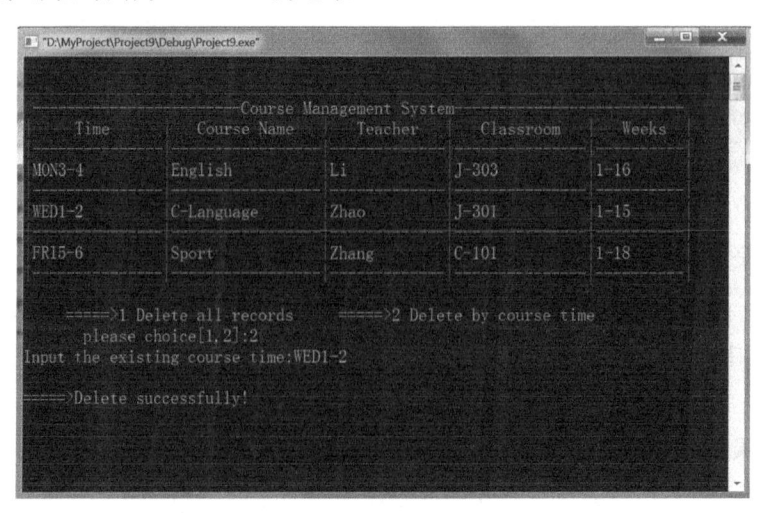

图 9-6　删除课程记录过程

5. 查找记录

当用户输入 7 并按下 Enter 键后，即可进入查找记录界面。其课程记录查找过程如图 9-7 所示，可以按照课程时间或者课程名进行记录查找。图 9-7 是按照课程时间查找时间为 MON3-4 的课程记录。

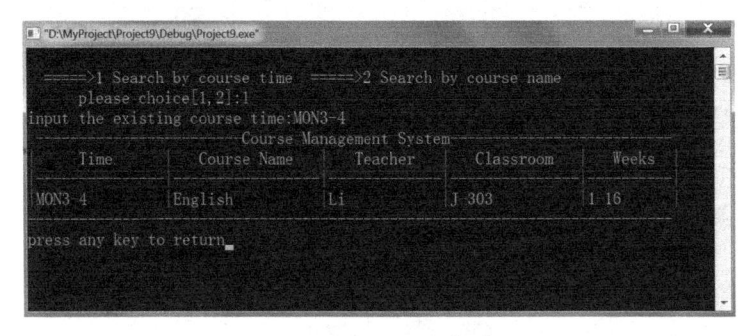

图 9-7 课程记录查找过程

6. 插入记录

当用户输入 3 并按下 Enter 键后，即可进入插入记录界面。其课程记录插入过程如图 9-8 所示，在上课时间为 FRI5-6 的记录前插入一条上课时间为 TUE1-2 的课程记录。

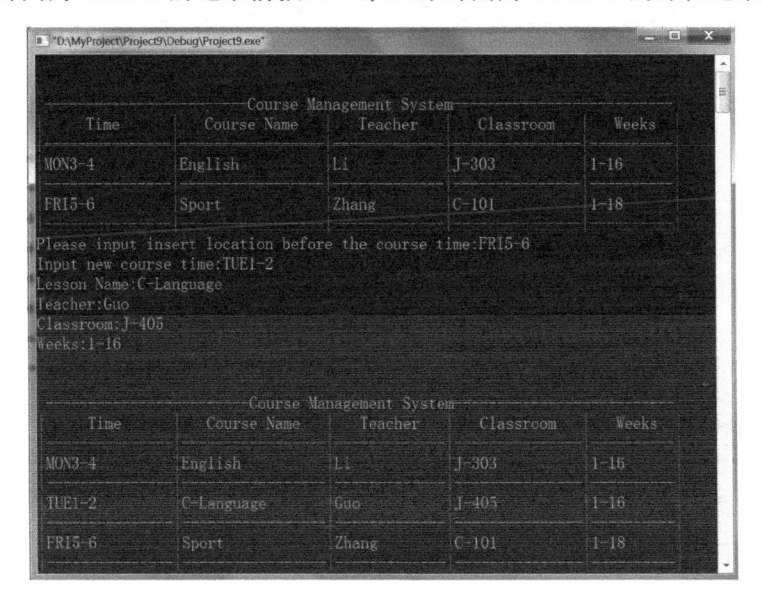

图 9-8 课程记录插入过程

7. 修改记录

当用户输入 4 并按下 Enter 键后，即可进入修改记录界面。其课程记录修改过程如图 9-9 所示，对上课时间为 MON3-4 的课程记录进行修改。

8. 统计记录

当用户输入 5 并按下 Enter 键后，即可进入记录统计界面。其课程记录统计结果如图 9-10 所示。

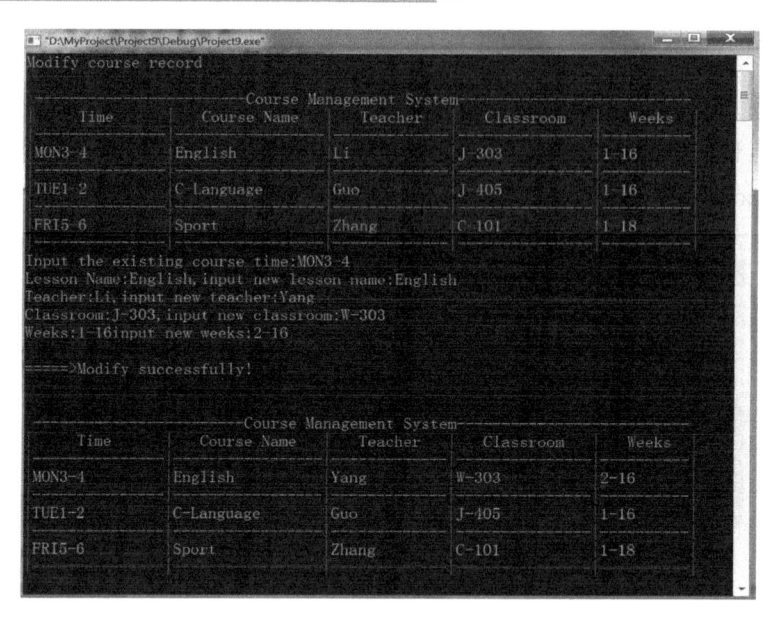

图 9-9 课程记录修改过程

图 9-10 课程记录统计结果

9. 排序记录

当用户输入 6 并按下 Enter 键后，即可进入记录排序界面。其排序结果如图 9-11 所示，屏幕上有排序前和排序后的记录输出结果。

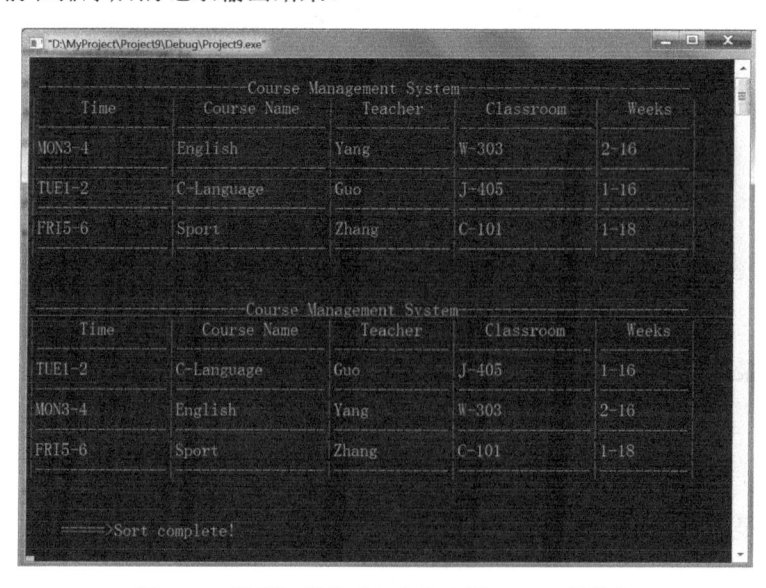

图 9-11 课程记录按时间字符串的 ASCII 码排序

10. 保存记录

当用户输入 8 并按下 Enter 键后，即可进入记录保存界面。其保存记录后的提示信息如图 9-12 所示，这里有 3 条记录已经保存至磁盘数据文件(c:\ CourseTable)中。用户也可以输入 0 退出程序，如果用户之前没有保存过记录，则在程序退出之前，系统也会提示用户是否要保存数据。

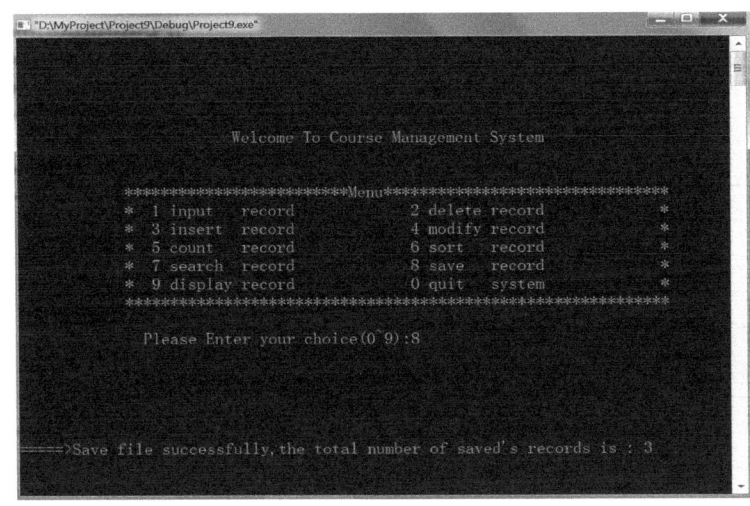

图 9-12 保存课程记录

9.6 本章小结

本章介绍了由 C 语言编写的综合应用实例——课程表管理系统的设计思路及其编码实现。本章重点介绍了各功能模块的设计原理，旨在引导读者进一步领会 C 语言的开发使用技巧，体验用结构化程序设计方法解决实际问题的基本流程。

本章实现的课程表管理系统可以对课程记录进行基本的日常维护和管理，读者也可以对本程序进行扩展或者使用其他不同的方法来实现，使功能更强大、设计更优化。

9.7 本章习题

1．编程实现学生学籍管理系统，实现对学生信息的建库、修改、删除、查询、输出、退出等功能，并实现用户权限设置以保证系统的安全。

2．编程实现图书管理系统。该系统提供功能菜单，以实现对图书信息进行添加、修改、删除、查找等操作；也能对该系统中的会员信息进行管理，包括对会员信息的编辑、会员借书期限是否超期等信息的维护。

3．编程实现学生成绩管理系统。该系统提供功能菜单，能够建立学生成绩，计算系统中所有学生成绩的总分和平均分，并根据学生的课程成绩进行排序并输出显示。

4．编程实现通信录系统。在该系统中能对通信录信息进行添加、修改、删除、查找等操作。

附录 A ASCII 码表及其中各控制字符的含义

表 A-1 ASCII 码表

低 4 位		高 3 位							
		0H	1H	2H	3H	4H	5H	6H	7H
		000	001	010	011	100	101	110	111
0H	0000	NUL	DLE	SP	0	@	P	`	p
1H	0001	SOH	DC1	!	1	A	Q	a	q
2H	0010	STX	DC2	"	2	B	R	b	r
3H	0011	ETX	DC3	#	3	C	S	c	s
4H	0100	EOT	DC4	$	4	D	T	d	t
5H	0101	ENQ	NAK	%	5	E	U	e	u
6H	0110	ACK	SYN	&	6	F	V	f	v
7H	0111	BEL	ETB	'	7	G	W	g	w
8H	1000	BS	CAN	(	8	H	X	h	x
9H	1001	HT	EM	)	9	I	Y	i	y
AH	1010	LF	SUB	*	:	J	Z	j	z
BH	1011	VT	ESC	+	;	K	[	k	{
CH	1100	FF	FS	,	<	L	\	l		
DH	1101	CR	GS	-	=	M	]	m	}
EH	1110	SO	RS	.	>	N	^	n	~
FH	1111	SI	US	/	?	O	_	o	DEL

表 A-2 ASCII 码表中各控制字符的含义

十六进制	字符	含义	十六进制	字符	含义	十六进制	字符	含义
00H	NUL	空字符	0CH	FF	换页	18H	CAN	取消
01H	SOH	标题起始	0DH	CR	回车	19H	EM	纸尽
02H	STX	文本起始	0EH	SO	移出	1AH	SUB	替换
03H	ETX	文本结束	0FH	SI	移入	1BH	ESC	换码符
04H	EOT	传输结束	10H	DLE	数据链接丢失	1CH	FS	文件分隔符
05H	ENQ	询问	11H	DC1	设备控制 1	1DH	GS	组分隔符
06H	ACK	认可	12H	DC2	设备控制 2	1EH	RS	记录分隔符
07H	BEL	铃	13H	DC3	设备控制 3	1FH	US	单位分隔符
08H	BS	退格	14H	DC4	设备控制 4	20H	SP	空格
09H	HT	水平制表栏	15H	NAK	否定接受	FFH	DEL	删除
0AH	LF	换行	16H	SYN	同步闲置符			
0BH	VT	垂直制表栏	17H	ETB	传输块结束			

附录 B　C 语言关键字

1．C89 版本的关键字（共 32 个）

auto：声明自动变量。
break：跳出当前循环。
case：开关语句分支。
char：声明字符型变量或函数返回值类型。
const：声明只读变量。
continue：结束当前循环，开始下一轮循环。
default：开关语句中的"其他"分支。
do：循环语句的循环体。
double：声明双精度浮点型变量或函数返回值类型。
else：条件语句否定分支（与 if 连用）。
enum：声明枚举类型。
extern：声明变量或函数是在其他文件或本文件的其他位置定义。
float：声明浮点型变量或函数返回值类型。
for：一种循环语句。
goto：无条件跳转语句。
if：条件语句。
int：声明整型变量或函数返回值类型。
long：声明长整型变量或函数返回值类型。
register：声明寄存器变量。
return：子程序返回语句（可以带参数，也可不带参数）。
short：声明短整型变量或函数返回值类型。
signed：声明有符号类型变量或函数。
sizeof：计算数据类型或变量长度（即所占字节数）。
static：声明静态变量。
struct：声明结构体类型。
switch：用于开关语句。
typedef：用于给数据类型取别名。
unsigned：声明无符号类型变量或函数。
union：声明共用体类型。
void：声明函数无返回值或无参数，声明空类型指针。
volatile：说明变量在程序执行中可被隐含地改变。

while：循环语句的循环条件。

2. C99 新增 5 个关键字

_Bool：布尔类型，表示真或假。
_Complex：复数类型。
_Imaginary：虚数类型。
inline：内联函数。
restrict：限定和约束指针。

附录 C C语言运算符的优先级与结合性

表 C-1 C语言运算符的优先级与结合性

优先级	运算符	名称或含义	使用形式	结合方向	说明
1	[]	数组下标	数组名[常量表达式]	从左到右	
	()	圆括号	(表达式)/函数名(形参表)		
	.	成员选择(对象)	对象.成员名		
	->	成员选择(指针)	对象指针->成员名		
2	-	负号运算符	-表达式	从右到左	单目运算符
	(类型)	强制类型转换	(数据类型)表达式		
	++	自增运算符	++变量名/变量名++		单目运算符
	--	自减运算符	--变量名/变量名--		单目运算符
	*	取值运算符	*指针变量		单目运算符
	&	取地址运算符	&变量名		单目运算符
	!	逻辑非运算符	!表达式		单目运算符
	~	按位取反运算符	~表达式		单目运算符
	sizeof	长度运算符	sizeof(表达式)		
3	/	除	表达式/表达式	从左到右	双目运算符
	*	乘	表达式*表达式		双目运算符
	%	求余(取模)	整型表达式%整型表达式		双目运算符
4	+	加	表达式+表达式	从左到右	双目运算符
	-	减	表达式-表达式		双目运算符
5	<<	左移	变量<<表达式	从左到右	双目运算符
	>>	右移	变量>>表达式		双目运算符
6	>	大于	表达式>表达式	从左到右	双目运算符
	>=	大于等于	表达式>=表达式		双目运算符
	<	小于	表达式<表达式		双目运算符
	<=	小于等于	表达式<=表达式		双目运算符
7	==	等于	表达式==表达式	从左到右	双目运算符
	!=	不等于	表达式!= 表达式		双目运算符
8	&	按位与	表达式&表达式	从左到右	双目运算符
9	^	按位异或	表达式^表达式	从左到右	双目运算符
10	|	按位或	表达式|表达式	从左到右	双目运算符
11	&&	逻辑与	表达式&&表达式	从左到右	双目运算符
12	||	逻辑或	表达式||表达式	从左到右	双目运算符
13	?:	条件运算符	表达式1? 表达式 2: 表达式 3	从右到左	三目运算符
14	=	赋值运算符	变量=表达式	从右到左	双目运算符
	/=	除后赋值	变量/=表达式		双目运算符

续表

优先级	运算符	名称或含义	使用形式	结合方向	说明
14	*=	乘后赋值	变量*=表达式		双目运算符
	%=	取模后赋值	变量%=表达式		双目运算符
	+=	加后赋值	变量+=表达式		双目运算符
	-=	减后赋值	变量-=表达式		双目运算符
	<<=	左移后赋值	变量<<=表达式		双目运算符
	>>=	右移后赋值	变量>>=表达式		双目运算符
	&=	按位与后赋值	变量&=表达式		双目运算符
	^=	按位异或后赋值	变量^=表达式		双目运算符
	|=	按位或后赋值	变量|=表达式		双目运算符
15	,	逗号运算符	表达式,表达式,…	从左到右	顺序求值运算

注：同一优先级的运算符，运算次序由结合方向所决定。

附录 D 常用的标准库函数

库函数并不是 C 语言的一部分，它是由人们根据需要编制并提供用户使用的。每一种 C 编译系统都提供了一批库函数，不同的编译系统所提供的库函数的数目和函数名及函数功能是不完全相同的。ANSI C 标准提出了一批建议提供的标准库函数。它包括目前多数 C 编译系统所提供的库函数，但也有一些是某些 C 编译系统未曾实现的。考虑到通用性，本书列出 ANSI C 标准建议提供的、常用的部分库函数。对多数 C 编译系统，可以使用这些函数的绝大部分。

由于 C 库函数的种类和数目很多(例如，还有屏幕和图形函数、时间日期函数、与系统有关的函数等，每类函数又包括各种功能的函数)，限于篇幅，本附录不能全部介绍，只从教学需要的角度列出最基本的。读者在使用 C 语言编制程序时，如需要用到更多的库函数，请查阅所用系统的手册。

1．数学函数

使用数学函数时，应使用命令行#include <math.h>或#include "math.h"包含在源程序文件中，如表 D-1 所示。

表 D-1 数学函数

函数名	函数原型	功能	返回值	说明
abs	int abs(int x);	求整数 x 的绝对值	计算结果	
acos	double acos(double x);	计算 $\arccos x$ 的值	计算结果	x 应在-1～1 范围内
asin	double asin(double x);	计算 $\arcsin x$ 的值	计算结果	x 应在-1～1 范围内
atan	double atan(double x);	计算 $\arctan x$ 的值	计算结果	
atan2	double atan2(double x, double y);	计算 $\arctan x/y$ 的值	计算结果	
cos	double cos(double x);	计算 $\cos x$ 的值	计算结果	x 的单位为弧度
cosh	double cosh(double x);	计算 x 的双曲余弦 $\cosh x$ 的值	计算结果	
exp	double exp(double x);	计算 e^x 的值	计算结果	
fabs	double fabs(double x);	求 x 的绝对值	计算结果	
floor	double floor(double x);	求出不大于 x 的最大整数	该整数的双精度实数	
fmod	double fmod(double x, double y);	求整除 x/y 的余数	返回余数的双精度数	
acos	double acos(double val, int * eptr);	把双精度数 val 分解为数字部分(尾数) x 和以 2 为底的指数 n，即 val=$x \times 2^n$，n 存放在 eptr 指向的单元	返回数字部分 x $0.5 \leq x < 1$	
log	double log(double x);	计算 $\log_e x$ 的值即 $\ln x$	计算结果	
log10	double log10(double x);	计算 $\log_{10} x$ 的值	计算结果	
modf	double modf(double val, double * iptr);	把双精度数 val 分解为整数部分和小数部分，把整数部分存到 iptr 指向的单元	val 的小数部分	
pow	double pow(double x, double y);	计算 x^y 的值	计算结果	
rand	int rand(void);	产生-90～32767 的随机整数	随机整数	
sin	double sin(double x);	计算 $\sin x$ 的值	计算结果	x 的单位为弧度

续表

函数名	函数原型	功能	返回值	说明
sinh	double sinh(double x);	计算 x 的双曲正弦 sinh x 的值	计算结果	
sqrt	double sqrt(double x);	计算 $\sqrt{x}$	计算结果	$x \geq 0$
tan	double tan(double x);	计算 tan x 的值	计算结果	x 的单位为弧度
tanh	double tanh(double x);	计算 x 的双曲正切 tanh x 的值	计算结果	

2. 字符函数和字符串函数

ANSI C 标准要求在使用字符串函数时要包含头文件 string.h，在使用字符函数时要包含头文件 ctype.h。有的 C 编译系统不遵循 ANSI C 标准的规定，而用其他名称的头文件，使用时请查阅相关手册。字符函数和字符串函数如表 D-2 所示。

表 D-2 字符函数和字符串函数

函数名	函数原型	功能	返回值	头文件
isalnum	int isalnum(int ch);	检查 ch 是否为字母(alpha)或数字(numeric)	是字母或数字则返回 1；否则返回 0	ctype.h
isalpha	int isalpha(int ch);	检查 ch 是否为字母	是则返回 1；不是则返回 0	ctype.h
iscntrl	int iscntrl(int ch);	检查 ch 是否为控制字符(ASCII 码在 0～0x1F 之间)	是则返回 1；不是则返回 0	ctype.h
isdigit	int isdigit(int ch);	检查 ch 是否为数字(0～9)	是则返回 1；不是则返回 0	ctype.h
isgraph	int isgraph(int ch);	检查 ch 是否可打印字符(ASCII 码在 0x20～0x7E 间)，不包括空格	是则返回 1；不是则返回 0	ctype.h
islower	int islower(int ch);	检查 ch 是否为小写字母(a～z)	是则返回 1；不是则返回 0	ctype.h
isprint	int isprint(int ch);	检查 ch 是否为可打印字符(包括空格)，其 ASCII 码在 0x20～0x7F 之间	是则返回 1；不是则返回 0	ctype.h
ispunct	int ispunct(int ch);	检查 ch 是否为标点字符(不包括空格)，即除字母、数字和空格外的所有可打印字符	是则返回 1；不是则返回 0	ctype.h
isspace	int isspace(int ch);	检查 ch 是否为空格、跳格符(制表符)或换行符	是则返回 1；不是则返回 0	ctype.h
isupper	int isupper(int ch);	检查 ch 是否为大写字母(A～Z)	是则返回 1；不是则返回 0	ctype.h
isxdigit	int isxdigit(int ch);	检查 ch 是否为一个十六进制数字(即 0～9，或 A～F，或 a～f)	是则返回 1；不是则返回 0	ctype.h
strcat	char * strcat(char * str1, char * str2);	把字符串 str2 接到 str1 后面，str1 最后面的'\0' 被取消	str1	string.h
strchr	char * strchr(char * str, int ch);	找出 str 指向的字符串中第一次出现字符 ch 的位置	返回指向该位置的指针，如找不到则返回空指针	string.h
strcmp	int strcmp (char * str1, char * str2);	比较 str1 与 str2 两个字符串	str1<str2，返回负数；str1=str2，返回 0；str1>str2，返回正数	string.h
strcpy	char * strcpy (char * str1, char * str2);	把 str2 指向的字符串复制到 str1 中	返回 str1	string.h
strlen	unsigned strlen(char * str);	统计字符串 str 中字符的个数(不包括终止符'\0')	返回字符个数	string.h
strstr	char * strstr (char * str1, char * str2);	找出 str2 字符串在 str1 字符串中第一次出现的位置(不包括 str2 的串结束符)	返回该位置的指针，如找不到则返回空指针	string.h
tolower	int tolower(int ch);	将 ch 字符转换为小写字母	返回 ch 所代表的字符的小写字母	ctype.h
toupper	int toupper(int ch);	将 ch 字符转换成大写字母	返回 ch 所代表的字符的大写字母	ctype.h

3. 输入/输出函数

ANSI C 标准要求在使用输入/输出串函数时要包含头文件 stdio.h。输入/输出函数如表 D-3 所示。

表 D-3 输入/输出函数

函数名	函数原型	功能	返回值	说明
clearerr	void clearerr(FILE * fp);	将 fp 所指向的文件的错误标志和文件结束标志置 0	无	
close	int close(int fp);	关闭文件	关闭成功返回0,否则返回1	非 ANSI 标准
creat	int creat(char * filename, int mode);	以 mode 所指定的方式建立文件	成功返回正数,否则返回-1	非 ANSI 标准
eof	int eof(int fd);	检查文件是否结束	遇文件结束返回 1,否则返回 0	非 ANSI 标准
fclose	int fclose(FILE * fp);	关闭 fp 所指向的文件,释放文件缓冲区	有错返回非 0,否则返回 0	
feof	int feof(FILE * fp);	检查文件是否结束	遇文件结束符返回非 0,否则返回 0	
fgetc	int fgetc(FILE * fp);	从 fp 所指向的文件中读取一个字符	返回所得到的字符,若读入出错,则返回 EOF	
fgets	char * fgets(char *buf, int n, FILE * fp);	从 fp 所指向的文件读取一个长度为(n-1)的字符串,存放在 buf 所指向的内存区中	返回地址 buf,若遇文件结束或出错,则返回 NULL(即 0)	
fopen	FILE * fopen(char * filename, char * mode);	以 mode 所指定的方式打开名为 filename 的文件	若成功则返回一个文件指针(文件信息起始地址);否则返回 NULL(即 0)	
fprintf	int fprintf(FILE * fp, char * format, args, …);	把 args 的值以 format 指定的格式输出到 fp 所指向的文件中	实际输出的字符数	
fputc	int fputc(char ch, FILE * fp);	将字符 ch 输出到 fp 所指向的文件中	若成功则返回该字符,否则返回非 0	
fputs	int fputs(char * str, FILE * fp);	将 str 指向的字符串输出到 fp 所指向的文件中	若成功则返回非负数,出错返回 EOF	
fread	int fread(char * pt, unsigned size, unsigned n, FILE * fp);	从 fp 所指向的文件中读取长度为 size 的 n 个数据项,存到 pt 所指向的内存区	返回所读取的数据项的个数,如遇文件结束或出错则返回 0	
fscanf	int fscanf(FILE * fp, char * format, args, …);	从 fp 所指向的文件中按 format 给定的格式将输入数据送到 args 所指向的内存单元中(args 是指针)	返回输入的数据个数	
fseek	int fseek(FILE * fp, long offset, int base);	将 fp 所指向的文件的位置指针移到以 base 所给出的位置为基准、以 offset 为位移量的位置	返回当前位置,否则返回-1	
ftell	long ftell(FILE * fp);	返回 fp 所指向的文件中的读写位置	返回 fp 所指向的文件中的读写位置	
fwrite	int fwrite(char * ptr, unsigned size, unsigned n, FILE * fp);	把 ptr 所指向的 n*size 个字节输出到 fp 所指向的文件中	返回写到 fp 所指向文件中的数据项的个数	
getc	int getc(FILE * fp);	从 fp 所指向的文件中读取一个字符	返回所读的字符,若文件结束或出错,则返回 EOF	
getchar	int getchar(void);	从标准输入设备读取一个字符	返回所读取的字符。若文件结束或出错,则返回-1	
getw	int getw(FILE * fp);	从 fp 所指向的文件中读取一个字(整数)	返回输入的整数。如文件结束或出错,则返回-1	非 ANSI 标准函数
open	int open(char * filename, int mode);	以 mode 指出的方式打开已经存在的名为 filename 的文件	返回文件号(正数),如打开失败则返回-1	非 ANSI 标准函数

续表

函数名	函数原型	功能	返回值	说明
printf	int printf(char * format, args, …);	按 format 所指向的格式字符串所规定的格式，将输出表列 args 的值输出到标准输出设备	输出字符的个数，如出错则返回负数	format 可以是一个字符串，或字符数组的起始地址
putc	int putc(int ch, FILE * fp);	把一个字符 ch 输出到 fp 所指向的文件中	输出字符 ch，若出错则返回 EOF	
putchar	int putchar(char ch);	把一个字符 ch 输出到标准输出设备	输出字符 ch，若出错则返回 EOF	
puts	int puts(char * str);	把 str 指向的字符串输出到标准输出设备，将'\0'转换为回车换行符	返回换行符，若失败则返回 EOF	
putw	int putw(int w, FILE * fp);	将一个整数 w（即一个字）写到 fp 所指向的文件中	返回输出的整数，若出错则返回 EOF	非 ANSI 标准
read	int read(int fd, char * buf, unsigned count);	从文件号 fd 所指示的文件中读 count 个字节到由 buf 所指示的缓冲区中	返回实际读入的字节数，如遇文件结束则返回 0，出错则返回-1	非 ANSI 标准函数
rename	int rename(char * oldname, char * newname);	把由 oldname 所指的文件名改为由 newname 所指的文件名	成功返回 0，若出错则返回-1	
rewind	void rewind(FILE * fp);	将 fp 所指示的文件的位置指针置于文件的开头位置，并清除文件结束标志和错误标志	无	
scanf	int scanf(char * format, args, …);	从标准输入设备按 format 所指向的格式字符串所规定的格式，输入数据给 args 所指向的单元	读入并赋给 args 的数据个数。遇文件结束则返回 EOF，若出错则返回 0	args 为指针
write	int write(int fd, char * buf, unsigned count);	从 buf 指示的缓冲区输出 count 个字符到 fd 所标志的文件中	返回实际输出的字节数，如出错则返回-1	非 ANSI 标准函数

4. 动态存储分配函数

ANSI C 标准建议设置 4 个有关的动态存储分配函数，即 calloc()、malloc()、free()、realloc()。实际上，许多 C 编译系统往往增加了一些其他函数。ANSI 标准建议在"stdlib.h"头文件中包含有关的信息，但许多 C 编译系统要求用"malloc.h"，而不是"stdlib.h"。读者在使用时应查阅有关的手册。

ANSI C 标准规定，动态分配函数必须返回 void 指针。void 指针具有一般性，它们可以指向任何类型的数据。但目前有的 C 编译系统所提供的这类函数返回 char 指针。无论是两种情况的哪一种，都需要用强制类型转换的方法把 void 或 char 类型转换为所需的类型。动态存储分配函数如表 D-4 所示。

表 D-4 动态存储分配函数

函数名	函数原型	功能	返回值
calloc	void * calloc(unsigned n, unsigen size);	分配 n 个数据项的内存连续空间，每个数据项大小为 size 个字节	所分配的内存空间的起始地址，如不成功，则返回 NULL（即 0）
free	void * free(void * p);	释放 p 所指向的内存空间	无
malloc	void * malloc(unsigned size);	分配 size 个字节的内存空间	所分配的内存空间的起始地址，如内存不够，则返回 NULL（即 0）
realloc	void * realloc(void * p, unsigned size);	将 p 所指向的已分配内存空间的大小改为 size，size 可以比原来分配的空间大或小	返回指向该内存空间的指针

附录 E Visual C++ 6.0 上机指南

Visual C++ 6.0(简称为 VC++ 6.0)是微软公司推出的目前使用极为广泛的基于 Windows 平台的可视化集成开发环境，它和 Visual Basic、Visual Foxpro、Visual J++等其他软件构成了 Visual Studio(又名 Developer Studio)程序设计软件包。Developer Studio 是一个通用的应用程序集成开发环境，包含一个文本编辑器、资源编辑器、工程编译工具、一个增量连接器、源代码浏览器、集成调试工具，以及一套联机文档。使用 Visual Studio，可以完成创建、调试、修改应用程序等各种操作。

VC++ 6.0 提供面向对象技术的支持，它能够帮助使用 MFC 库的用户自动生成一个具有图形界面的应用程序框架。用户只需在该框架的适当部分添加、扩充代码就可以得到一个满意的应用程序。

VC++ 6.0 除包含文本编辑器、C/C++混合编译器、连接器和调试器外，还提供了功能强大的资源编辑器和图形编辑器，利用"所见即所得"的方式完成程序界面的设计，大大减轻了程序设计的劳动强度，提高了程序设计的效率。

VC++ 6.0 的功能强大、用途广泛，不仅可以编写普通的应用程序，还能很好地进行系统软件设计及通信软件的开发。

利用 VC++ 6.0 提供的一种控制台操作方式，可以建立 C 语言应用程序，Win32 控制台程序(Win32 Console Application)是一类 Windows 程序，它不使用复杂的图形用户界面，程序与用户交互是通过一个标准的正文窗口。下面将对使用 Visual C++ 6.0 编写简单的 C 语言应用程序做初步介绍。

由于每个版本略有差异，因此读者在掌握基本思想方法后，要结合具体版本平台进行操作。

1. 安装和启动

运行 Visual Studio 软件中的 setup.exe 程序，选择安装 Visual C++ 6.0，然后按照安装程序的指导完成安装过程。

安装完成后，在"开始"菜单的程序选单中有 Microsoft Visual Studio 6.0 按钮，选择其中的 Microsoft Visual C++ 6.0 即可运行(也可在 Windows 桌面上建立一个快捷方式，以后双击即可运行)。

2. 创建工程项目

用 Visual C++ 6.0 系统建立 C 语言应用程序，首先要创建一个工程项目，用来存放 C 程序的所有信息。创建一个工程项目的操作步骤如下。

(1)进入 Visual C++ 6.0 环境后，选择主菜单"文件"中的"新建"选项，在弹出的对话框中单击上方的"工程"选项卡，选择"Win32 Console Application"工程类型，在"工程名称"栏中填写工程名，如 Myexam1，在"位置"栏中填写工程路径(目录)，如 C:\MYPROJECT，如图 E-1 所示，然后单击"确定"按钮继续。

图 E-1　创建工程项目

(2) 屏幕上出现如图 E-2 所示的"Win32 Console Application - 步骤 1 共 1 步"对话框，选择"一个空工程"项，然后单击"完成"按钮继续。

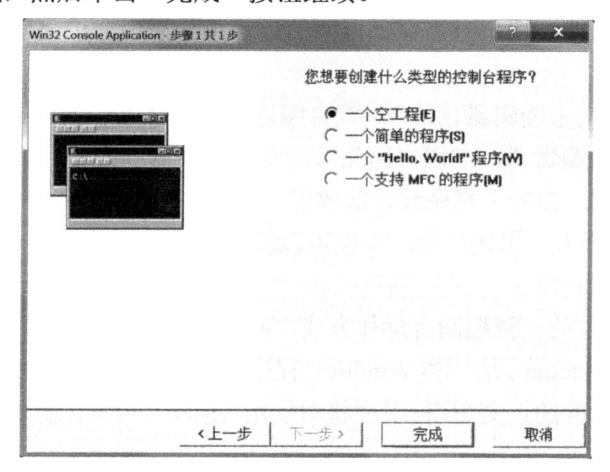

图 E-2　"Win32 Console Application - 步骤 1 共 1 步"对话框

(3) 出现如图 E-3 所示的"新建工程信息"对话框，单击"确定"按钮完成工程创建。创建的工作区文件为 Myexam1.dsw，工程项目文件为 Myexam1.dsp。

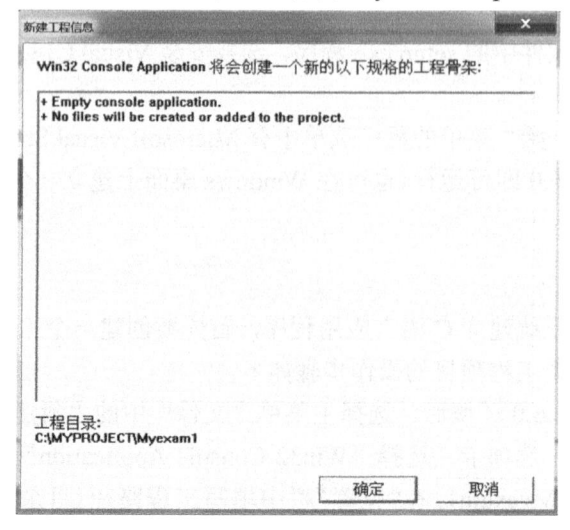

图 E-3　"新建工程信息"对话框

3. 新建 C 源程序文件

选择主菜单"工程"中的"添加到工程→新建"选项，为工程添加新的 C 源程序文件。

出现如图 E-4 所示的"新建"对话框后，选择"文件"选项卡，选中"C++ Source File"项，在"文件名"栏中输入新添加的 C 源程序文件名，如 myexam1.c，在"位置"栏中指定文件路径，单击"确定"按钮完成新建 C 源程序文件的操作。

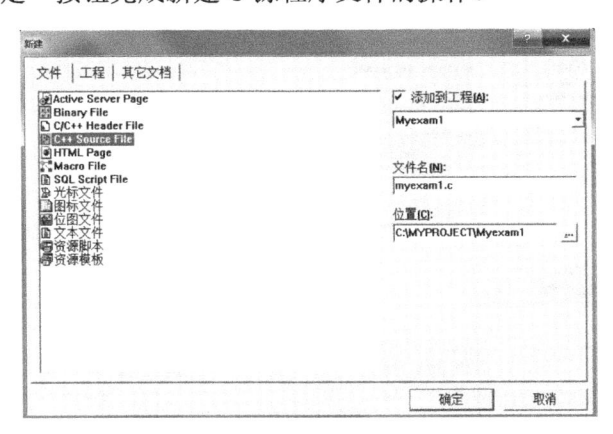

图 E-4 新建 C 源程序文件

注意

输入的 C 源程序文件名一定要加上扩展名".c"，否则系统会为文件添加默认的 C++ 源文件扩展名".cpp"。

在文件编辑区中输入 C 源程序，然后保存工作区文件，如图 E-5 所示。

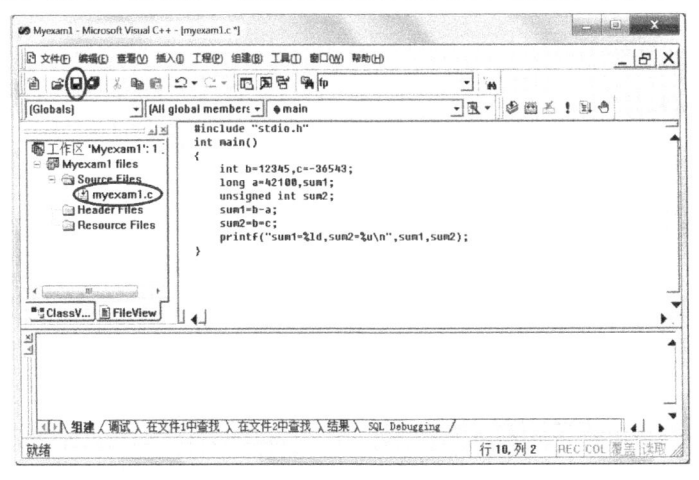

图 E-5 建立 C 源程序

4. 打开已存在的工程项目，编辑 C 源程序

进入 Visual C++ 6.0 环境后，选择主菜单"文件"中的"打开工作空间"子菜单，在"打开工作区"对话框内找到并选择要打开的工作区文件 Myexam1.dsw（如图 E-6 所示），单击"Open"按钮，打开工作区。

在左侧的工作区窗口，单击左下方的"FileView"选项卡，选择文件视图显示，打开"Source Files"文件夹，再打开要编辑的 C 源程序进行编辑和修改。

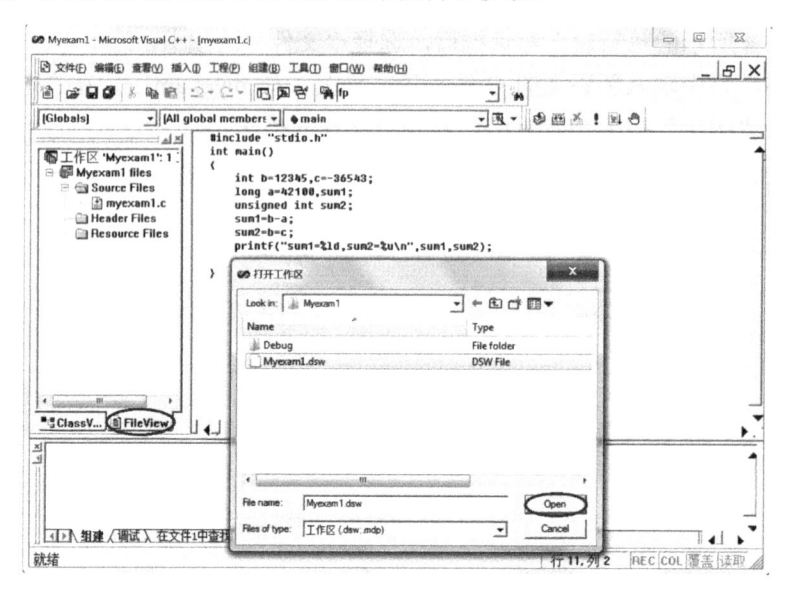

图 E-6 打开 myexam1.c 源程序

5. 在工程项目中添加已经存在的 C 源程序文件

选择主菜单"文件"中的"打开工作空间"子菜单，在"打开工作区"对话框内找到并选择要打开的工作区文件 Myexam1.dsw，单击"Open"按钮打开工作区。

将已经存在的 C 源程序文件添加到当前打开的工程文件中，选择主菜单"工程"中的"添加到工程→文件"子菜单，在"插入文件到工程"对话框内找到已经存在的 C 源程序文件，单击"确定"按钮完成添加。

6. 编译、链接和运行

1) 编译

选择主菜单"组建"中的"编译"子菜单，或单击工具栏上的按钮 ，系统只编译当前文件而不调用链接器或其他工具。下方的输出窗口将显示在编译过程中检查出的错误或警告信息，在错误信息处单击鼠标右键，选择"转到错误/标记"，或双击鼠标左键，可以使输入焦点跳转到引起错误的源代码的大致位置以进行修改。如图 E-7 所示，输出窗口中提示"error C2146: syntax error : missing ';' before identifier 'sum2'"，提示在标识符 sum2 之前缺少分号，同时在程序窗口中标注出出错语句的大致位置。在"sum1=b-a"语句的后面加一个分号后再编译一次即可。

2) 链接

选择主菜单"组建"中的"组建"子菜单，或单击工具栏上的按钮 ，对最后修改过的源程序文件进行编译和链接。

选择主菜单"组建"中的"全部组建"子菜单，允许用户编译和链接所有的源程序文件，而不管它们何时被修改过。

选择主菜单"组建"中的"批组建"子菜单，能批量编译并链接多个工程文件，并允许用户指定要组建的项目。

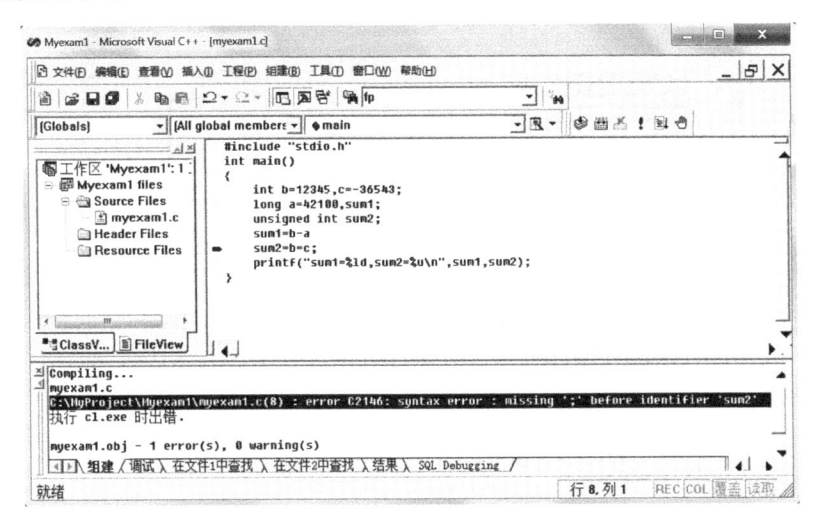

图 E-7 编译、链接和运行.c 源程序

程序编译链接完成后生成的目标文件(.obj)、可执行文件(.exe)存放在当前工程项目所在文件夹的"Debug"子文件夹中。

3）运行

选择主菜单"组建"中的"执行"子菜单，或单击工具栏上的按钮 ! ，执行程序，将会出现一个新的用户窗口，按照程序输入要求正确输入数据后，程序即被正确执行，用户窗口显示运行的结果。

对于比较简单的程序，可以直接选择该项命令，编译、链接和运行一次完成。

7．调试程序

在编写较长的程序时，能够一次成功而不含有任何错误绝非易事。对于程序中的错误，系统提供了易用且有效的调试手段。调试是一个程序员应该具有的最基本技能，不会调试的程序员意味着即使学会了一门语言，却不能编制出任何好的软件。

1）调试程序环境介绍

（1）进入调试程序环境

选择主菜单"组建"中的"开始调试"子菜单，选择下一级提供的调试命令，或者在菜单区空白处单击鼠标右键，在弹出的菜单中选中"调试"项。激活"调试"工具栏，选择需要的调试命令，系统将会进入调试程序界面（如图 E-8 所示）。VC++环境提供多种窗口监视程序运行，通过单击"调试"工具栏上的按钮，可以打开/关闭这些窗口。

（2）Watch（观察）窗口

单击"调试"工具栏上的 按钮，就会出现一个 Watch（观察）窗口，系统支持查看程序运行到当前指令语句时变量、表达式和内存的值。所有这些观察都必须是在断点中断的情况下进行的。观看变量的值很简单，当断点到达时，把光标移动到这个变量上，停留一会儿就可以看到变量的值。

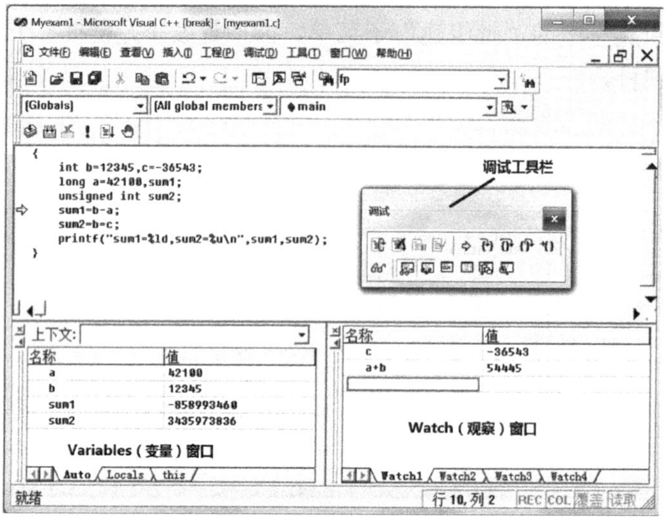

图 E-8 调试程序界面

还可以采用系统提供的一种 QuickWatch 机制来观看变量和表达式的值。在断点中断状态下，在变量上单击右键，选择"QuickWatch"子菜单，就弹出一个窗口，显示这个变量的值。在该窗口中输入变量或表达式，就可以观察变量或表达式的值。注意：这个表达式不能有副作用，例如"++"和"– –"运算符绝对禁止用在该表达式中，因为这些运算符将修改变量的值，导致程序的逻辑被破坏。

（3）Variables（变量）窗口

单击"调试"工具栏上的 ▧ 按钮，弹出 Variables（变量）窗口，显示所有当前执行上下文中可见的变量的值。

（4）Registers（寄存器）

单击"调试"工具栏上的 ▧ 按钮，弹出一个窗口，显示当前的所有寄存器的值。

（5）Memory（内存）

如果指针指向的是数组，在 Watch（观察）窗口中则只能显示第一个元素的值。为了显示数组的后续内容，或者显示一片内存的内容，可以使用 Memory 功能。单击"调试"工具栏上的 ▧ 按钮，就弹出一个窗口，在其中输入地址，就可以显示该地址指向的内存的内容。

（6）Call Stack（调用堆栈）

调用堆栈反映了当前断点处函数是被哪些函数按照什么顺序调用的。单击"调试"工具栏上的 ▧ 按钮显示 Call Stack 对话框。在该对话框中显示一个调用系列，最上面的是当前函数，往下依次是调用函数的上级函数。单击这些函数名可以跳到对应的函数中。

2）单步执行调试程序

系统提供了多种单步执行调试程序的方法，可以通过单击"调试"工具栏上的按钮或按快捷键的方式选择多种单步执行命令。

（1）Step Into（单步跟踪进入子函数）：每按一次 F11 键或单击"调试"工具栏上的 ▧ 按钮，程序执行一条无法再进行分解的程序行，如果涉及子函数，进入子函数内部。

（2）Step Over（单步跟踪跳过子函数）：每按一次 F10 键或单击"调试"工具栏上的 ▧ 按钮，程序执行一行，Watch（观察）窗口可以显示变量名及其当前值。在单步执行的过程中，可以在 Watch(观察)窗口中加入所需观察的变量,辅助加以进行监视,随时了解变量当前的情况。如果涉及函数,则不进入子函数内部。

(3) Step Out(单步跟踪跳出子函数):每按一次 Shift+F11 组合键或单击"调试"工具栏上的按钮,程序运行至当前函数的末尾,然后从当前子函数跳到上一级主调函数。

(4) Run to Cursor(运行到当前光标处):按 Ctrl+F10 组合键或单击"调试"工具栏上的按钮,程序将运行至当前光标所在的语句。

3) 设置断点调试程序

为了方便较大规模程序的跟踪,断点是最常用的技巧。断点是调试器设置的一个代码位置,当程序运行到断点时,程序中断执行,回到调试器。调试时,只有设置了断点并使程序回到调试器,才能对程序进行在线调试。设置断点调试程序如图 E-9 所示。

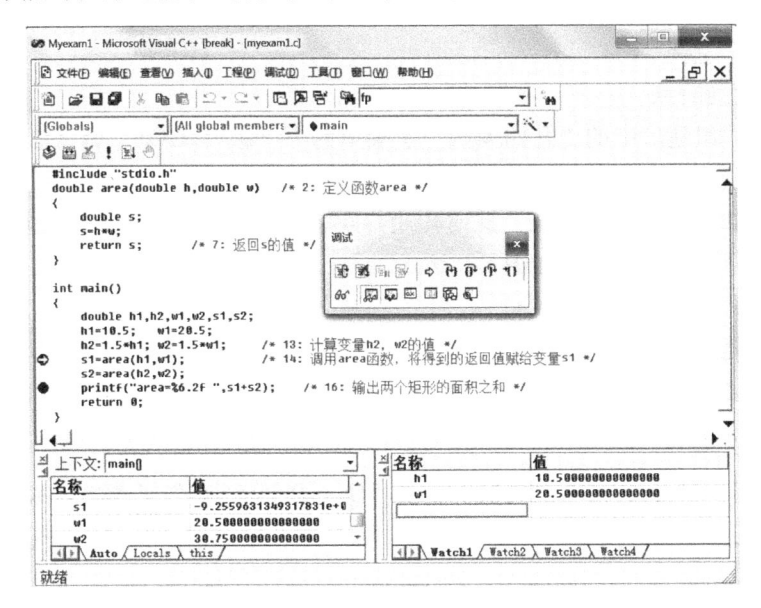

图 E-9 设置断点调试程序

(1) 设置断点的方法

可以通过下述方法设置一个断点:首先把光标移动到需要设置断点的代码行上,然后按 F9 键或单击工具栏上的按钮,断点处所在程序行的左侧会出现一个红色圆点。常用调试命令一览表如表 E-1 所示。

表 E-1 常用调试命令一览表

菜单命令	工具栏按钮	按键	说明
Go		F5	继续运行,直到断点处中断
Step Over		F10	单步,如果涉及子函数,则不进入子函数内部
Step Into		F11	单步,如果涉及子函数,则进入子函数内部
Run to Cursor		Ctrl+F10	运行到当前光标处
Step Out		Shift+F11	运行至当前函数的末尾。跳到上一级主调函数
		F9	设置/取消断点
Stop Debugging		Shift+F5	结束程序调试,返回程序编辑环境

还可以选择主菜单"编辑"中的"断点"子菜单，弹出"Breakpoints"对话框，打开后单击"分隔符："编辑框的右侧的箭头，选择合适的位置信息。如果想设置不是当前位置的断点，可以选择"高级"，然后填写相关信息即可。

系统提供如下多种类型的断点。

① 条件断点：可以为断点设置一个条件，这样的断点称为条件断点。对于新加的断点，可以单击"条件"按钮，为断点设置一个表达式。当这个表达式发生改变时，程序就被中断。

② 数据断点：数据断点只能在"Breakpoints"对话框中设置。选择"Data"选项卡，显示设置数据断点的对话框。在编辑框中输入一个表达式，当这个表达式的值发生变化时，到达数据断点。一般情况下，表达式由运算符和全局变量构成。

③ 消息断点：VC++平台支持对 Windows 消息进行截获。进行截获有两种方式：窗口消息处理函数和特定消息中断。在"Breakpoints"对话框中选择"Messages"选项卡，就可以设置消息断点。

(2) 程序运行到断点

选择主菜单"组建"中的"开始调试"子菜单的下一级"(GO)"调试命令，或者单击工具栏上的 按钮，程序执行到第一个断点处，程序将暂停执行，该断点处所在的程序行的左侧红色圆点上添加一个黄色箭头，此时，用户可方便地进行变量观察。继续执行该命令，程序运行到下一个相邻的断点，如图 E-9 所示。

(3) 取消断点

只需在代码处再次按 F9 键或单击工具栏上的 按钮。也可以在打开"Breakpoints"对话框后，按照提示去掉断点。

4) 结束程序调试

在调试状态下，选择主菜单"调试"中的"Stop Debugging"子菜单，或者单击"调试"工具栏上的 按钮，或者按 Shift+F5 组合键，可结束程序调试，返回程序编辑环境。

8．有关联机帮助

Visual C++ 6.0 提供了详细的帮助信息，用户通过选择"帮助"菜单中的"内容"子菜单就可以进入帮助系统。在源文件编辑器中把光标定位在一个需要查询的单词处，然后按 F1 键也可以进入 Visual C++ 6.0 的帮助系统。用户要想使用帮助，则必须首先安装 MSDN。用户通过 Visual C++ 6.0 的帮助系统可以获得几乎所有的 Visual C++ 6.0 的技术信息，这也是 Visual C++ 6.0 作为一个友好的开发环境所具有的特色之一。

附录F　Visual C++ 6.0 常见编译错误

fatal error C1003: error count exceeds number; stopping compilation
中文对照：（编译错误）错误太多，停止编译
分析：修改之前的错误，再次编译

fatal error C1004: unexpected end of file found
中文对照：（编译错误）文件未结束
分析：一个函数或者一个结构定义缺少"}"，或者在一个函数调用或表达式中括号没有配对出现，或者注释符"/*…*/"不完整等

fatal error C1083: Cannot open include file: 'xxx': No such file or directory
中文对照：（编译错误）无法打开头文件 xxx：没有这个文件或路径
分析：头文件不存在，或者头文件拼写错误，或者文件为只读

fatal error C1903: unable to recover from previous error(s); stopping compilation
中文对照：（编译错误）无法从之前的错误中恢复，停止编译
分析：引起错误的原因很多，建议先修改之前的错误

error C2001: newline in constant
中文对照：（编译错误）常量中创建新行
分析：字符串常量多行书写

error C2006: #include expected a filename, found 'identifier'
中文对照：（编译错误）#include 命令中需要文件名
分析：一般是头文件未用一对双引号或尖括号括起来，例如"#include stdio.h"

error C2007: #define syntax
中文对照：（编译错误）#define 语法错误
分析：例如"#define"后缺少宏名，如"#define"

error C2008: 'xxx' : unexpected in macro definition
中文对照：（编译错误）宏定义时出现了意外的 xxx
分析：宏定义时宏名与替换串之间应有空格，例如"#define TRUE"1""

error C2009: reuse of macro formal 'identifier'
中文对照：（编译错误）带参宏的形式参数重复使用
分析：宏定义如有参数不能重名，例如"#define s(a,a) (a*a)"中参数 a 重复

error C2010: 'character' : unexpected in macro formal parameter list
中文对照：（编译错误）带参宏的形式参数表中出现未知字符
分析：例如"#define s(r|) r*r"中参数多了一个字符"|"

error C2014: preprocessor command must start as first nonwhite space
中文对照：（编译错误）预处理命令前面只允许出现空格
分析：每条预处理命令都应独占一行，不应出现其他非空格字符

error C2015: too many characters in constant
中文对照：(编译错误)常量中包含多个字符
分析：字符型常量的单引号中只能有一个字符，或是以"\"开始的一个转义字符，例如"char error = 'error';"

error C2017: illegal escape sequence
中文对照：(编译错误)转义字符非法
分析：一般是转义字符位于 ' ' 或 " " 之外，例如"char error = ' '\n;"

error C2018: unknown character '0xhh'
中文对照：(编译错误)未知的字符 0xhh
分析：一般是输入了中文标点符号，例如"char error = 'E'；"中的"；"为中文标点符号

error C2019: expected preprocessor directive, found 'character'
中文对照：(编译错误)期待预处理命令，但有无效字符
分析：一般是预处理命令的#号后误输入其他无效字符，例如"#!define TRUE 1"

error C2021: expected exponent value, not 'character'
中文对照：(编译错误)期待指数值，不能是字符
分析：一般是浮点数的指数表示形式有误，例如 123.456E

error C2039: 'identifier1' : is not a member of 'identifier2'
中文对照：(编译错误)标识符 1 不是标识符 2 的成员
分析：程序错误地调用或引用结构体、共用体、类的成员

error C2041: illegal digit 'x' for base 'n'
中文对照：(编译错误)对于 n 进制来说数字 x 非法
分析：一般是八进制或十六进制数表示错误，例如"int i = 081;"语句中的数字"8"不是八进制的基数

error C2048: more than one default
中文对照：(编译错误)default 语句多于一个
分析：switch 语句中只能有一个 default，删去多余的 default

error C2050: switch expression not integral
中文对照：(编译错误)switch 表达式不是整型的
分析：switch 表达式必须是整型(或字符型)的，例如"switch ("a")"中的表达式为字符串，这是非法的

error C2051: case expression not constant
中文对照：(编译错误)case 表达式不是常量
分析：case 表达式应为常量表达式，例如"case "a""中的""a""为字符串，这是非法的

error C2052: 'type' : illegal type for case expression
中文对照：(编译错误)case 表达式类型非法
分析：case 表达式必须是一个整型常量(包括字符型)

error C2057: expected constant expression
中文对照：(编译错误)期待常量表达式

分析：一般是定义数组时数组长度为变量，例如"int n=10; int a[n];"中的 n 为变量，这是非法的

error C2058: constant expression is not integral
中文对照：（编译错误）常量表达式不是整数
分析：一般是定义数组时数组长度不是整型常量

error C2059: syntax error : 'xxx'
中文对照：（编译错误）'xxx'语法错误
分析：引起错误的原因很多，可能多加或少加了符号 xxx

error C2064: term does not evaluate to a function
中文对照：（编译错误）无法识别函数语言
分析：1. 函数参数有误，表达式可能不正确，例如"sqrt(s(s-a)(s-b)(s-c));"中的表达式不正确
　　　2. 变量与函数重名或该标识符不是函数，例如"int i,j; j=i();"中的 i 不是函数

error C2065: 'xxx' : undeclared identifier
中文对照：（编译错误）未定义的标识符 xxx
分析：1. 如果 xxx 为 cout、cin、scanf、printf、sqrt 等，则程序中包含头文件有误
　　　2. 未定义变量、数组、函数原型等，注意拼写错误或区分大小写

error C2078: too many initializers
中文对照：（编译错误）初始值过多
分析：一般是数组初始化时初始值的个数大于数组长度，例如"int b[2]={1,2,3};"

error C2082: redefinition of formal parameter 'xxx'
中文对照：（编译错误）重复定义形式参数 xxx
分析：函数首部中的形式参数不能在函数体中再次被定义

error C2084: function 'xxx' already has a body
中文对照：（编译错误）已定义函数 xxx
分析：在 Visual C++早期版本中函数不能重名，6.0 版本中支持函数的重载，函数名可以相同但参数不一样

error C2086: 'xxx' : redefinition
中文对照：（编译错误）标识符 xxx 重定义
分析：变量名、数组名重名

error C2087: '<Unknown>' : missing subscript
中文对照：（编译错误）下标未知
分析：一般是定义二维数组时未指定第二维的长度，例如"int a[3][];"

error C2100: illegal indirection
中文对照：（编译错误）非法的间接访问运算符"*"
分析：对非指针变量使用"*"运算

error C2105: 'operator' needs l-value
中文对照：（编译错误）操作符需要左值
分析：例如"(a+b)++;"语句，"++"运算符无效

error C2106: 'operator': left operand must be l-value
中文对照：（编译错误）操作符的左操作数必须是左值
分析：例如"a+b=1;"语句，"="运算符左值必须为变量，不能是表达式

error C2110: cannot add two pointers
中文对照：（编译错误）两个指针量不能相加
分析：例如"int * pa,* pb,* a; a = pa + pb;"中两个指针变量不能进行"+"运算

error C2117: 'xxx' : array bounds overflow
中文对照：（编译错误）数组 xxx 边界溢出
分析：一般是字符数组初始化时字符串长度大于字符数组长度,例如"char str[4] = "abcd";"

error C2118: negative subscript or subscript is too large
中文对照：（编译错误）下标为负或下标太大
分析：一般是定义数组或引用数组元素时下标不正确

error C2124: divide or mod by zero
中文对照：（编译错误）被 0 除或对 0 求余
分析：例如"int i = 1 / 0;"，除数为 0

error C2133: 'xxx' : unknown size
中文对照：（编译错误）数组 xxx 长度未知
分析：一般是定义数组时未初始化也未指定数组长度，例如"int a[];"

error C2137: empty character constant
中文对照：（编译错误）字符型常量为空
分析：一对单引号""中不能没有任何字符

error C2143: syntax error : missing 'token1' before 'token2'
error C2146: syntax error : missing 'token1' before identifier 'identifier'
中文对照：（编译错误）在标识符或语言符号 2 前漏写语言符号 1
分析：可能缺少"{"")"或";"等语言符号

error C2144: syntax error : missing ')' before type 'xxx'
中文对照：（编译错误）在 xxx 类型前缺少")"
分析：一般是函数调用时定义了实参的类型

error C2181: illegal else without matching if
中文对照：（编译错误）非法的、没有与 if 相匹配的 else
分析：可能多加了";"或复合语句没有使用"{}"

error C2196: case value '0' already used
中文对照：（编译错误）case 值 0 已使用
分析：case 后常量表达式的值不能重复出现

error C2296: '%' : illegal, left operand has type 'float'
error C2297: '%' : illegal, right operand has type 'float'
中文对照：（编译错误）%运算的左（右）操作数类型为 float，这是非法的
分析：求余运算的对象必须均为 int 类型，应正确定义变量类型或使用强制类型转换

error C2371: 'xxx' : redefinition; different basic types

中文对照：（编译错误)标识符 xxx 重定义；基类型不同

分析：定义变量、数组等时重名

error C2440: '=' : cannot convert from 'char [2]' to 'char'

中文对照：（编译错误)赋值运算，无法从字符数组转换为字符

分析：不能用字符串或字符数组对字符型数据赋值，更一般的情况，类型无法转换

error C2447: missing function header（old-style formal list?）

error C2448: '<Unknown>' : function-style initializer appears to be a function definition

中文对照：（编译错误)缺少函数标题(是否是老式的形参表？）

分析：函数定义不正确，函数首部的"()"后多了分号或者采用了老式的 C 语言的形参表

error C2450: switch expression of type 'xxx' is illegal

中文对照：（编译错误)switch 表达式为非法的 xxx 类型

分析：switch 表达式类型应为 int 或 char

error C2466: cannot allocate an array of constant size 0

中文对照：（编译错误)不能分配长度为 0 的数组

分析：一般是定义数组时数组长度为 0

error C2601: 'xxx' : local function definitions are illegal

中文对照：（编译错误)函数 xxx 定义非法

分析：一般是在一个函数的函数体中定义另一个函数

error C2632: 'type1' followed by 'type2' is illegal

中文对照：（编译错误)类型 1 后紧接着类型 2，这是非法的

分析：例如"int float i;"语句

error C2660: 'xxx' : function does not take n parameters

中文对照：（编译错误)函数 xxx 不能带 n 个参数

分析：调用函数时实参个数不对，例如"sin(x,y);"

error C2664: 'xxx' : cannot convert parameter n from 'type1' to 'type2'

中文对照：（编译错误)函数 xxx 不能将第 n 个参数从类型 1 转换为类型 2

分析：一般是函数调用时实参与形参类型不一致

error C2676: binary '<<' : 'class istream_withassign' does not define this operator or a conversion to a type acceptable to the predefined operator

error C2676: binary '>>' : 'class ostream_withassign' does not define this operator or a conversion to a type acceptable to the predefined operator

分析：">>"" <<"运算符使用错误，例如"cin<<x; cout>>y;"

error C4716: 'xxx' : must return a value

中文对照：（编译错误)函数 xxx 必须返回一个值

分析：仅当函数类型为 void 时，才能使用没有返回值的返回命令

fatal error LNK1104: cannot open file "Debug/Cpp1.exe"

中文对照：（链接错误)无法打开文件 Debug/Cpp1.exe

分析：重新编译链接

fatal error LNK1168: cannot open Debug/Cpp1.exe for writing

中文对照：(链接错误)不能打开 Debug/Cpp1.exe 文件改写内容

分析：一般是 Cpp1.exe 还在运行，未关闭

fatal error LNK1169: one or more multiply defined symbols found

中文对照：(链接错误)出现一个或更多的多重定义符号

分析：一般与 error LNK2005 一同出现

error LNK2001: unresolved external symbol _main

中文对照：(链接错误)未处理的外部标识 main

分析：一般是 main 拼写错误，例如 "void mian()"

error LNK2005: _main already defined in Cpp1.obj

中文对照：(链接错误)main() 函数已经在 Cpp1.obj 文件中定义

分析：未关闭上一程序的工作空间，导致出现多个 main() 函数

warning C4003: not enough actual parameters for macro 'xxx'

中文对照：(编译警告)宏 xxx 没有足够的实参

分析：一般是带参宏展开时未传入参数

warning C4067: unexpected tokens following preprocessor directive - expected a newline

中文对照：(编译警告)预处理命令后出现意外的符号-期待新行

分析："#include <iostream.h>;" 命令后的 ";" 为多余的字符

warning C4091: '' : ignored on left of 'type' when no variable is declared

中文对照：(编译警告)当没有声明变量时忽略类型说明

分析：语句 "int ;" 未定义任何变量，不影响程序执行

warning C4101: 'xxx' : unreferenced local variable

中文对照：(编译警告)变量 xxx 定义了但未使用

分析：可去掉该变量的定义，不影响程序执行

warning C4244: '=' : conversion from 'type1' to 'type2', possible loss of data

中文对照：(编译警告)赋值运算，从数据类型1转换为数据类型2，可能丢失数据

分析：需正确定义变量类型，数据类型1为 float 或 double、数据类型2为 int 时，结果有可能不正确；数据类型1为 double、数据类型2为 float 时，不影响程序结果，可忽略该警告

warning C4305: 'initializing' : truncation from 'const double' to 'float'

中文对照：(编译警告)初始化，截取双精度常量为 float 类型

分析：出现在对 float 类型变量赋值时，一般不影响最终结果

warning C4390: ';' : empty controlled statement found; is this the intent?

中文对照：(编译警告)';' 控制语句为空语句，是程序的意图吗？

分析：if 语句的分支或循环控制语句的循环体为空语句，一般是多加了 ";"

warning C4508: 'xxx' : function should return a value; 'void' return type assumed

中文对照：(编译警告)函数 xxx 应有返回值，假定返回类型为 void

分析：一般是未定义 main() 函数的类型为 void，不影响程序执行

warning C4552: 'operator' : operator has no effect; expected operator with side-effect

中文对照：(编译警告)运算符无效果；期待副作用的操作符

分析：例如 "i+j;" 语句，"+" 运算无意义

warning C4553: '==' : operator has no effect; did you intend '='?
中文对照：（编译警告）"=="运算符无效；是否为"="？
分析：例如"i==j;"语句，"=="运算无意义

warning C4700: local variable 'xxx' used without having been initialized
中文对照：（编译警告）变量 xxx 在使用前未初始化
分析：变量未赋值，结果有可能不正确，如果变量通过 scanf() 函数赋值，则有可能漏写"&"运算符，或变量通过 cin 赋值，语句有误

warning C4715: 'xxx' : not all control paths return a value
中文对照：（编译警告）函数 xxx 不是所有的控制路径都有返回值
分析：一般是在函数的 if 语句中包含 return 语句，当 if 语句的条件不成立时没有返回值

warning C4723: potential divide by 0
中文对照：（编译警告）有可能被 0 除
分析：表达式值为 0 时不能作为除数

warning C4804: '<' : unsafe use of type 'bool' in operation
中文对照：（编译警告）'<' :不安全的布尔类型的使用
分析：例如关系表达式"0<=x<10"有可能引起逻辑错误

参 考 文 献

[1] 谭浩强.C 程序设计[M]. 5 版. 北京：清华大学出版社，2017.
[2] 苏小红，陈惠鹏，孙志岗等.C 语言程序设计[M]. 3 版. 北京：高等教育出版社，2015.
[3] 何钦铭，颜晖.C 语言程序设计[M]. 3 版. 北京：高等教育出版社，2015.
[4] 传智播客.C 语言开发入门教程[M]. 北京：人民邮电出版社，2014.
[5] 黄翠兰. 高级语言程序设计[M]. 修订版. 厦门：厦门大学出版社，2009.
[6] 刘迎春，陈静.C 语言程序设计项目教程[M]. 北京：清华大学出版社，2016.
[7] 王明福等.C 语言程序设计教程[M]. 北京：高等教育出版社，2004.
[8] 廖湖声，叶乃文，周珺.C 语言程序设计案例教程[M]. 北京：人民邮电出版社，2005.
[9] 谭浩强，张基温.C 语言程序设计教程[M]. 北京：高等教育出版社，2006.
[10] 崔武子，赵重敏，李青.C 程序设计教程[M]. 2 版. 北京：清华大学出版社，2007.
[11] 刘明军，韩玫瑰.C 语言程序设计[M]. 北京：人民邮电出版社，2007.
[12] 甘玲，刘达明，唐雁. 解析 C 程序设计[M]. 北京：清华大学出版社，2007.
[13] 龚沛曾，杨志强.C/C++程序设计教程[M]. 北京：高等教育出版社，2010.
[14] 崔武子，赵重敏，李青.C 程序设计教程[M]. 2 版. 北京：清华大学出版社，2007.